博物文库·生态与文明系列

THROUGH A WINDOW

大地的窗口

[英] 珍·古道尔

（Jane Goodall） 著

杨淑智 译

人生有许多供我们透视世界、
寻找意义的窗口，
科学即是其中一扇。
透过这些窗户，
我们对于人类过去未知的领域可以
看得更远、更清楚。

北京大学出版社
PEKING UNIVERSITY PRESS

著作权合同登记号　图字：01-2016-6287

图书在版编目(CIP)数据

大地的窗口/（英）珍·古道尔（(Jane Goodall）著；杨淑智译.
—北京：北京大学出版社,2017.9
（博物文库·生态与文明系列）
ISBN 978-7-301-28580-0

Ⅰ.①大… Ⅱ.①珍… ②杨… Ⅲ.①黑猩猩—研究 Ⅳ.①Q959.848

中国版本图书馆CIP数据核字(2017)第195692号

First published by Weidenfeld & Nicolson, a division of the Orion Publishing Group, London
Published by arrangement with the original publisher, Weidenfeld & Nicolson, through BIG
APPLE AGENCY, INC., LABUAN, MALAYSIA
Simplified Chinese Edition © 2017 Peking University Press
All Rights Reserved.

本书中文译稿由格林文化出版事业股份有限公司授权使用。

书　　　名	大地的窗口
	DAIDI DE CHUANGKOU
著作责任者	［英］珍·古道尔 著 杨淑智 译
策 划 编 辑	周志刚
责 任 编 辑	泮颖雯
标 准 书 号	ISBN 978-7-301-28580-0
出 版 发 行	北京大学出版社
地　　　址	北京市海淀区成府路205号　100871
网　　　址	http://www.pup.cn　　新浪微博：@北京大学出版社
微信公众号	科学与艺术之声（微信号：sartspku）
电 子 信 箱	zpup@pup.cn
电　　　话	邮购部62752015　发行部62750672　编辑部62767857
印 刷 者	北京中科印刷有限公司
经 销 者	新华书店
	880毫米×1230毫米　A5　10.875印张　280千字
	2017年9月第1版　2023年1月第4次印刷
定　　　价	58.00元

序言一

　　这是一部温情动人的黑猩猩大传。珍·古道尔博士三十年如一日，在野外静观默察、细致入微地探索人类的近亲——黑猩猩的生命史。她既熟悉黑猩猩的自然世界，也理解他（她）们的感情世界和心灵世界。在书里，她以犀利的洞见、深沉的爱意，如数家珍地讲述了发生在非洲冈比这个亲密无间的"大自然社区"里的传奇故事——她既讲到了黑猩猩世界里的母与子、性和爱、生死、权势、战争，也讲到了一个个个性鲜明的黑猩猩成员的悲欢离合、爱恨情仇……她如数家珍、娓娓道来，那饱含温情的文字好似在讲述自己的亲人和挚友的故事，最终为我们打开了一扇透视生命意义的大地之窗。

　　一九九八年在南海子麋鹿苑我首次见到了珍·古道尔博士。算起来，我与珍博士已经相识快二十年了。二十年前，我曾是一名金丝猴和黑猩猩的饲养员，是珍博士的一名粉丝。珍博士勇敢、坚毅，只身进入非洲丛林、接近野生黑猩猩，为人类打开了一扇重新认识世界、认识动物，也重新认识自己的窗户，由此奠定了她作为一名蜚声国际的伟大灵长类学家的独特地位。

　　珍博士的勇气甚至超过我们这些外观上似乎更孔武有力的男人。因为，之前，有一些男性动物学家总是谨小慎微地把自己装进大铁笼，然后才敢进入黑猩猩栖息地。我在饲养黑猩猩的时候，也丝毫不敢把这些"危险的动物"放出来或者置身于黑猩猩的环境里。

　　记得珍博士第一次来中国就到了北京南海子麋鹿苑，当时是我为她做讲解并有幸得到她的指教，她建议设立一个门上写有"谁是最危险的动物"的箱子，里面的镜子则揭示了答案。多年来我在一次次的环境教育和游客接待活动中，大家对这亦庄亦谐的科普设施反响强烈。真正的教育，不仅能传播知识，更能引导行为，不仅在于教育别人，也能教化自己，我就在珍博士榜样力量的感召下，摒弃了肉食陋习，选择了一种既环保又健康的进食方式。

　　教育让人成为人，但若不当，也会矫枉过正，使人走上歧路。多年来，我们总是认为自己是万物之灵、万物之长，如此自大自负、自以为是，尾巴都翘上了天，却丝毫不自知。

　　掩卷沉思，珍博士对黑猩猩特立独行的看法，源于她当初未曾受过学院式的教育和科研专科训练，全凭直觉进入自然荒野。因此，她才能不落俗套，独辟蹊径地以勇敢和博爱精神为支撑，开辟一片跨越物种界限的新天地。比如，她给每一位研究对象都起了名字，而不再像实验室那样给动物编号，这就形成了一种平等眼光看待每只黑猩猩，而非人对动物的居临态度。她会与黑猩猩进行平和的目光交流，甚至凝视良久。我曾多年与动物打交道，深知眼光的相对通常都是一种敌视，只有少数情况下才代表了善意和爱意。比如，你面前有一只猕猴，当你直眉瞪眼地看着它时，简直就是"叫板和挑战"的表示，在野外那是万万使不得的。岂料，一种动物的大忌，竟是另一种动物的大爱，可见不同种动物的语言行为存在着文化符号的巨大差异性，我们面对异类恰恰缺乏对其"异质性"的理解和尊重。

珍博士的主要研究对象是黑猩猩而非大猩猩，这是两个完全不同的物种，甚至可以说黑猩猩跟人类的关系要近于黑猩猩与大猩猩的关系。但对二者的误解，大而久已，不仅名称上存在混淆，行为的张冠李戴更是不乏其例。很多人一说到黑猩猩，就做出"捶胸顿足"的动作，殊不知，那是大猩猩激动的动作。黑猩猩激动时，从无类似的举止，而是垂肩晃臂，节奏也越来越快，最后达到高潮，往往会将脚下的东西随手投掷出去，包括粪便。

"人有人言兽有兽语，嘤嘤其鸣求其友声"。每次听珍博士讲座，她总会用黑猩猩的语音跟大家打招呼。我相信，她转达的这种"猩语"，不仅能打动现场听众，而且在野外真正的黑猩猩面前也能入耳入心，从而弥合我们与自然生灵之间紧张对立的关系。

人与其他动物的关系，本非深如鸿沟，因此，本书的第十八章题目恰为"弥合鸿沟"，这一章节作为本书的小结，集中回答了研究黑猩猩的意义。第十九章题为"人类之耻"，则在呼唤人类进行生态伦理上的反省和反思。通过讲述一个发生在动物园中的黑猩猩与人之间的故事，珍博士在全书的结束语里，发出了一个振聋发聩的提问："假如一只黑猩猩——尤其还是曾经受到人类虐待的黑猩猩，都能跨越物种的障碍，伸手援救遇难的人类朋友，那么，更具有同情心和理解力的人类，难道就不能伸出援手，协助目前正迫切需要我们帮助的黑猩猩吗？"

郭耕（北京南海子麋鹿生态实验中心副主任）

二〇一七年八月

序言二

　　三十年创记录的黑猩猩开拓性研究，三十年跨世纪的全球环境教育推动，这位老人正在用自己的力量改变世界。根，在大地下舒展、蔓延，无所不在，形成坚固的基础；芽，看上去弱不禁风，然而为了得到阳光，它们能钻出坚硬的砖墙。如果说我们这个星球上面临的各种问题，就像那一堵堵坚硬的砖墙，那么，全世界成千上万的年轻人就是成千上万的根与芽，可以冲破这些砖墙 —— 你能改变世界！这就是珍·古道尔（Jane Goodall）对"根与芽"的诠释。

　　一九三四年四月三日，珍·古道尔出生于英国伦敦。珍的父母从小就培养她对大自然的热爱和对动物的兴趣，两岁时珍得到了一个礼物 —— 毛绒黑猩猩朱比里（Jubilee），朱比里陪伴她度过了整个童年，这使得她与黑猩猩结下了不解之缘。一九六〇年，珍终于攒够了路费，穿着牛仔衣和短裤，斜挎背包，离开了英国伦敦温馨的家，在母亲的陪同下走进坦桑尼亚坦噶尼喀湖西岸冈比河畔人迹罕至的热带雨林去研究黑猩猩。那时候年仅二十六岁的珍·古道尔不会想到，那里将成为她生命的全部。

　　时间又过去了一个甲子，今天，珍·古道尔依旧活跃在她一生从事的动物保护和环境教育事业中。就是这样一位具有传奇色彩的老人，用她的一言一行影响着世人，激励着我们以积极的态度去面对野生动物保护和环境保护的所有工作!

珍一生著书很多，其中最具影响力的是一九七一年出版的 *In the Shadow of Man* 和一九九〇年出版的 *Through a Window*。这两本书分别介绍了珍在冈比研究黑猩猩十年和三十年的工作，并被翻译成四十余种语言在全球传播。

In the Shadow of Man 被译为《黑猩猩在召唤》，于一九八一年由科学出版社出版。*Through a Window* 中译本《大地的窗口》引入大陆的时间晚了一些，这是一部记录珍·古道尔研究野生黑猩猩行为"三个十年"的非常重要的著作。一九九一年之后，珍将工作重心转移到推动全球环境教育项目"根与芽"的工作之中，从而开启了她第二个三十年的人生旅程。

一九六〇年，在导师、人类学家路易斯·利基（Louis Leakey）的安排和指导下，珍·古道尔在坦桑尼亚坦噶尼喀湖西岸冈比河畔的热带雨林扎下了营地。在渡过了最初五个月的艰难岁月后，珍·古道尔初步"习惯化"了营地周围的黑猩猩群，并很快取得了惊人的发现：黑猩猩集体捕捉大型猎物并会制造工具。

珍·古道尔在二十世纪六十年代报道出黑猩猩制造工具这一消息时引起了学术界的强烈反响，她列举了两个事实：一，黑猩猩会选择合适的草棍，把草棍弯折的一头咬掉，然后握紧手掌把叶子捋掉，这样就做好了一个"垂钓"白蚁的工具。黑猩猩用这一工具伸进一个白蚁洞口，当取出草棍时，上面挂满一串白蚁，这些白蚁都紧紧咬着草棍不松口，这样黑猩猩便可以轻松地吃到白蚁。二，为了增强树叶的吸水性，黑猩猩先咀嚼树叶，吐出树叶后就形成了"海绵"。黑猩猩利用这种"海绵"把存在树洞里的水吸出来，或者把狒狒等猎物颅腔里残留的脑髓吸干净。虽然黑猩猩制造工具是一种纯属生物学适应的学习性活动，至多是属于萌芽状态的制造工具，但是这一发现打破了长久以来"只有人类才会制造工具"的观点，为人类学和行为学的研究引入了全新的资料。

来到冈比十五个月后，黑猩猩们对珍的出现终于习以为常。珍·古道尔用惊人的耐心获得了黑猩猩群的信赖，第一只接受珍的黑猩猩"灰胡子大卫"让珍融入了黑猩猩的群体之中，这只成年的雄性黑猩猩也因此根植于珍的记忆中，甚至"灰胡子大卫"的照片出现在了珍的婚礼上，也多次出现在《黑猩猩在召唤》和《大地的窗口》两本书中。珍获得了很多黑猩猩的第一手研究资料，如黑猩猩"聚合—分离"（fission and fussion）的社会结构、集体捕猎、制造工具、群体战争等。

在刚开始进行黑猩猩研究的时候，年轻的古道尔并无任何学术造诣，甚至连本科学位都没有。但是由于珍·古道尔在黑猩猩研究方面所取得的成绩，她获得了在剑桥大学攻读动物行为学博士学位的机会。一九六六年，她正式成为珍·古道尔博士，也成为剑桥大学史上第八位没有本科学历而直接攻读博士学位的人员。获得博士学位的古道尔很快回到了冈比自然保护区，利用获得的捐助建立了冈比研究中心，专门进行黑猩猩的研究。这家研究机构也成为世界上唯一一个对黑猩猩连续进行五十年野外观察的研究机构。

珍·古道尔将大半生献给了雨林中的黑猩猩，雨林也给她带来了爱情。当她成功接近黑猩猩后，"美国国家地理学会"派了一名摄影师来拍摄珍的工作。一九六四年，这个名叫雨果·范·劳瑞克（Hugo van Lawick）的摄影师成了她的第一任丈夫。一九六七年，他们的儿子"丛林中的格鲁布"（Hugo Eric Louis）出生了。八年后他们离婚了，因为摄影师总是要到处奔走，而珍·古道尔却不能放弃冈比的研究。

一九七五年，珍·古道尔与坦桑尼亚国家公园的负责人德里克·布莱森（Derek Bryceson）结婚。德里克在"二战"期间是战斗机驾驶员，在一次战斗任务中飞机被打下来，从那以后，他的胸部以下几乎完全麻痹了。虽然他依赖拐杖和毅力也能活动，但很困难。病魔没能禁锢德里克，他依然充满活力地在世界各地行走。在一次叛军的袭击之后，他帮助珍在冈比建立起一个新的研究中心。他们的家庭只存在了很短的时间。一九八〇年，德里克因癌症去世。

珍·古道尔写过一本《非洲在我的血液里》。她十岁的时候读了一本有关非洲的书，并向家人宣布有一天要去非洲。所有的人都嘲笑她，除了她的妈妈。为了攒够去非洲的钱，珍·古道尔不得不同时打两份工，把收入都藏在地毯下。

一九六〇年，古道尔获得了去冈比研究黑猩猩的机会。在冈比的最初四个月，古道尔的妈妈一直陪在她身边，因为当时英国政府要求：一个如此年轻的英国女孩孤零零在森林是绝对不允许的，需要另一名欧洲亲人陪同。直到现在，珍·古道尔都为母亲的卓尔不群感到骄傲和幸运。妈妈曾对珍·古道尔说："只要你朝着目标努力，不言放弃，你一定会走出一条成功的路。"这句话一直激励着珍·古道尔朝着梦想前进。

说起冈比的黑猩猩，F家族永远是必不可少的话题。菲洛（Flo）是珍·古道尔在坦桑尼亚冈比研究的黑猩猩群中最为重要的个体。菲洛"高贵"的等级地位、极为自信的社交表现也影响着她的后代。她的儿子菲甘（Figan）在他哥哥菲奔（Faben）的支持下，在一九七三至一九七九年的六年时间里在黑猩猩群中称王。女儿菲菲（Fifi）在雌猩猩中一直保持着极高的地位。珍·古道尔把菲洛的家族称为F家族，菲洛的后代全部都以字母F打头起名字。

一九七二年，四十三岁的菲洛永远离开了我们。在珍的记忆中，菲洛的去世是件悲痛的事情。菲洛是个伟大的母亲，她去世后，英国《泰晤士报》为其刊登了讣告，表达了对菲洛无限热爱生命和不屈不挠精神的尊敬。

和妈妈菲洛一样，菲菲也是一个优秀的妈妈，她先后生下九个子女，创下了冈比保护区的纪录。不幸的是，菲菲在二〇〇四年秋天失踪。随后的两个多月，野外工作人员和冈比保护区的巡逻人员到处搜索菲菲的踪迹，但都毫无收获。至此，菲菲被认定死亡，享年四十六岁。

菲菲的大儿子菲鲁德（Freud）出生于一九七一年，他从强大的家族中得到了力量和地位。一九九三年二月二十二日，菲鲁德击败了诸多王位挑战者，开始在黑猩猩群中称王，直至一九九七年秋天。

菲菲的二儿子菲罗多（Frodo）出生于一九七六年。当菲罗多到了十八九岁的年龄，他已经盯上了王位，他的体重大约有一百二十磅，是冈比最重的黑猩猩。一九九七年秋天，菲罗多取代了菲鲁德，开始称王。但是在二〇〇二年十二月，当生病的时候，他开始受到攻击，并被迫远离群体居住。疾病侵蚀着他高大威猛的身躯，研究人员甚至怀疑他能否存活下来。然而在二〇〇四年初，菲罗多开始康复，他再次出现在群体之中，并夺回了王位。

时至今日，F家族的故事仍在延续。菲菲的外孙——二十一岁的菲致（Fudge）于二〇一六年十月称王，一直至今！

早在一九四二年，英国人的非洲狩猎团就已在坦噶尼喀湖西岸的雨林中发现了黑猩猩群居的踪迹。珍·古道尔的营地就设在位于湖西岸的冈比河畔、人迹罕至的茂密热带雨林里。在这里，早在英国人殖民地时期就已划出了一百五十平方公里的野生动物保护区，里面就是黑猩猩群生息繁衍之地。就是这里，被古道尔称为"最接近天堂的地方"。然而，冈比从来就不是伊甸园，这里危机四伏、恶疾肆虐，随着国家公园之外的景观变化，保护区的生态活动遭到严重破坏。数十年来，住在村落中的村民们一直挣扎在温饱线上，他们一直在此刀耕火种。

在研究黑猩猩，并与当地群众打交道的同时，珍·古道尔博士意识到，仅仅是研究黑猩猩是不能保护黑猩猩及其栖息地的，保护黑猩猩和栖息地的工作需要更广泛的关注，更有效的保护方式是从年轻人的教育开始。上世纪八十年代，森林砍伐和水土流失让冈比国家公园变成了一个面朝坦噶尼喀湖的生态孤岛，其他三面被人类环绕。一九八六年，珍·古道尔乘飞机去欧洲参加会议。当然，飞机经过冈比国家公园时她被眼前的一切惊呆了：她熟悉的冈比国家公园依旧是那么郁郁葱葱，但公园的四周，几乎所有的树都被砍伐殆尽。

在冈比这座"孤岛"上住着不超过一百只黑猩猩，以保护生物学的标准来看，这个数目并不足以长期维系一个种群的存活，近亲繁殖带来的负面效应以及传染性疾病会让这个黑猩猩种群不复存在。面对人类给冈比雨林生态系统带来的负面影响，珍开始制订针对全球青少年的环境教育计划——根与芽。随后的日子里，珍真正将工作重点放到环保工作之中，并将全球环境教育当成了终生的信仰。

一九七七年，珍·古道尔建立了珍·古道尔研究会以推进全世界范围的野生动物保育和环境教育计划，并于一九九一年启动了全球性的"根与芽"项目，并和坦桑尼亚一群想为社区带来改变的孩子一起建立了第一个"根与芽"小组。一九九四年中国成立第一个"根与芽"小组，目前已发展到一千多个。该项目是目前全球最具影响力的面向青少年的环境教育项目之一。全世界一百三十多个国家的一万六千多个根与芽小组活跃在学校、社区和企业中，为身边的环境带来各种改变。

近三十年来，珍·古道尔将她的全部时间用于宣讲黑猩猩保护和"根与芽"工作，巡回于世界各地进行演讲。二〇〇二年，联合国任命她为联合国和平信使。二〇〇九年一月十七日，珍·古道尔被授予法国军团荣誉勋章，同时被联合国教科文组织总干事松浦晃一郎授予联合国教科文组织六十周年勋章，表彰她为保护濒临灭绝的非洲黑猩猩而做出的贡献。珍·古道尔是动物保护领域的一位杰出人物，她是一位世界级环保社会活动家，更有人贴切地称其为"地球母亲"。

珍·古道尔在十八岁的时候，到了战后的德国。望着废墟中科隆大教堂的塔尖，珍曾感叹无论有多少丑恶，最终善必能战胜恶。或许就是这种信念，让她可以在这个喧嚣的世界中安静地让周围一点点地变好。珍·古道尔现在每年大部分时间都在世界各地从事公共演讲和筹款等活动。她的演讲似乎有种魔力，默默地净化着在场的每个人的心灵。看过珍·古道尔年轻时的照片，你很难将一个瘦弱安静的伦敦女孩和在丛林里与黑猩猩的生活联系在一起。然而，她的品行早已超越了常人对生命、孤单及恐惧的认知。

珍·古道尔一生著书很多，值得庆幸的是，很多书都有中文版面世，包括最著名的《大地的窗口》。这些著作渗透出了珍不可动摇的信仰，而正是这些信仰给了她生命的意义和方向，也给了读者"希望的理由"。

如今，八十多岁的古道尔更像一个布道者，而不是科学家。她为宣传可持续发展、保护自然而奔走世界。"我的家在飞机上。"珍·古道尔说。每一年，她花三百天在全世界演讲，以年轻人为演讲对象。

古道尔说："我可以为拯救森林和黑猩猩牺牲自己，可是如果我们的下一代无法胜任这个工作，那么我们的努力都毫无用处。我对'根与芽'的工作如此用心，正在于此。"很多人问珍·古道尔，是想要通过这个活动来拯救地球吗？对于这个问题，珍·古道尔是这样回答的："唯有了解，我们才会关心；唯有关心，我们才会行动；唯有行动，生命才会有希望。"

有幸聆听过珍·古道尔在北京的几次演讲。坚强的笑容掩盖不住她内心的担忧和经历过的沧桑。我知道，她一定感受过忧伤、痛苦、茫然和孤独；当然，陪伴着她的一定还有梦想、信念、勇气和自尊。她曾谈到过她所研究的黑猩猩菲菲："它有时候会坐下来很悲哀地看着我。早年日子里的那些人和那些黑猩猩早已去世了，早年发生的事情只有我和菲菲记得。"雨林给珍·古道尔带来了快乐，也带来了痛苦，但在她的眼中，冈比仍然是最接近天堂的地方。

二〇一九年四月三日，将迎来珍·古道尔的85岁生日。让我们祝福这位为科学研究和环保事业奉献一生的老人健康、快乐、平安、幸福！最后，希望每个人都能拥有一只自己的"朱比里"，并为它带来改变。

孙忻（国家动物博物馆展示馆馆长）

二〇一九年三月

目 录 | CONTENTS |

个空窝巢是菲洛死前不久，曾与菲林特短暂共度的地方，当菲林特瞪着这个空窝巢时，他想起什么？他内心是否夹杂着那些已经逝去的快乐回忆和怅然若失之感？我们永远无法知道。

我们在灵长类的遗产中，也同样根深蒂固地遗传了爱和怜恤之情，就这方面而言，人类的感性层次比黑猩猩更高。人类的爱情最是发挥得淋漓尽致，两人身心完美的结合后引发的狂喜，导引出爱怜、温柔和了解，这是黑猩猩无法经历的。

假如一只黑猩猩——尤其是曾经受过人类虐待的黑猩猩——都能够跨越物种障碍，伸手援救遇难的人类朋友，那么，更具有同情心和理解能力的人类，难道不能伸出援手，协助目前正迫切需要我们帮助的黑猩猩吗？

菲菲从树上爬下来，饱足地挨近我躺下，闭目休息。在这里，至少人与动物之间充满了绝对的信任，动物和他们所寄居的原野有着和谐的关系。想到人类违反大自然，殃及其他生灵的罪，我不禁感伤。我——或者其他人——怎么能够在面对这样浩大、愚蠢的毁灭劫数时，无动于衷？

第一章　冈比

人生有许多供我们透视世界、寻找意义的窗口，科学即是其中一扇。有许多绝顶聪明、洞见犀利的科学家，前仆后继地擦亮了窗上的玻璃——透过这些窗户，我们对于人类过去未知的领域可看得更远、更清楚。

我翻过身看一下时间——清晨五点四十四分。多年来早起的习惯已使我练就比烦人的闹钟更早一步起床的功夫。我立刻坐在屋子的台阶上，眺望坦噶尼喀湖（Lake Tanganyika）[非洲坦桑尼亚（Tanzania）与扎伊尔（Zaire）的界湖]。地平线上依然悬着一弯眉月，对岸扎伊尔傍山的湖岸线映着群山倒影。天还没亮，月亮随着款款水波向我漫舞、闪烁。我的早餐（一根香蕉和电热瓶上的一杯热咖啡）已经好了，十分钟之后，我带着小型望远镜、照相机、笔记本、快用完的短铅笔、午餐要吃的一堆葡萄干，和一些预防下雨用的塑胶袋，爬上屋后陡峭的斜坡。微弱的月光照在露水凝滞的草丛上，使我毫不费工夫地找到我要走的路，此刻我已经抵达前天傍晚去过的地方，前天傍晚我在这儿观察十八只黑猩猩入夜后的安顿情形。现在我坐下来等他们醒来。

周围的树木仿佛还停留在昨夜梦境的神秘气息中，四下一片静谧安详。只有偶尔传来蟋蟀的叫声，和湖水轻拍岸边的声响。我坐在那里，兴奋地期待着。对我而言，这又将是与黑猩猩共处的一天，畅游冈比（Gombe）山脉的一天，更是寻索新发现和新见识的一天。

这时突然传来美妙的歌声，一对知更鸟在互诉衷曲，余音绕梁。我发现月光的强度已经减弱，黎明在不知不觉中悄悄降临。缓缓展现的曙光逐渐扫除月亮射出的昏暗银光，而黑猩猩们还没有起床。

五分钟之后，我旁边树上的叶子沙沙作响。我抬头一看，但见树枝在曙光下摇曳。这棵树正是黑猩猩群中的首领戈布林（Goblin）搭巢之处。可是接下来却没有动静，大概戈布林起身后又回去睡回笼觉了吧。然后，我右边的另一处黑猩猩窝巢开始有动静，接下来后边的窝巢也有声响，接着整个山坡都动了起来。树叶沙沙地响，连嫩枝芽也唰唰地晃动。这群黑猩猩终于全都起床了。我透过望远镜望着雌黑猩猩菲菲（Fifi）在树丛间为自己和初生儿菲洛西（Flossi）所搭的窝时，我看见了菲菲的脚丫子。不久之后，菲菲8岁大的女儿菲妮（Fanni）从附近的窝爬过来，坐在妈妈的上边。我的望远镜里立刻有一块黑影遮蔽天空。菲菲的另两个儿子，已成年的菲鲁德（Freud）和正值青少年期的菲罗多（Frodo），则住在斜坡更上面的地方。

戈布林在第一次有动静之后九分钟，忽然坐立起来，咻地离开他的窝，在树丛间狂野地跳跃，精力充沛地摇晃树枝。仿佛群魔殿霎时进闹开来般，最接近戈布林的黑猩猩们一一出巢活动。其余的也坐起来凝神观望，准备随时整群出动。戈布林的随从因敬畏或害怕他而大声吼叫，划破了清晨的静谧。几分钟后，戈布林表演完树上功夫，跳到地面，威风凛凛地从我身旁走过，猛拍猛踏湿漉漉的草皮，再用后腿站起来，摇一摇草丛，拣起一块石头丢出去，再拣一块木头、一块石头，然后坐下来。他有一撮头发还翘翘的，这时他距离我已有十五英尺①远。他猛喘气，我自己也心跳加快。当他从树上晃下来时，我立刻站起来，躲去抱一棵树，并且祈祷他不会像有时候那样袭击我。现在我终于松了一口气，他今天无视我的存在，于是我又坐了下来。

戈布林的弟弟金波（Gimble）一面轻声喃喃自语，一面从窝里爬下来，向戈布林打招呼，他用嘴唇轻吻戈布林的脸颊。接着，另一只成年黑猩猩艾弗雷德（Evered）向戈布林走过来，金波立即转身离去。我认识艾弗雷德已经很久了。当他向戈布林走过来时，大吼大叫表示臣服之意，戈布林缓缓举起一只手臂回礼，艾弗雷德立刻趋向前去，与他互相拥抱，在清晨的团聚中兴奋地咧嘴而笑，让彼此的白亮牙齿迎着微亮的晨曦。几分钟后，他们互相整理修饰对方的仪容，然后肃静，艾弗雷德离开，静静地坐在一旁。

接着菲菲从树上爬下来，她是林子里唯一一只成年雌黑猩猩，她的女儿菲洛西紧贴在她的肚子上。她避开戈布林，径向艾弗雷德走去，温柔地叫着，并且伸出她的双手抚摸艾弗雷德的手臂，然后为他整理仪容。菲洛西则爬到艾弗雷德的腿上，向上望着他的脸；他也看着菲洛西，刻意整理她的头发好几分钟，才转去回菲菲的礼。菲洛西移到距离戈布林不远处坐下，戈布林的头发依然翘翘的，菲洛西似乎想帮他弄好一点，可是却转而爬到靠近菲菲的树上去，开始与姐姐菲妮玩了起来。

大地再次恢复清晨的宁静，尽管已不像黎明时那般静谧。其余

---

① 译者注：1英尺=0.3048米。

还待在树上的黑猩猩开始移动，准备过新的一天。有些黑猩猩开始进食，我听到偶尔有无花果轻轻掉落的扑通声。我坐着，非常满意于久别冈比后能再度回到这里——我离开三个月之久，到欧美各地巡回演讲、开会、游说，这是我回到冈比之后第一天与黑猩猩们相处，我计划好好享受这种满足感：重新认识这群黑猩猩老朋友、照照相，恢复我在此的登山旅程。

三十分钟之后，艾弗雷德开始行动，两次静止，回眸看看戈布林跟上来没有。菲菲尾随在后，菲洛西巴在妈妈的背上像个小骑士，菲妮紧跟在后。这时，其他黑猩猩也都从树上爬下来，跟随在我们左右。菲鲁德和菲罗多、成年黑猩猩阿特拉斯（Atlas）和贝多芬（Beethoven）、气宇非凡的青少年威奇（Wilkie）和两只雌黑猩猩帕蒂（Patti）与姬德（Kidevu）带着年幼的黑猩猩同行。还有其他的黑猩猩，但是他们往更高的斜坡上方走，那时我已经看不见他们了。我们往北走，等于是沿着湖岸，然后直转进入卡萨克拉（Kasakela）山谷。黑猩猩们不时为了进食而走走停停，最后走到斜坡的另一端。东方的天际渐白，然而不到八点三十分，太阳是不会越过陡峭山巅直射过来的。此刻我们已经来到地势比湖面还要高的地方。黑猩猩们停下来，彼此整饰一番，顺便享受一下晨间温暖的阳光。

大约二十分钟后，前方突然传来黑猩猩急促的吼声，仿佛是人类向远方打招呼的呼叫声。我认得出这个远处传来的声音是体格硕大、老迈的雌黑猩猩吉吉（Gigi）从一群雌的和年轻的黑猩猩中发出来的。戈布林和艾弗雷德立刻停止为彼此整饰，所有的黑猩猩也向声音出处张望。此时由戈布林领军的黑猩猩群，均往吉吉那里移动。

然而菲菲却留在原地，替菲妮整饰仪容，菲洛西则自个儿在一边玩耍，她在妈妈和姐姐附近较低的树枝间荡来荡去。我决定也留在原地不动。好极了，经常缠着我的菲罗多也跟着大伙儿走了。菲罗多常要我跟他玩，我要是不肯，他就会变得很挑衅。菲罗多才十二岁，块头已经比我还高大，所以他的挑衅行动是很具危险性的。有一次他太用力踩我的头，差点把我的脖子扭断。还有一次他甚至猛地把我推到陡峭的斜坡下。我只期望他能快快脱离儿童期，变得成熟一些，改掉这些攻击行为。

上午其余时间，我都与菲菲母女们一起在果树间游荡。黑猩猩一般都吃多种不同的水果，有时也吃嫩芽。大约四十五分钟之后，我身边的这群黑猩猩摘矮灌木上蜷曲的叶子来吃，里面还有蛾的幼虫在挣扎。当我们经过另一只母黑猩猩葛瑞琳（Gremlin）及其新生儿贾拉哈德（Galahad）身边时，菲妮和菲洛西都跑去和他们打招呼，但是菲菲却只是望着她的女儿。

我们一直往上爬。此刻我们已抵达绿草如茵的山脊，与另一小群黑猩猩相遇：成年黑猩猩普洛夫（Prof）、他的弟弟派克斯（Pax）和两只生性害羞、带着婴儿的母猩猩。当地有许多班图李（Mbula）树，他们全都吃这种树的叶子维生。当菲菲和她的孩子们加入时，这群黑猩猩彼此安静地打招呼，然后共同进食。此刻，其他黑猩猩继续往前走，菲妮跑去跟着他们；但是菲菲却自己搭了一个窝，四只脚一摊，睡起午觉来了。菲洛西也在她身边，爬来爬去、荡来荡去，在妈妈附近玩耍。最后进入菲菲的窝，贴着妈妈吃奶。

我坐在比菲菲的位置低一点的斜坡上，从这儿可以远眺卡萨克拉谷。卡萨克拉谷对面往南就是"山巅"。卡萨克拉谷和我所住的凯科姆贝山谷中间还有一个绿茵绵长的山脊，脊顶呈圆拱状，当我望着这一片景色，一股温暖的回忆袭上心头。一九六〇年到一九六一年间我初到冈比做研究的时候，便是日复一日站在那个有利的位置，透过望远镜观察黑猩猩。那时我常带着一只小洋铁箱上山，里头装着水壶、咖啡、糖和毛毯。有时黑猩猩就睡在我附近，我便留在那里与他们一起过夜，由于山巅夜里酷寒，我都紧紧地裹在毛毯里面。就这样，我渐渐地将他们琐碎的日常生活拼凑起来，懂得他们的饮食习惯和徒步游走的路线，同时开始了解他们独特的社会结构——由小群体加入大群体、大群体分裂为小群体，而单身的黑猩猩会独自游荡一阵子。

在山巅上，我第一次看到黑猩猩吃肉：这只黑猩猩就是灰胡子大卫（David Greybeard）。我看到他爬到树上去抓小野猪的尸体，并且分给另一只母黑猩猩吃，徒令野猪妈妈在树下大吼大叫。我永远也忘不了一九六〇年十月的某一天，我在距离山巅约一百码①处，看到灰胡子大卫和他最亲近的朋友戈利亚特（Goliath），忙着用草根为诱饵钓白蚁。回忆起那一段久远的事，我再次感到无比兴奋，一如我当初看到大卫捡起一片宽草叶，小心翼翼地把它弄尖，以便将草叶伸进狭窄的白蚁洞内。他不只懂得将草叶当工具，而且居然懂得整修这个工具以遂其特殊目的，事实上，这已显示出黑猩猩有制造工具的智力。当时我兴奋地立即拍电报给人类学大师路易斯·利基（Louis Leakey，因发现人类直接始祖——东非原人和巧人而名噪国际），正是这位有远见的天才促使我开始研究冈比的

---

① 译者注：1码=0.9144米。

黑猩猩。大卫的举止显示，人类不是唯一懂得使用工具的动物；而且，黑猩猩也不是人们原先设想的那种平实的草食性动物。

这个发现发生在我母亲范·古道尔（Vanne Goodall）从我这儿回英国之后。她在我这儿住了四个月，对我的研究计划做出了无价的贡献——她用四根柱子和茅草屋顶搭盖了一间诊所，为当地大部分靠打鱼为生的民众及其家属看病。虽然她的处方很简单——阿司匹林、硫酸镁（泻盐）、碘酒、创可贴等，但是她经常流露无限的关怀之情和耐心，让许多病人因此而痊愈得很快。后来我们才知道，许多当地民众以为我母亲具有医治人的神力，因此为我奠定了与当地人友好关系的基础。

在斜坡上方的菲菲一面哄摇着吃奶的菲洛西，一面瞪着眼睛看我，然后闭起眼睛，再喂菲洛西几分钟，直到奶头从菲洛西嘴里滑落，母女俩便一同睡着了。我则继续做我的白日梦，回想过去一些可爱的回忆。

犹记有一天，灰胡子大卫头次造访我位于湖边的家（帐篷），他是为了摘熟果子而来，因为我家旁边有一棵油棕。他还从我帐篷外偷了些香蕉，然后跑到丛林里去大快朵颐一番。自从他发现我家有香蕉之后，他又来偷了些去。渐渐的，其他黑猩猩也跟着他来拿我的香蕉。

后来，在一九六三年间，为了香蕉造访我家最多的一只雌黑猩猩就是菲菲的妈妈——耳朵凹凸不平、鼻头像小圆灯泡的老菲洛（Flo）。那天真令人兴奋，我忽然看到被女儿束缚了五年之久的菲洛，再次显露出雌黑猩猩在交配期才会变得潮红肿起的性感臀部；她骄傲地展示她吸引过许多雄黑猩猩热烈追求的潮红臀部。

许多雄黑猩猩虽然从来不曾来过我的帐篷，但是他们却跟着菲洛来到我这儿，可见菲洛的性感魅力胜过这些雄黑猩猩对大自然的注意力。直到他们发现有香蕉吃的时候，拜访我家的黑猩猩数量更是不断地快速增加。我也因此越来越熟悉这一群令人难忘的不速之客，从而写出我的第一本书《在人类的庇护下》（*In the Shadow of Man*）。

此刻平静地躺在斜坡上方的菲菲，是当年那群不速之客中，少数几只至今仍然健在的黑猩猩之一。我一九六一年初识她的时候，她还是个婴孩。一九六六年坦桑尼亚的民众和黑猩猩一起流行可怕的脊髓灰质炎（即小儿麻痹症）时，菲菲也曾感染。我所研究的黑猩猩群中，共有十只因罹患此疾而死，另五只变成残废，包括菲菲的长兄菲奔（Faben），他有一只手臂不听使唤。

当年小儿麻痹症横扫坦桑尼亚时，我们在冈比的研究中心才刚成立不久，最早的两名研究助理一直协助我搜集、记录黑猩猩的行为模式。那时约有二十五只黑猩猩经常拜访我的帐篷，把我们每个人忙得团团转。在观察他们一整天之后，我们还得看当天录的录影带，一边做笔记直到深夜。

我母亲范在六十年代又来探望过我两次。其中一次正巧美国国家地理学会派雨果·范·劳瑞克（Hugo van Lawick）来拍摄我的研究过程——当时我的研究经费由国家地理学会赞助。人类学大师利基帮我母亲筹了那次的旅费，因为他坚称不应让我单独与一个男人待在丛林里，二十五年前的道德标准多么不同啊！无论如何，后来雨果和我结了婚，等到我母亲于一九六七年第三次来看望我时，她待了好几个月，替我看顾我的儿子"丛林中的格鲁布"（Grub），他的真正名字是雨果·埃里克·路易斯（Hugo Eric Louis）。

菲菲栖息处有轻微的移动声，我看见她醒来了，正望着我。她到底在想些什么？她对过去记得多少？她是否曾想起她已故的老母亲菲洛？在她二哥菲甘（Figan）极力争夺首领地位的过程中，她是否曾效忠支持？她是否知道，菲甘统治的那几年阴森森的日子里，卡萨克拉族的雄黑猩猩，经常在菲甘的率领下，与邻邦的黑猩猩展开原始肉搏战，一个接一个残酷地攻击邻邦黑猩猩？她知不知道派逊（Passion）和波（Pom）母女俩曾经残酷地猎食同族若干黑猩猩婴儿？

我的注意力再次回到眼前，这次我听到一只黑猩猩哭叫的声音。我笑一笑，那是菲妮。她已到了喜欢冒险的年纪，一般年轻的雌黑猩猩到了这个年纪都想离开母亲，与其他成年的黑猩猩在一起。然而这时，菲妮却突然强烈地想念妈妈，她显然脱离成年黑猩猩的圈子，到处在找菲菲。随着哭嚷声越来越逼近，菲妮果然现身了。菲菲压根儿也不在意，但是菲洛西却从妈妈的窝跳了下来，跑去拥抱姐姐菲妮，而菲妮一见到菲菲，立刻停止幼童般的号啕大哭。

显然菲菲一直在等着菲妮——现在菲菲也爬下来，开始出发，而她的两个孩子跟在后头尽情地玩耍。这一家子便这样快速地往南步下陡坡。我跟在她们后面，但是每一根树枝几乎都绊住我的头发或衬衫。我狂乱地匍匐爬行穿过可怕纠葛的矮树丛，但我前方的那群黑猩猩却毫不费功夫，顺畅地晃动着身影前进，这使我们的距离越拉越远。我的鞋子和照相机背带一下子就被藤蔓缠住，手臂也被荆棘刺得伤痕累累，当我猛力拉扯到处缠住我头发的树枝时，我的眼睛刺痛得流出眼泪。十分钟之后，我已经汗流浃背，衬衫也破了，两个膝盖因为爬过满是碎石子的路而瘀青。但那群黑猩猩早走得不见踪影。我停了下来试着倾听我的心跳声，同时看看四下繁密的丛林。但是却听不到任何声音。

接下来的三十分钟，我独自漫步在卡萨克拉溪的岩石河床，边走边停下来再听听看、扫描一下我上方的树枝。我经过一群红疣猴（体形硕大、身材瘦长、无大拇指，满身银亮的红色长毛），他们在树梢间跳跃，不停吼着令人感到陌生、高亢的声音。我也遇到编号D群的狒狒，包括瞎了一只眼睛，尾巴卷成两圈的老弗列德。当我正在想下一步要到哪里去的时候，忽然听见一只年轻黑猩猩的长啸声响彻山谷。十分钟之后，我终于追上葛瑞琳和小贾拉哈德、吉吉以及另两只冈比区最年幼的新孤儿黑猩猩梅尔（Mel）与妲毕（Darbee）的行列，梅尔和妲毕都在刚满三岁的时候失去妈妈，跟他们非亲非故的雌黑猩猩吉吉暂代母职照顾他们。他们全都住在几乎干涸的河床上方高高的树上，我得站在岩石上拉长身子才能观察到他们。当我落在菲菲后面匍匐前行时，太阳已经不见了，此刻我抬头一望，灰蒙蒙的天空下起雨来。随着天色逐渐暗淡，四下跟着安静起来，这里的丛林经常下着倾盆大雨。此刻只有交加的闪电声愈加逼近，打破了周遭的静谧；大群黑猩猩在闪电中匆匆奔回窝巢。

原先一直在妈妈附近晃荡、不停轻轻拍打脚趾的小贾拉哈德，一遇到下雨立即奔向妈妈的双臂。另外两只孤儿则匆匆紧靠在一起，挨着吉吉坐下来。但是金波却精力旺盛地在树梢间荡来荡去，然后跳下来抓住比较矮的一根树枝晃荡。雨越下越大，金波也越来越兴奋，越来越疯狂。等他长大之后，这种行为会成为雄黑猩猩特有的耀武扬威之举，或是壮观的雨中舞蹈。

午后三点钟刚过，突然一记震天雷轰得人刹时张不开眼，噼啪迸发的闪电震撼整片山脉，雷电交加，轰隆作响，一山震过一山，乌云立即化做淫雨倾注而下。金波停止玩耍，像其他黑猩猩一样，拱起背来安坐在树干旁。我则靠着一棵棕榈树，躲进我所能找到的最佳避雨处，让宽阔的棕榈叶替我挡雨。但是大雨却毫无停歇地继续下，我开始觉得冷。很快地，我陷入了沉思，不再追着时间跑，不再记录黑猩猩的活动，此刻已经没有什么东西好记，只有沉默、耐心与无怨无尤地忍受这种天气。

大约一个小时之后，暴风雨转向南方，雨势才逐渐减弱。四点半的时候，黑猩猩们爬下山坡，迈过湿漉漉的草原。由于湿答答的衣服妨碍我走路，我只能笨手笨脚地尾随着他们。我们沿着溪流的河床走，转上山谷的另一边，继续往南。这时我们抵达绿草如茵的山脊，从这儿可以鸟瞰坦噶尼喀湖。苍白的太阳慢慢浮现，阳光洒在雨珠上面，大地仿佛镶满钻石，每一片叶子都闪烁着金光。我低头弯腰，闪避羊肠小径上的一张蜘蛛网，以免这闪烁着雨珠光泽的精致蛛网被我勾破了。

黑猩猩们爬到一棵矮树上摘嫩叶吃，我则移到可以站立的地方，看着他们享受一天中的最后一餐。整个景致美丽极了，树叶片片灿烂、嫩绿鲜艳地迎着和煦的阳光；湿漉漉的树干和树枝仿佛油亮的黑檀木；黑猩猩们黝黑的皮毛在阳光的照耀下，漾着古铜色的浮光。在这片美景的背后却是靛蓝泛黑的苍穹，那里依旧是电闪雷鸣。

人生有许多供我们透视世界、寻找意义的窗口，科学即是其中一扇。有许多绝顶聪明、洞见犀利的科学家，前仆后继地擦亮了窗上的玻璃——透过这些窗户，我们对于人类过去未知的领域将可看得更远、更清楚。这些年来我透过这扇窗，逐渐了解了许多关于黑猩猩的行为模式，以及他们在大自然中的地位。反过来，这些也帮助我们更了解人类本身的行为和人类在自然界的地位。

不仅如此，还有其他窗户，如：哲学家用逻辑揭开的那扇窗，神秘主义者探索真理的窗户，以及伟大的宗教领袖不只寻求宇宙间至善至美的目的，也同时透视黑暗和丑陋面的窗户。大部分人在思索存在的奥秘时，都会借众多窗户中的一扇来透视这个世界，尽管这扇窗常因我们的眼界有限而迷蒙不清。我们常先清理出一个窥探的小洞，再从这小洞看世界，难怪会被自己所见到的琐碎片段蒙蔽，这就像是试图借一份报纸想去领会沙漠或海洋的全貌一样。

我静静地站在阳光下，望着这一大片刚被雨水刷洗过的丛林和大地，刹那间，我仿佛透过另一扇窗户、另一种角度看世界。像我们这样独自徜徉在大自然中的人，经常会有这样的经验：空气中洋溢着悠扬的交响乐——鸟儿们的晚祷曲。我曾听过鸟儿们在昆虫的和音伴奏下，唱出婉转的新曲调，那种声音高亢甜蜜得令我啧啧称奇。我也一直密切地注意每片叶子的形状、颜色，以及它们各式不同的款款叶脉。周围飘散着些气味，对我而言很容易辨别：熟过头已经发酵的水果味、泥水味、冰冷潮湿的树皮味、黑猩猩们毛发的湿味，当然，还有我自己的气味。但最浓郁的莫过于新叶吐芽的香气。我还闻到羚羊的味道，接着马上就看到一只羚羊静静地逆着风吃草，黑色的羊角上还沾着雨珠。我完全沉浸在这"超乎一切悟性之外"的祥和气氛中。

接着从远处传来一群黑猩猩急喘的嚣叫，声音直透北方。我身旁的黑猩猩们为之一震。吉吉和葛瑞琳也用同样急喘的叫声回应远处同伴的呼唤，梅尔、坦毕和小贾拉哈德立刻加入合唱。

我一直陪着这群黑猩猩，直到他们在雨停后各自回巢。当他们安顿下来时，小贾拉哈德舒适地依偎着妈妈，梅尔和坦毕则在吉吉的大窝旁边，自己的小窝内安歇。我离开他们，往回走向通往湖边的丛林小径。我再度经过D群狒狒。他们聚集在他们栖息的树木周围，在薄暮中拌嘴、嬉戏、互相整饰毛发。我的脚踏得湖边的小圆石嘎嘎作响，这时巨大酡红的太阳已落在湖面上，云霞展露灿烂的容颜，湖水也闪耀着金光，映照着紫罗兰色和红色的残阳。

回到营地后，我在帐篷外升起柴火，煮些豆子、番茄和蛋；但是我仍对下午的那种经验感到迷惘。我在想，那可能就像是我正透过黑猩猩可能理解的那一扇窗户看世界。我在营火边梦想着，假如我们可以透过黑猩猩的眼光来看这个世界，无论多么浅，都必定会让我们学到许多东西。

最后一杯咖啡下肚之后，我入内点亮防风灯，写下今天的田野日记，这真是奇妙的一天。由于无法了解黑猩猩的心灵世界，所以我们必须竭尽心力地观察研究，而我自己在这方面已经花费了三十年的光阴。我们必须继续搜集相关的趣事，慢慢地建立黑猩猩的生命史，继续长年观察、记录并阐释之。我们已经学了不少，当知识逐渐累积起来、越来越多人共同参与，集思广益，我们就能掀起这扇窗户的帘幕，到那一天，我们将能更清楚地透视黑猩猩的心灵世界。

第二章
黑猩猩的心灵世界

只要你的眼神充满温柔，没有傲慢之气，黑猩猩会了解，甚至会用同样的眼神给予回应。仿佛眼睛是透视心灵的窗户，透过眼睛进入心灵正是我的一个梦想。只是，这扇窗户的玻璃并不透明，窗内的奥秘依旧令人无法尽释。

　　我经常凝视黑猩猩的眼睛，猜想这些眼睛背后究竟藏着些什么。我尤其惯常凝视菲洛的眼眸，她虽然老，但是绝顶聪明。她是否记得年轻时的事？灰胡子大卫是所有黑猩猩中眼睛长得最漂亮的，他的双眸又大又明亮，两眼距离分得很开；这双明眸多少诉说着他的性格、他恬静安适的自信和天生的尊贵，有时也明白地诉说着我行我素的坚毅性情。曾有很长一段时间，我不喜欢这样正眼盯视他们，我以为就像大部分灵长类动物一样，这样盯着看，会被认为是在威胁对方，或者至少是一种不友善。但事实似乎并非如此，只要你的眼神充满温柔，没有傲慢之气，黑猩猩会了解，甚至会用同样的眼神给予回应。仿佛眼睛是透视心灵的窗户，透过眼睛进入心灵正是我的一个梦想。只是，这扇窗户的玻璃并不透明，窗内的奥秘依旧令人无法尽释。

　　我永远忘不了与露西（Lucy）的邂逅，她是我朋友特莫林饲养的八岁黑猩猩。她跑到沙发上坐在我的旁边，凑近我的脸，直逼视我的眼睛，像是在寻索些什么。也许她是想看看我的眼神是否带着不信赖、讨厌或害怕，因为许多人第一次面对面接触成年黑猩猩时，一定会感到困窘。而显然露西从我眼神中读到令她满意的信息，因为她突然用一只手臂勾住我的脖子，给我一个慷慨的、黑猩猩式的吻，她嘴巴张得好大，印在我的唇上。我欣然接受了。

与露西邂逅后，我有很长一段时间深感困惑，那时我已经在冈比待了十五年，对野生黑猩猩的习性了如指掌。但是露西被当作人类孩子般地抚养长大，她原本的黑猩猩性格，已经为这些年来学到的人性行为所掩盖。尽管距离人性还有十万八千里，但是她再也不是一只纯粹的黑猩猩，而是人类豢养的另一种无以名之的动物。我十分惊讶地看着她打开冰箱和各个橱柜，找出瓶瓶罐罐和一只玻璃杯，为自己斟了一杯杜松子酒加汽水。然后带着饮料大摇大摆地走到电视机前，打开电视，坐下来不停地转台，露出满脸厌烦的样子，最后关掉电视，选了一本印刷精致的杂志，带着她的饮料，找一张舒服的椅子坐定，开始翻阅杂志。偶尔看到认得的地方，就比画着聋哑人使用的手语。我当然不懂，于是她的"养母"珍·特莫林（Jane Temertin）充当翻译。露西停在印有一只白色小狮子狗的画面，用手语评论道："那只狗。"她又盯着穿鲜艳蓝色衣服的女人打肥皂粉的广告，用手语说："蓝色。"接着她又一阵混乱地比手画脚，这也许意味着喃喃自语，之后她合上杂志放在膝盖上。珍告诉我，露西每周上三堂手语课，刚刚教到如何使用主动代名词。

露西的"养父"毛里·特莫林（Maury Temerlin）写了一本书《露西，长大成"人"》（*Lucy, Growing up Human*）。事实上，黑猩猩本来就比其他任何一种动物更像人类。人类和黑猩猩在体质上极为近似，彼此的基因DNA（脱氧核糖核酸）结构只有百分之一不一样。这便是许多科学家在测试某种新药或疫苗时，都拿黑猩猩代替人类做实验的原因。所有人类会感染的疾病，诸如乙型肝炎和艾滋病，黑猩猩无一能幸免，其他如大猩猩、狒狒也是如此，可是其他非人类的动物并不会感染这些疾病。人类和黑猩猩在解剖学上，在脑部结构、神经系统上也明显相似——尽管许多科学家不愿意承认——同时人类和黑猩猩在社会行为、智力和情绪上也极类似。长久以来，许多科学家在伦理上都接受从猿猴到现代人之间不断有体质结构进化之说。动物在心灵上可能同样也有进化现象之论，却被斥为无稽之谈，尤其是那些使用、滥用动物做实验的科学家们。他们固然相信做实验用的动物有极像人类的反应，但是，他们更容易相信这些动物只是没有意识、没有感觉、"麻木不仁"的动物。

一九六〇年当我开始在冈比进行研究时，大家都忌讳谈动物心灵的问题，至少在动物行为学圈内是如此。大家都认为只有人类才有心灵，那时谈论动物性格也是不恰当的。当然每个人都知道动物都有各自独特的个性，任何饲养过宠物的人都知道这一点。但是，动物行为学家却回避客观解释这类问题的责任，反而更努力地使其学理深奥难懂。有一位颇负名望的动物行为学家一面承认"动物确实各有各的个性"，一面却写道，这类话题最好"把它扫到地毯下"，那时的动物行为学界的确隐藏了不少东西。

我太天真了。要是我不念大学的话，我并不知道人们并不认为动物具有个性或思考能力、有感情或感觉痛苦。我也不知道在我认识黑猩猩时，若用数字为他们编号，会比给他们取名字更恰当。我不知道从动机或目的观点谈论动物行为并不科学；也没有人告诉我，像"孩提时代""青少年期"等用词只专门用来形容受文化因素决定的人类生命阶段，没有人会用来指年轻的黑猩猩。正由于不知道这些，所以，我在初次描述从冈比观察到的奇妙见闻时，能自由自在地使用这些禁忌词汇。

我永远忘不了在学术座谈会上，那一群动物行为学家对我发表研究结论的反应。当时我描述才值青少年期的菲甘怎样学会在年长雄黑猩猩离开后，仍继续留在研究中心的帐篷，以便获得我们给他的一些香蕉。刚开始的时候，他一看到香蕉，便高兴地大声呼叫，示意同伴："有水果吃哦！"结果一些年长的黑猩猩便回头，追着菲甘，抢走他的香蕉。接着讲到故事的高潮处，我解释道，接下来的那一次，菲甘便刻意压低他的欢呼声。我们听见他的喉咙有微微的咕噜声，但是其他黑猩猩并没有听见。我们也一样背着年长的黑猩猩，偷偷拿香蕉给其他年轻的黑猩猩，但是，这些年轻的黑猩猩却没有学会像菲甘那样的自制功夫；他们只顾高兴地大声欢呼，惹得年长黑猩猩回过头来抢走他们的香蕉。我原以为我的听众听了之后，会像我一样感到兴奋，并且期待有人会就黑猩猩的智商与我交换意见，焉知会场上一片冷寂。后来，主席急忙改变话题以缓和尴尬气氛。不用说，经过这次被嗤之以鼻的打击之后，有一段很长的时间，我再也不愿意参加任何科学聚会发表我的评论。回顾那次座谈会，我认为那些与会人士对我所说的东西会感兴趣，不过，我当然不能单凭提出一件"轶闻趣事"，就想证明什么。

我第一次为某家报纸撰写评论，结果，主编退回稿件，要求我将文中每个"他"（he）或"她"（she）改为"它"（it），每个关系代名词"谁"（who）改为"哪一个"（which）。我反而涂掉所有被他改过的用词，更正为我原来的用词。我一点也不期待自己能在科学界扬名立万，我只希望继续生活在黑猩猩群中，学习新的事物，因此对于主编的任何负面反应，我根本不在乎。事实上，我赢了这场争议：该报最后出版我的那篇文章时，照我的意思尊重黑猩猩的性别尊严，并且将他们的位格由"物"提升为有生命的存在体。

尽管我的反应有些激烈，但我确实盼望能再深造，我直觉认为，对我来说，若能进剑桥大学，会是件非常幸运的事。我想拿博士学位，即使只是为了人类学大师利基，和其他为我写推荐信的师长也好。我非常荣幸能受教于指导教授罗伯特·欣德（Robert Hinde）。不只因为我从他的才气横溢和清晰的思考中受益良多，且因为当时我很怀疑，我是否找得到适合我特殊需求和个性的老师。罗伯特渐渐地为我披上科学家的礼袍，因此，尽管我继续坚持大部分的个人看法，诸如动物有个性，他们会感到快乐、难过或害怕，他们也会感到痛苦，以及假如动机很强，他们会奋力完成计划中的目标，获致更大的成功。但是我立刻明白，这些个人之见事实上是站不住脚的，很难加以证实。做学问最好要周延缜密，至少得找到有力的证据和可信度，才能确定上述见解。至于如何让我这些叛逆的思想，通得过科学的严格考验方面，罗伯特给了我许多宝贵的忠告。有一次他训诫我："你怎么知道菲菲在嫉妒？"我们争辩了一阵子。最后他说，"你为什么不说，假如菲菲是个人类的小孩的话，我们可以说，她是在嫉妒。"我接受这种说法。

即使要研究人类的情绪都不是件容易的事，假如我感到难过或快乐、生气，我知道自己的感受。假如一位朋友告诉我，他感到难过、快乐或生气，我便会假设他的感受与我类似。我当然不尽了解他的感受；而试图理解动物的情绪，显然更加困难。假如我们将动物的情绪归因于类似人类的情绪反应，这便落入拟人化的谬误，形同犯了动物行为学的重罪。但是，难道真有这么恐怖吗？如果我们因为黑猩猩的生物结构非常近似人类，而用黑猩猩进行药物疗效实验，假如我们承认，黑猩猩和人类的脑部及神经系统极为相似，那么，假设这两种动物至少在基本的感受、情绪、情感上也相似，难道不合逻辑吗？

事实上，所有长期研究黑猩猩、与黑猩猩亲近的人，都会毫不犹豫地断定，黑猩猩也有类似于人类自称为愉悦、快乐、哀伤、愤怒、厌烦等的情绪反应。黑猩猩有些情绪明显地像极了人类，即使是毫无经验的观察者，都能看得出到底是怎么回事。当一个婴孩死命地趴在地上哭、脸部扭成一团、不断伸手击打附近的物品、猛敲自己的头，这显然是在发脾气。又有一位幼童在妈妈周围雀跃嬉闹、翻筋斗、踮着脚尖走路、冲向妈妈、跌在妈妈膝前、轻拍妈妈或拉着妈妈的手要求安抚，这孩子显然非常快乐。鲜少有观察者会犹豫不决地认为，这孩子的表现不是快乐。同样的，长期观察黑猩猩婴孩的人，不会不了解他们同样有为寻索爱和安心而表达情绪的需求。当一只成年黑猩猩吃饱后斜倚在阴凉处，与小黑猩猩嬉戏，或闲散地与一只成年雌黑猩猩互相拨弄轻抚，他显然是情绪好极了。当他毛发竖直地坐着，直瞪着跟随他的徒众，只要他们太靠近，他便威吼他们，举止充满威胁，那一定是在大发脾气。我们做这些判断是因为黑猩猩的行为与人类实在太像了，以致我们能依照同理心来做这样的推敲。

人类很难用同理心去理解自己不曾经历过的情绪，在某个程度上，我可以想象得到雌黑猩猩临盆时的喜悦；但是她丈夫的感受如何，我就不得而知了，如同我也不懂男人在当爸爸那一刻的心情一样。我花了不少时间观察黑猩猩妈妈和小婴儿间的互动关系，但是直到我有了自己的小孩之后，我才开始明白基本的、强有力的母爱天性。假如有人不小心做了惊吓或威胁到格鲁布的事情，我会立刻怒不可抑。这使我更加了解，黑猩猩妈妈在别的动物太靠近她的婴孩，或玩伴不小心弄伤她的孩子时，她立刻挥舞拳头或大吼的心情；而直到我自己的第二任丈夫过世，令我哀痛逾恒，我才明白年幼黑猩猩失去母亲的哀痛和失落感，而这种伤痛，可能严重到令他们憔悴至死的地步。

只要是经过精确、客观的记录，同理心和直觉在我们试图了解某些复杂的行为互动关系上，便具有极大的价值。幸运的是，即使在我情绪极为不稳定而会干扰工作的时候，我仍然不觉得有条有理记录黑猩猩世界的事实有什么困难。且直觉地"知道"黑猩猩的感受——例如明白他出手攻击之后的情绪，非常有助于了解接下来可能发生的事。至少当我们在尝试解释黑猩猩的复杂行为时，不应该害怕去利用我们与黑猩猩如此近似的进化关系。

就像达尔文时代一样，今天人们又开始流行谈论、研究动物的心灵世界了。这种转变是逐渐形成的，其中部分原因，至少根据研究者在田野审慎研究动物社群而搜集到的资料。当这些观察所得广为人知之后，我们便不可能再漠视研究者不断证实的各种动物社会行为的复杂性。过去藏在动物行为学地毯下那些杂乱无章的东西，已经一个一个被抓出来检验。人们渐渐地了解到，吝于解释动物明显的聪慧行为，是一种误导。后来一连串实验也清楚地证明，许多被认为只有人类才有的高智商行为，亦可见于非人类动物（当然，尤其是非人类灵长类动物，特别是黑猩猩），只是他们用比较不高度发展的方式表达而已。

初读人类进化论使我知道，人类与其他动物之所以不同的其中一个标记，便是只有人类懂得使用工具。尽管沃尔夫冈·柯勒（Wolfgang Kohler）和罗伯特·耶基斯（Robert Yerkes）竭尽心力、审慎地研究出黑猩猩确实会使用工具，但是一般人仍经常这样定义——"人类：工具制造者"。尽管柯勒和耶基斯都是非常受尊敬的科学家，且对黑猩猩的行为有相当的研究。但是他们在一九二〇年左右分别提出的上述发现，颇受当时人的怀疑。事实上，柯勒描述田野所见猿猴个性与行为的书《猿猴的心志》，迄今仍是最具光芒的动物行为学杰作之一。他做过许多实验，证明黑猩猩会叠箱子，然后爬到并不牢靠的箱子最上层，摘取挂在天花板上的水果，若再够不到，就将两根棍棒接成够用的长竿。此一事实后来成为经典，出现在所有谈论非人类动物智慧行为的教科书上。

我在冈比研究中心有系统地观察黑猩猩如何使用工具时，这类先锋研究结论早已被人淡忘。再者，知道人性化（被饲养）的黑猩猩在实验室中会用工具是一回事，在田野观察中发现黑猩猩天生自然就会这项技巧，又是另一回事。我清楚地记得，当我写信告诉人类学大师利基，灰胡子大卫用一束草钓白蚁，说得更明白一点，他弄薄树叶做成钓白蚁的工具。他回我的电报说："现在我们必须重新定义什么是工具，或者重新定义什么是人，或者接受黑猩猩跟人类一样。"他这番话后来成为众人经常引述的名言。

刚开始有一些科学家试图抹杀黑猩猩会钓白蚁的事实，他们甚至说是我教黑猩猩钓白蚁的！然而大致上说，对于这项事实，以及稍后冈比研究中心所观察到的其他有关黑猩猩使用工具的结论，许多人都感到奇妙。虽然，有一些人类学家并不同意我以下的看法，即黑猩猩很可能透过观察、模仿和练习，将使用工具的传统代代相传下去，因此，可能每个黑猩猩族群都有自己独特的工具使用文化，而这个假设后来又不巧被证明是相当确实的。当我描述黑猩猩迈克（Mike）如何自然地借由工具解决新的问题（迈克迫不及待想拿到我手上的香蕉，所以折断一根树枝将香蕉打落在地上），我简直不敢相信科学界居然都不理会。而我所提出的论点"人类并非唯一能推理、有洞察力的动物"，并未像柯勒和耶基斯一样受到严厉的抨击。

二十世纪六十年代始见科学界出现研究黑猩猩心灵世界的计划和其他类似的研究，这个计划便是由加德纳（Gardner）夫妇所构思的"华秀（Washoe）计划"。他们买了一只小雌黑猩猩取名叫华秀，并开始教她聋哑人士使用的手语。比他们更早廿年，就有海斯（Hayes）夫妇尝试收养并教导年幼的黑猩猩维琪（Vikki）说话，但是完全没有成功。海斯所下的功夫，使我们对黑猩猩的心灵世界有更多的了解；维琪的智商测验得分很高，显然是一只非常聪明的年幼黑猩猩，可是却学不会人类的语言。而加德纳夫妇则非常成功地教会华秀使用手语。华秀不但轻易地就学会了手语，并且立刻开始将语词拼凑成有意义的句子，显然每个手语字都在她心灵里产生了该字所代表的物件影像。例如，用手语叫她去拿苹果，她便会走到另一个房间去取苹果。

另有一些黑猩猩在尚未加入华秀计划之前，是在一个使用手语的家庭中长大的。华秀后来收养了黑猩猩婴孩路利斯（Loulis），他来自未教过他手语的实验室，在他被送去与华秀在一起时，并未上过任何人类的语言课程；但是，当他八岁的时候，他已经会正确地比出五十八个手语。他是怎么学会的？看来他显然是模仿华秀和另三只会比手语的黑猩猩达尔（Dar）、摩佳（Moja）和塔图（Tatu）。有时华秀也会直接地教他。例如有一天，华秀突然很兴奋，又跳又蹦地比手语说："食物！食物！食物！"因为她看见有人带来了一盒巧克力。那时路利斯才十八个月大，只是傻傻地看着。这时，华秀突然停止蹦跳，走过去抓起路利斯的手，教他比"食物"这个字的手语（就是手指指向嘴巴的动作）。又有一次，在类似的情况下，华秀比"口香糖"的手语，但却是用她的手比在路利斯身上；还有一次，华秀随兴抓了一张小椅子，向路利斯走去，并在他面前坐下来，顺便凑近他，教他比"椅子"的手语三次。前面那两个有关食物的词汇已进入路利斯的脑海中，但是第三个词汇"椅子"，路利斯并没记进去。显然，黑猩猩记忆力的优先顺序情形与人类的婴孩相似！

当华秀成功地学会手语的消息首次传开，震撼科学界时，立刻引起学者强烈的抗议。因为此事意味着黑猩猩有精通人类语言的能力，显示黑猩猩有归纳、抽象和组织概念的心智能力，足以了解并使用抽象的记号。而这些高智能的技巧，当然只有学名为智人（Homo sapiens）的人类才会。尽管有许多人对加德纳夫妇的发现感到不可思议和兴奋，但是，也有更多的人驳斥整个计划，怀疑这些观察所得资料的可信度，怀疑研究方法太草率，并指称其结论不只误导了大众，而且非常荒谬。这项争议引发学界兴起各式各样教导黑猩猩使用人类语言的计划，而无论研究调查者刚开始有多怀疑且希望证实加德纳的结论，无论他们是否试图用新的方法来证实同样一件事，他们的研究，都提供了更多有关黑猩猩心灵世界的资料。

因此，在这样的新诱因之下，心理学家开始以各种不同的方法，来探试黑猩猩的心灵世界；而试验的结果一再证实，黑猩猩与人类心灵世界的相似，简直不可思议。长久以来，大家都知道，只有人类会所谓的"交叉式转换信息"，也就是说，假如你闭上眼睛，触摸一个形状令你觉得很奇怪陌生的马铃薯，再张开眼睛从一大堆马铃薯中，挑出刚才那一个，你只要看一眼，很快便会挑对，反之亦然。许多实验也显示，黑猩猩一样能用眼睛"知道"他们触摸过的东西。事实上，现在我们都知道，其他某些非人类灵长动物也会同样的事。我巴不得所有生物都有这种智力。

许多实验同时毫无疑问地证明，黑猩猩能从镜子中认出自己，这表示他们具有自我概念。事实上，华秀早在几年前就已经很自然地在镜子面前认出自己，她盯着镜中的自己，比手语说出自己的名字；但是，这个观察还不足以证明什么。黑猩猩有自我概念是由以下的实验证实：研究者让一群黑猩猩在镜子前面玩，然后将他们麻醉，再在他们从镜子中看得见的部位，如耳朵或头顶上，漆上没有味道的油漆，结果他们苏醒过来之后，不只困惑地从镜子里看见自己身上多了油漆印记，还立即用手指去摸索一番。

黑猩猩拥有绝佳记忆力的事实，一点也不令人惊讶。毕竟每个人从小就都相信英美俗谚所言："大象永远不会忘记事情"，黑猩猩又有什么不同呢？事实上，华秀在与女饲主加德纳太太分隔十一年之后再见面时，依然能自然地用手语比出加德纳太太的名字，可见其记忆力比狗的记忆力更厉害。据悉，狗在长期与饲主分离之后，还能记得饲主，不过黑猩猩的生命期比狗更长，黑猩猩也能为未来预先做好准备，至少是即将到来的未来。这项能力在冈比黑猩猩群中非常明显，他们在白蚁兴旺的季节来临时，经常准备好工具，以便到数百码远外，寻找地面上完全看不见的白蚁洞，去钓白蚁。

而这还不足以详细描述黑猩猩在实验室中所展现的其他认知能力。其他的实验成果之一显示，黑猩猩具有数学的基本概念，例如：他们会分辨更多或更少，他们会按照给定的某些标准，将物品分类——因此，他们可以毫无困难地将食物分成水果一堆、蔬菜一堆；也可以按指示，将食物分成一大堆和一小堆，而且每一堆里同时有水果和蔬菜。学过人类语言的黑猩猩，还会颇具创意地将所学会的单字凑成新词，以表达某些并没有手语符号的东西。华秀有一次便频频向饲主比手语说，"石头，莓果"，饲主原先搞不懂这是什么意思，后来才知道，她指的是前些日子她第一次看过的巴西核果（硬得像石头一样的莓果）。另一只受过语言训练的黑猩猩则形容胡瓜是"绿色的香蕉"，还有一只黑猩猩形容泡腾片是"会发出声音的饮料"。他们甚至会自己发明象征符号，像露西稍微长大一点以后，在放她出去散心时，必须用一条绳子拴住她；有一天她渴望赶快出去散心，但是想不出任何意指绳子的词汇，她就用食指勾着她衣领上的一个环，示意主人带她出去，这个手势就变成了她的词汇之一。黑猩猩也喜欢涂鸦，尤其喜欢画画；学过手语的黑猩猩有时会自然地将他们所学的手语词画出来，诸如"这（是）苹果"——或鸟、甜玉米等。事实上，从人的眼光来看，黑猩猩画的东西并不如人类艺术家画的那么像，但这并不意味着，黑猩猩的素描能力不好，或者人类必须多多学习了解猿猴式的艺术。

人们有时不禁要问，为什么住在原野间，生活那么简单的黑猩猩会发展出这么复杂的智力？答案当然是：他们在原野的生活一点也不简单！他们必须在日常复杂的社会生活中，用尽一切的心智能力求生存。他们经常必须做选择：究竟要走去哪里，跟谁走？他们需要有高度发展的社交能力——尤其是那些具有雄心壮志，想在阶层制度社会中获得高阶地位的雄黑猩猩。比较低下阶层的黑猩猩也得学会在上级黑猩猩面前欺瞒——隐藏自己的意图，或私下进行自己想做的事情，以便得逞。根据对黑猩猩的田野观察，他们历经几千万年进化出来的智力，足以帮助他们应付日常生活。如今从实验室中审慎收集到的有关黑猩猩智力的研究资料，提供我们许多背景，让我们可以评估从田野中所观察到的黑猩猩智力、理性行为的许多例子。

在实验室中通过审慎设计的测试方法，以及奖赏办法，比较容易研究黑猩猩的智力，因为黑猩猩会因备受鼓舞而尽力表现，甚至超越他们的心智潜力。而在田野间研究同样的主题，毋宁是更具有意义。开放式的田野研究虽较有意义——因为我们可以更清楚地了解，导致黑猩猩社会产生智力进化的环境压力何在；但比较困难的是，在田野间，几乎所有黑猩猩的行为都受许多变量的影响，而不容易观察得清楚。好几年观察、记录和分析的成果，才等于实验室一个审慎设计的测验结果；研究样本的数目经常少得五只指头就数得出来，唯一的实验是大自然本身，也唯有时间才可能重复这样的实验。

在野外，一次观察可能被证明具有至关重要的意义。它可能为一些迄今为止我们不清楚的行为模式提供线索，也可能是理解一些关系为什么会改变的关键因素。显然，这种具有重要意义的观察记录越多越好。我在冈比的早期研究证明：一个人独自研究，只能了解到黑猩猩社群在一段时间内活动的些许片断。所以从一九六四年开始，我逐渐组建了一支研究队伍，来帮助我收集黑猩猩（这些活着的和人类亲缘关系最近的动物）的行为信息。

第三章　研究中心

在我结识菲洛这段不算短的时间里，我从她身上学到许多东西。她教导我如何克尽母职；并且让我明白，克尽母职不只对孩子的未来具有无可估量的重要影响，良好的亲子关系更能带给母亲无比的喜乐和满足。

　　冈比研究中心从极小的规模，发展成为当今世上最具活力的动物行为田野研究站之一。头两名研究助理于一九六四年加入我的工作行列，那是早在我发现我们三人加上我先生雨果，仍然不够用。后来，我们寻求额外的赞助基金，以聘用更多的学生来帮忙。所有来帮忙的人都被冈比的魅力深深吸引，他们帮忙搜集到更多有关黑猩猩生活的资料，使我们对此研究更加有信心。

　　一九七二年左右，参与研究的学生很多，有时甚至多达二十人，因为那时我们不只研究黑猩猩，也研究狒狒。有许多学生是来自欧洲及美国的研究生，他们主要是研究人类学、动物行为学或是心理学，也有来自斯坦福大学人类生物学科际整合研究计划的本科生，以及坦桑尼亚达累斯萨拉姆大学动物系的学生。这些学生都各自睡在树间搭的铝皮迷你屋里，只有吃饭的时候聚在一起。吃饭的地点是海边的复合式水泥石头屋，那是我的老朋友乔治·杜夫（George Dove）在雨果和我居住过的帐篷处盖的。我住在那里时，我儿子格鲁布还是个婴儿。乔治另外还盖了其他几间办公室，和一间设有烧木材炉灶的厨房；他同时弄了一座发电机，更方便我们挑灯夜战，而且食物可以冰久一点，煮菜吃饭不再是梦魇；乔治甚至还盖了一间小小的石头屋，给我们当作暗房。

研究中心的生活非常忙碌，除了观察动物和搜集资料的主要工作之外，每周还要开会讨论个人的研究发现，并计划更好的文献探讨计划。这些学生非常具有合作精神，乐于分享他们个人找到的资料。这是很难能可贵的，因为，要培养这样慷慨的气度并不容易。刚开始，许多研究生并不愿意贡献他们先前找到的资料，这是可以理解的。但是，假如想设法了解黑猩猩复杂的社会结构、尽可能完整地建立黑猩猩的生命史的话，非得分享数据不可。不论是这些学生，或是斯坦福大学心理治疗系主任达夫·汉宝（Dave Hamburg），都给了我相当多的协助。尤其是汉宝，他还指派许多人类生物学系的学生前来支援。尽管这些年轻学子到冈比鲜少超过半年，但是，他们来之前都非常用功地预备资料，他们的贡献非常有价值。

尽管当时我们还不知道，但是无可讳言的，影响冈比研究前途最甚的，莫过于坦桑尼亚田野调查队的素养。自一九六八年有一位女学生因跟踪黑猩猩，不慎跌落悬崖丧生之后，后来的学生都习惯于去做田野调查时由一位坦桑尼亚土著陪同，这样如果发生意外，其中有一两人可以协助。渐渐的，这些坦桑尼亚土著也学到了一些知识，因此，他们的协助对我们来说更显珍贵。他们知道每一只黑猩猩的名字，且能为新来的学生介绍每一只黑猩猩，同时精于在崎岖不平的地形中找路。到一九七二年，这些土著已经学会自行搜集资料：例如记录某只黑猩猩行走的路线，注意他白天与哪些同伴一起，并且辨认哪些植物被黑猩猩吃掉了。由于研究生相当倚赖土著所记录的这些资料，因此他们非常努力地训练这些田野助手。有时我用斯瓦希里语举行研讨会（斯瓦希里语是东非最通行的语言），我们会讨论黑猩猩和狒狒各种不同的行为模式，我也会谈其他地方的非人类灵长动物的习性。渐渐地，田野调查队的每个人都变得消息灵通，且对我的研究越来越热心、有兴趣。

能召集到这群人令我感到无上的骄傲，他们所搜集的资料，无论是量或质都非常可观。但是，有时候我总会怀念早期在冈比做研究的日子，那时只有我妈妈、厨子多米尼克（Dominic），和驾驶小马达船到附近大城市基戈马（Kigoma）添购日常用品的司机哈山（Hassen）。那时我非常卖力地工作，强迫自己清晨就爬上山顶，直到入夜才下山。没有周末，没有假日。但那时我还年轻，体力很好，我为此感到自豪。而且我靠自己一手打拼。那时我常跑遍整座森林，心里明白我整天唯一能见到的生物，就是黑猩猩、狒狒或其他居住在绿荫山谷的野生动物。但这种生活难免要改变：任何人无论再怎么全力以赴，都不可能单枪匹马完成了解冈比黑猩猩的研究。由于研究中心有越来越多人往森林里走动，因此，我越来越不可能一个人独自徜徉在原野。

事实上，在一九七二年时，我只花了相当短的时间与黑猩猩相处，尽管那时我一年有三个月的时间到美国加州斯坦福大学人类生物学系任教，但是我仍长住在冈比。那是因为在观察黑猩猩妈妈养育小黑猩猩几年之后，我自己也当了母亲。我相当清楚小黑猩猩与妈妈的亲密感情，这对他日后的性格发展有极关键性的影响。我猜想人类也一样，芮音·史毕兹（Rene Spitz）和约翰·包比（John

Bowlby）的研究已证实这一点。所以，我决定尽力给我儿子最好的开始。因此，当学生花大部分时间做田野调查时，我则花大部分时间照顾我儿子格鲁布（尽管他真正的名字叫雨果，但是直到如今，在家族与亲近的朋友中，大家仍叫他格鲁布）。那时我经常处理行政工作，上午撰写资料，下午带着格鲁布一起做事。

当然，我仍然一直紧盯着黑猩猩社群的最新发展状况。大伙儿每天晚上的聊天内容，鲜少离开黑猩猩和狒狒。我仍然跟得上进度，就算是听来的，我仍很清楚汉弗莱（Humphrey）、菲甘和艾弗雷德之间凶猛的夺权斗争。我每天都会从布告栏上知道青少年黑猩猩菲林特（Flint）和戈布林、波和季儿卡（Gilka）的事迹和吉吉的浪漫史。此外，我每天到帐篷去时，总会遇见一两只黑猩猩。

格鲁布和我在海滩的住处偶尔也会有一些黑猩猩造访。有一次，有人送格鲁布两只兔宝宝宠物，雌黑猩猩玛莉莎（Melissa）和她的家人便一直在我家走廊徘徊，且不断从铁窗窥探我们的卧房；因为，冈比从来没有兔子，这群黑猩猩显然对兔子好奇极了。尤其是充满青少年期好奇感的戈布林，在他妈妈和妹妹离去之后，还继续悬荡到窗户上探头探脑。不过，我也没想到，兔子是很棒的宠物，他们很容易受教，而且非常有感情、有趣。这两只兔子也让我学到很多东西，在那之前，我一点也不知道，兔子居然喜欢吃肉！更令我惊讶的是：这两只兔子竟然会捕蜘蛛吃！

大家都知道，黑猩猩会抓人类的小孩来吃，因此，雨果和我在黑猩猩罕至的湖边，为格鲁布建了非常安全的住宅。但是，湖边却是狒狒爱逛的地方，且我家正好盖在湖边族狒狒的核心地带。结果，我不得不花比以前更多的时间注意狒佛。这件事情本身，不只是很好的学习经验，而且给了我观察黑猩猩行为模式的新观点，使我更准确地分辨黑猩猩与猴类动物有什么不同。黑猩猩比狒狒聪明，例如他们会使用工具；但是，狒狒比黑猩猩更能适应生存。全非洲从北到南，从东到西，都有狒狒存在；但是，黑猩猩因为个性谨慎保守、生育率低，所以仅见于赤道非洲的森林地带及其周围。

起初生性大胆且投机的冈比狒狒，很快就吃遍了他们从研究人员住处偷去的外来（人类）食物。他们一致觉得，这些东西好吃极了。所以在冈比，我们一面得应付人，一面得与狒狒斗智，但我们却常被狒狒打败。尽管研究中心规定：不准在户外吃东西；不准将残余食物丢在有盖垃圾桶以外的地方；要带走的食物一定得盖好；随时把门关好。每个人也都试着遵守这些规定，但是仍然有人忘记，或是太匆忙，或者以为"反正现在没有狒狒来"。这正好称了狒狒的心。

克里斯（Crease）是狒狒中的惯窃，他经常脱离狒狒群，耐心地在我们各家旁边枝叶茂密的树上，静静地坐几个小时。假如我们忘了把门关好，哪怕只是一下子，他都会逮着机会立刻下手，偷走许多面包、一大堆鸡蛋、菠萝或万寿果（类似木瓜），直到我与学生约法三章：未遵守规定以致造成遭窃后果者，将受重罚。还有一次，克里斯偷了一罐刚开的两磅奶油，贪婪地坐下来慢慢享受了两个小时。

有一天，格鲁布非常兴奋地告诉我有关克里斯的历险记。话说有一艘水上计程车（我们戏称往返坦噶尼喀湖搭载乘客的小船为水上计程车），在靠近研究中心的湖中抛锚，被拖到湖岸的沙滩上，引擎被拔下来送修，乘客便在此时趁机下船伸伸腿；克里斯不知道怎么知道空船上有好多袋树薯做的面粉，他闻风而至，毫不犹豫地跳到船上。但是，就在他撕开其中一袋树薯面粉，放进嘴巴里面嚼的时候，船开始往湖心漂流。克里斯突然警觉到船距离岸边越来越远，他恐惧了起来。于是从船的那一头跳到另一头，但老是掉到树薯面粉袋上面，惹得面粉满天飞扬，害他直打喷嚏。最后，一位学生看他可怜，一边窃笑一边将船拖回岸边。克里斯十分狼狈地急忙跳上岸，这时他全身已沾满树薯粉，活像个圣诞节饰品。

　　事实上，狒狒很会游泳，不像黑猩猩是旱鸭子。有时湖面水波不兴，年轻的狒狒便会跳进湖里玩水，甚至潜水或潜泳。遇到敌人追杀时，狒狒常会跳进湖里避难，直到陆上平安无事。

　　坦噶尼喀湖据说是全世界未受污染的湖泊中面积最大的，它的长度居世界第一，深度居世界第二。有时，暴风雨会使坦噶尼喀湖更加绵延流长，且引发汹涌的波涛。几乎每年都有一些渔夫被冲到数英里①之外，靠近扎伊尔共和国的交界处；有些则再也不复返。坦噶尼喀湖还有其他潜伏的危险隐藏在晶莹剔透的湖心。现在湖里已经没有鳄鱼了，但是，在巨岩盘结的岬湾处，常有眼镜蛇出没；万一被这种细长光滑、棕色、颈部有黑色条纹的毒蛇咬到，根本没有抗毒血清可以救命，这使我非常担心格鲁布在湖里游泳。除了这一点之外，冈比实在是一个养育孩子的绝佳环境。

　　格鲁布大部分的童年时光，都是在坦噶尼喀湖边度过的，也许正因为那里有许多传统的渔夫，以致格鲁布后来也爱上了垂钓。格鲁布还很小的时候，就已经在解开渔网上面显露出令人难以置信的耐心。那些渔网经常错综复杂地缠在一块儿，我总是弄了几分钟之

───────────

① 　译者注：1英里=1.6093千米。

后，便不耐烦地放弃，他却继续解了一上午，有时直到下午还在弄，只到把渔网平顺地摊在走廊，绑上浮标，以备天黑前下网。翌日他便兴奋地收网，看有没有收获，然后又重新繁复地解开渔网。

格鲁布从五岁开始便接受函授课程，并由我的研究助理充当家教老师指导他做功课，这些趁寒暑假来冈比的年轻学生非常高兴有机会见识冈比和这里的黑猩猩，同时又有薪水可拿，且仍然有许多时间可以到湖里钓鱼、游泳。就在那时，坦桑尼亚土著毛利迪·杨果（Maulidi Yango）走进格鲁布的生命中。研究中心雇用毛利迪来协助砍伐森林以开辟山径，毛利迪体格非常好，强壮得像头公牛。新来的研究助理有时会目瞪口呆地看见若干横在山径上的大树已经整棵被移除，而往往那时毛利迪正坐在其他树下休息。既好相处，又很幽然的毛利迪立刻成为格鲁布童年的偶像。事实上，格鲁布至今仍认为，除了我们家的人以外，影响他个性最深的人就是毛利迪。在冈比经常可以看到毛利迪在沙滩上卖力工作，而格鲁布在旁边游泳，或者毛利迪划独木舟，格鲁布钓鱼，抑或毛利迪在吃中饭、午睡，格鲁布则在一旁耐心地等他，他们一直是非常要好的哥们儿。

有一天早上，格鲁布跑来告诉我，菲洛和菲林特在餐厅那里。当时菲洛已经非常衰老，牙齿几乎掉光了，剩下凹凹的下巴，她找不到足够的软食吃，我们常会给她额外的香蕉，她若是在我家附近，我会给她鸡蛋。但即使如此，她仍旧越来越衰老，不过，有时她却会显露出不屈服的精神，毫无疑问，这种精神正是她之所以能活到这么老的原因。

那天早上我发现菲洛伛偻着背，瑟缩地坐在地上，看起来又冷又凄惨的样子，因为先前下了一阵雨。在冈比，即使是旱季，也经常冷不防猛地下起大雨。菲林特这时则在附近逗弄狒狒克里斯，虽然这只老狒狒只顾忙自己的事，但是菲林特却一直不停地在他头上甩着满是雨水的树枝，故意淋克里斯的头。克里斯低下头去，试图不理会菲林特的无理取闹，但他最后仍忍无可忍，怒发冲冠地吼菲林特。菲林特也尖叫，菲洛立即采取行动，竖起她稀疏的头发，凶恶地威吓克里斯。克里斯立刻逃之夭夭。

几星期以后，克里斯企图抢走我刚给菲洛的鸡蛋，菲洛的毛发立刻竖了起来，站得直挺挺的，冲向克里斯，使出千手观音之势，猛打克里斯；吓得克里斯连退几步，毕恭毕敬地坐下来，干瞪着眼看这只老黑猩猩缓慢地拿回所有的鸡蛋，和着嫩叶一起嚼。

有时，当菲洛和菲林特晃过我家前后时，我会跟着他们。菲林特偶尔仍旧想骑在他老妈背上。我相信，要是菲洛身体还很强健，她一定会顺着菲林特，把他背在背上。但是，现在菲林特每次只要一骑到老妈背上，菲洛就会跌跤垮在地上，菲林特只好自己走。即使菲林特没有骑到她背上去，菲洛也必须在旅途中不时坐下来休息。这令菲林特非常不耐烦，于是总径自往前走，再回头看。假如菲洛没立刻跟上来，他就呜咽地哭叫。有时，菲林特会有些生气地撇着嘴跑回去，用力拉着菲洛往前走。当菲洛坚持要休息一下，菲林特仍会闹得她不得安宁，不是要菲洛帮他抓抓痒、整理毛发，就是抓菲洛的手抚摸他，菲洛若再不依他，他就号啕大哭。有一次，他甚至将菲洛从坡地上的巢穴中拖出来，害得菲洛连翻带滚跟跟跄跄地跌到山坡下。我常想捆菲林特几巴掌，但菲洛若没有菲林特做伴，一定会非常寂寞。她的动作太慢了，以至于连她女儿菲菲都不常和她在一起，因此，菲洛非常倚赖菲林特，一如菲林特非常倚赖母亲。我记得有一次，当这母子俩走到山径的岔路时，他们便分道扬镳各走各的路；我跟着菲洛，几分钟之后，菲洛停了下来，回头看了又看，就开始忧伤地饮泣起来。她等了一会儿，希望菲林特能改变心意；但是过了许久，仍不见菲林特的影子，菲洛便转回原路，跟随她的儿子。

菲洛的死讯传来那天早上，天气晴朗。她的遗体在凯科姆贝河边被发现，死时脸朝地。尽管我早就知道，菲洛的大限不远，但这并无法减轻我的哀伤。我认识她已经十一年了，我真的很爱她。

那天晚上我为她守灵，以免丛林野猪打劫她的遗体。菲林特还在附近逗留，假如他发现他妈妈的尸体被撕碎，且有一部分被野兽吃掉了，他一定会痛不可抑。当我在皎洁的月光下为菲洛守灵时，回想起她的一生。她在地上的五十年间，一定踏遍整个冈比山谷。即使我不曾到那里记录她的生命史、不曾侵犯这一片崎岖的原野，菲洛的生命就其本身而言依旧是灿烂、有价值的，并充满了目标、活力和爱。在我结识她的这段不算短的时间里，我从她身上学到了许多东西。因为她教导我如何克尽母职，并且让我明白，克尽母职不只对孩子的未来具有无可估量的重要影响，良好的亲子关系更能带给母亲无比的喜乐和满足。

第四章 黑猩猩母女

过去几年来，科学界一直在激烈争辩"先天"和"后天"的影响孰重孰轻的问题。不过这一争议现在已经销声匿迹，大家渐渐接受：即使是低等动物，其成年行为，也都是受基因组合和后天生活经验共同影响所致。

十四世纪英格兰诗人、温切斯特主教威廉·威克姆（William of Wykeham）写道："从风度可以看出一个人的本性。"是的，但是又得从什么地方看出一个人的风度呢？也许我们可以大胆地说："从母亲可以看出一个人的风度。"当然，这还要加上些许早期经验和基因遗传的调和。过去几年，科学界一直在激烈争辩"先天"和"后天"的影响孰重孰轻的问题。不过这一争议现在已经销声匿迹了，大家渐渐接受：即使是低等动物，其成年行为，也都是由基因组合和后天生活经验共同影响所致。动物的脑部结构越复杂，学习在塑造行为上所扮演的角色就越显得重要，且其智力的个别差异性也越明显。尤其是婴儿期可塑性最高的时候，所得到的讯息和学会的功课，对日后行为可能最具影响力。

对于脑部结构比其他动物更像人类的黑猩猩而言，他们幼年的经验可能深切地影响其成年行为。特别重要的是，我相信黑猩猩在家的排行、妈妈的气质，以及假如他上面还有兄姊的话，兄姊的性别和个性，都足以影响这只黑猩猩的成年行为。黑猩猩的幼年若非常有安全感，成年以后，他就很可能养成自信和独立的性格；反之，若幼年生活备受搅扰，便可能使他烙下永难磨灭的伤痕。在原野间，几乎所有的黑猩猩妈妈都能非常能干地照料她们的婴孩。尽管如此，黑猩猩妈妈之间带小婴孩的方式还是有极显著的不同。其中最极端不同的两个例子，莫过于菲洛带她女儿菲菲，以及派逊带她女儿波，其余黑猩猩妈妈带女儿的方式大都介于他们之间。

　　菲菲的童年非常无忧无虑。老菲洛能干、有感情、有耐心，她会陪孩子玩耍，也很会保护孩子。在菲菲成长的过程中，哥哥菲甘是这个家庭不可或缺的一员，在妈妈没心情陪菲菲玩时，菲甘总会与菲菲一同嬉戏，且会在菲菲与其他黑猩猩吵架时，护着菲菲。那时菲洛的长子菲奔也常在左右。我认识菲洛的时候，她在雌黑猩猩社群中占有极高的地位，还真是个社交能手。她花相当多的时间与族内的其他成员相处，且几乎与所有的雄黑猩猩相处融洽。在这种环境下长大的菲菲，就变得非常有自信、果决。

　　与菲菲的童年相较，波的童年显得凄凉多了。她的母亲派逊与菲菲的母亲菲洛的差别，宛如粉笔灰和奶酥的差距。我在二十世纪六十年代认识派逊时，她就是一只独来独往的黑猩猩，没有什么亲近的同性朋友；每当她与成年雄黑猩猩相处时，也总是充满不安与紧张。她是个非常冷酷的母亲，没有耐性、粗率，鲜少陪孩子玩，这种情况在波两岁以前尤其严重；再加上波是派逊第一个未夭折幸存下来的孩子，所以在她与母亲相依为命期间，没有兄弟姐妹可以陪她玩。刚出生那几个月，波就经历了艰困期，她变得容易焦虑、很黏妈妈，经常害怕妈妈跑掉，不理她。

　　因此，波和菲菲在面对挑战时的反应非常不一样，但这一点也不令人惊讶。这些挑战是年幼的雌黑猩猩在原野的成长过程当中必须面对的。

所有黑猩猩婴孩在四岁左右的断奶期都会显得沮丧、忧郁，因为母黑猩猩越来越频繁地，也越来越果断地不准他们再吸奶或骑到妈妈背上。菲菲显然变得比以往更不快乐，有好几个月很少嬉戏，只是依偎在母亲身边坐着，佝偻着背，一脸不愉快。但是她很快就度过了这个时期，在她的小弟弟菲林特出生时，她已经再度变回昔日的自我：外向、充满自信和果决。

然而，波的低潮期却似乎是永远的烙印。有趣的是，派逊在波三岁大之后，突然改变对波的态度：开始比较有耐心，比较愿意跟她玩。也许是这个原因，使得波变得比较不焦虑；但这种良好的心理状态，在断奶的痛苦期不复可见。尽管派逊已经显露出令我感到意外的耐心，几乎总是顺着波的要求，为她抓痒、轻抚，也允许波略带抗议意味地骑到她背上，但是，断奶对波而言，显然令她感到更加焦虑不安。派逊甚至在我们确定她已经没有奶水之后的几个星期，依旧让波吸奶，而且经常一吸就是廿分钟。但这样仍然无补于事，波无法克服断奶期的困扰，显然是因为幼小时受到母亲冷酷对待的影响。她常常以吸母乳作为她唯一的安慰，因此，当她终于被妈妈拒绝时，儿时那种不安全的感受便立刻涌现。一直到派逊快生第二个孩子之前几星期，波才停止吸母乳。

对所有年幼的黑猩猩而言，家中新成员的诞生意味着一个纪元的结束，也就是他们必须迈向独立的时候——尽管小黑猩猩经常要再过三年到六年，才可能完全离开母亲，独自地加入成年黑猩猩的圈子。菲林特出生时，菲菲才五岁半。由于菲洛必须照顾幼小的新生儿，无暇顾及菲菲，但菲菲一点也不难过，反而对弟弟感兴趣和高兴，且在菲林特两岁以前，花许多时间陪他玩、为他整饰毛发、在家人游走原野时，背着他。甚至在别的小黑猩猩想跟菲林特玩时，菲菲都会吃醋地把他们赶走，至少在菲林特还小的时候，菲菲就常协助菲洛，从危险的情境中解救出菲林特。

波一开始就像菲菲一样，对新生的弟弟普洛夫感到好奇、有趣，但当这种新鲜感渐渐消退之后，她立刻回复到弟弟尚未出生前的那种沮丧情境。在普洛夫一岁之前，波一直显得无精打采、冷漠，且对普洛夫提不起兴趣。即使在普洛夫五个月大开始学走路的时候，波依旧对普洛夫没什么反应；而菲菲在菲林特学走路时，常常照顾着他。波却鲜少带普洛夫，且姐弟俩很少在一起玩，若有，也是普洛夫先开始的。但是渐渐地，普洛夫使波克服沮丧，这才让波开始觉得弟弟具有吸引力。波开始常带着普洛夫、陪他玩，也变得非常乐意保护他。例如有一次，当波领着全家穿过森林时，她注意到有一条大蛇盘踞在山径旁。她赶紧一面爬到树上，一面悄悄发出"呼呼"的警告声。落在她后面的三岁弟弟似乎没看到那条蛇，就算看到了，可能也不知道危险，他显然还不懂波轻微警告声的意思。而这时他们的妈妈派逊还落在很后面的地方。霎时之间，普洛夫已经距离蛇只有几码之近，波吓得毛发直立，冲下去一把将普洛夫抓起来，背到安全的地方。

雌黑猩猩的下一个动荡不安的生命期，发生在大约十岁左右，那时她们第一次让成年雄黑猩猩感到有"性趣"。菲菲对这种新鲜的经验感到迷醉。有时，当雄黑猩猩明显对菲菲的示爱不感兴趣时，菲菲会斜倚着对方，用充满期待的媚眼凝视着他；或者失望、软弱无力地盯着她所关切的雄黑猩猩的某个部位。有一次她拧着对方柔软的性感部位，果然获致非常满意的结果！那只雄黑猩猩显然觉得菲菲是个令他垂涎的性伴侣。菲菲虽不像母亲菲洛年轻时一样有魅力，但毕竟这时的菲菲还非常年轻，没什么经验。

而波第一次让雄黑猩猩感到有"性趣"时，也像菲菲一样，觉得这种新的经验很愉悦，于是急着向献殷勤的雄黑猩猩使媚。但是菲菲在顺应追求者求欢时，一直表现得很镇静、放松，不像波只会畏缩地蜷伏在求欢者的面前，紧张兮兮的，且经常一结束就大呼小叫地抽身而逃。后来，波发展出很奇怪的、神经质的行为。例如她经常在走到一只雄黑猩猩的面前向他示好，发出臣服的狂乱叫声，并且用手轻拍对方的脸颊，然后溜之大吉。雄黑猩猩经常被她这种怪异的行径激怒，有时会威吓她，甚至痛打她一顿。这样的恶性循环，使得波越发紧张、神经质。波对异性的吸引力，远不如菲菲在同样年纪时的魅力，但这并不令人惊讶。

青春期的雌性黑猩猩和人类的少女一样，在初次月经来潮和第一次怀孕之间那段时期，会经历不育的阶段。菲菲和波的这个时期大约持续了两年，这两年间，她们每个月约有十天是发情期，散发着非常吸引雄黑猩猩的性魅力，且拥有许多入幕之宾。那些日子显然对菲菲的成长有很大的帮助。尽管在菲菲求偶期，菲洛偶尔会陪着她，但是菲洛毕竟老了，不能常陪着菲菲，这促使菲菲学会如何在成年黑猩猩的社会中独立生存，不必依靠社会地位崇高的母亲支持。当她的社交能力日趋成熟，且变得越来越独立自主时，她同时也长大了，变得日益壮硕，更能够应付日后的母职。

尽管菲菲越来越独立、老练，可是她每次与雄黑猩猩燕好之后，都会回到妈妈身边。因此菲洛于一九六八年生下老幺菲勒姆（Flame）时，菲菲依然是家庭中的重要一员。可惜菲勒姆只活了六个月便夭折了，但是在那六个月期间，菲菲只要没有约会，都很乐意替妈妈照顾幺女，带她、为她整饰毛发、温柔地与小婴儿玩，她因此额外学到担任母亲的技巧。

菲菲在两年不育期快要结束的那段期间，经常被追求者带到黑猩猩族群罕至的郊外。假如雄黑猩猩能赢得菲菲芳心的话，他们会一同住在郊外一阵子，让菲菲与其他雄黑猩猩隔开，因为追求菲菲的异性大排长龙。在这样的安排之下，雄黑猩猩有很好的机会能让雌黑猩猩怀孕。事实上，菲菲的第一个孩子不是跟她族内的雄猩猩有的，而是跟南方卡兰德族的雄黑猩猩有的——因为菲菲那一阵子经常一到发情期就往南部跑，与较强壮的雄黑猩猩交配。根据我们的观察，大部分青少年晚期的雌黑猩猩都有勤于交配的现象。显然菲菲在其中一次远游求偶中怀了孕，怀孕之后，菲菲便回到自己的族群当中。这时她与菲洛和七岁的菲林特之间的关系特别好，因为她的性需求总算暂时平静下来。

波的青春期则骚乱不安。那时她与母亲的关系非常亲近——甚至比菲洛与菲菲的关系更加亲近。波与族群中其他的同性争吵时，派逊总是护着女儿，这时的波在与同性相处上，变得果敢、侵略性强。因此当派逊不在她身边时，其他雌黑猩猩便会伺机报复，与波开打起来。但是假如派逊近得足以听到女儿的叫声，她必定会跑来护卫女儿，母女俩联手惩罚这些肇事者。而波也以同样的方式支持母亲。

我印象很深的是，有一次，我整个上午跟着波，看见她和雌黑猩猩同伴娜普（Nope）在钓白蚁，这时突然听到从西方大约一英里的山谷下，有黑猩猩的呼唤声，这声音接着转为尖叫，波和娜普都往声音出处张望了一下，娜普继续钓她的白蚁，而波则继续盯着西方。几分钟之后，又是一阵呼叫声。娜普理都没理，但是波却露出些许害怕，跑去触一触娜普，然后继续望着遥远的黑猩猩群。一分钟之后，显然有一只被攻击的黑猩猩在狂乱地呼叫。波一边害怕地叫着，一边冲向声音出处。幸好那只是一条有点崎岖的山径，使我不至于落后太远。我们大约跑了五百码，当我冲过葡萄树时，看见波与母亲会合，正为她母亲整饰仪容。在树上的派逊和波都挂了彩，鲜血直流。毫无疑问地，我们刚才所听到的声音，正是派逊与其他黑猩猩打架。这时一只成年雄黑猩猩扑过来，打了派逊和她女儿，然后离去，独留下母女俩。

即使波在动情期，四下寻找性满足时，派逊仍常跟着她。即使独自与雄黑猩猩拍拖，波也会很快又回到派逊身边，陪着她和小普洛夫。直到波第六次动情期，她才远离家人，与一群雄黑猩猩同睡。

不像菲菲，波鲜少和雄黑猩猩住在一起，其中至少有个原因是，她与派逊的关系太亲近了。我犹记得一九七六年九月一个炎热的日子，正午的时候，我看见波像往常一样由妈妈和小弟弟陪着；一只叫沙坦（Satan）的雄黑猩猩一直跟着他们，他极其渴望单独带波往北方去落脚。但是，波并不想跟他去。沙坦的毛发一再竖起来，直瞪着眼睛，并且拿着草不停向波摇晃，然后往他想去的方向走几步，再回头看看波有没有跟上来。波理都不理这些召唤。沙坦好几次震怒地在波面前晃来晃去威胁她，波一受威胁就大吼大叫，并且冲到妈妈那里寻求庇护，于是，派逊就像刚毅的老鸟一样，瞪着这只壮硕的雄黑猩猩，并且愤怒地吼他，甚至更恶劣地用凶暴的叫声威吓他。沙坦曾一度攻击波，后来转而攻击派逊，派逊更是狂怒地吼叫，猛烈冲撞沙坦，并报以老拳。沙坦可能像我一样被吓坏了！于是不管波，改而攻击派逊，但是攻势颇为缓和。接着，派逊和波便径自互相整饰毛发好一会儿，沙坦则乖乖坐在附近干瞪眼。这之后，他只再摇晃两次，意图遂其所愿；那时，距离我初见到他们，已经有四个小时之久，沙坦终于放弃，自行离去。这次，波受到了妈妈非常好的保护！

第一次临盆对母亲而言，是非常重大的事情。而菲菲的头一次生产对我而言，也非常重大。事实上，在她怀孕那八个月期间，我几乎有些（但不是非常）焦躁不安，就像我在四年前怀孕的时候一样。那时我在想，菲菲会如我所料，成为像菲洛一样称职的母亲吗？一九七一年五月我们第一次看到菲菲所生的儿子时，他已生下来两天。我们将这个小雄黑猩猩取名为菲鲁德。正如所料，菲菲一开始就是个非常能干的母亲。就像菲洛一样非常有耐心、有感情，常逗孩子玩，她也学会了菲洛带小孩的若干独门绝招。

当菲鲁德才几个月大的时候，有一天学生叫住我说："你看，这不是菲洛以前常做的事吗？"原来菲菲正一面用一只腿钩住菲鲁德摇啊摇，一面用手逗他玩，就像菲洛对待菲林特一样！那时在冈比并没有其他雌猩猩用这样特别的方式带她们的婴孩。菲菲孩提时代带菲林特时，也曾经试图这样跟菲林特玩，但那时她的腿还太短因而办不到。现在她学菲洛这一招学得完美极了。

在菲鲁德满周岁以前，菲菲继续花大部分的时间与菲洛在一起。但令人失望的是，菲洛显然对自己的孙子不大感兴趣。有时菲洛只是瞪着他看，等菲鲁德逐渐长大之后，菲洛总是默默地忍受菲鲁德偶尔抓她头发的粗鲁。但那时菲洛真的已经非常老了，她实在没有足够的力气度日，除了陪她女儿的这个小婴孩玩之外，生活中也没有什么娱乐。菲洛死的时候，菲鲁德才十五个月大。

至于波与她第一个孩子的关系又如何呢？波在十三岁时生下了潘（Pan）。我预料她会像自己在婴儿期所受到的冷酷待遇一样对待她的儿子，但是潘很幸运，我的预测错了。波带孩子比派逊更关注、更有耐性。事实上，我第一次看到波带着潘游走时，每当潘没抓好妈妈往下溜时，她都会非常小心地撑住他，显然是个体贴的母亲。但是波仍旧未发展出像菲菲那样老练、关爱孩子的母职功夫。

事实上，波在某些方面还是反映出她婴儿时期所受到的待遇。当潘还很小的时候，波发现很难安适地抱他——或者说，她就是感到很困扰。她抱着潘坐在树上的时候，潘常不知怎的就从她两腿间溜下去，惊险地悬在半空中，两脚猛踢，奋力挣扎回母亲的怀抱。唯有在潘轻声哀鸣时，波才会往下看一看，有点惊讶地把他拉回到自己的大腿窝。但是她很少试着改善抱潘的姿势，因此，常常在抱着潘不到几分钟，潘又溜下去了，于是整个过程一再重演。波就像派逊一样，经常想不带自己的婴孩上路，但是波比派逊好一点，在她听到婴儿因此哀鸣时，会匆匆回头去抱着他一起走。波显然是期待潘能自己跟上来，但是当她发现潘还不会自己跟来时，又马上回头关心照顾他。波也像派逊一样，是个不太会和孩子玩耍的母亲，但是潘并未发展出像波幼时的那种心理障碍，因为那时波经常陪着派逊和派逊刚生不久的孩子派克斯。派克斯只比潘大一岁，他们舅甥俩是非常好的玩伴。

　　波的母亲角色远比我想象中更好，但是她却失去她头一个孩子。潘发生可怕的致命意外时，我正好亲眼看见了一切。那是八月天一个狂风大作的上午，强劲的落山风呼呼地直下山谷，吹得树木猛烈摆荡，湖面也波涛汹涌。约有半小时之久，我躺着看波和潘在我上方四十五英尺的树上吃果子。潘那时差不多三岁，已经会从窝里跑出来摘果子吃，但是他却比较喜欢吃已经由妈妈嚼得半碎的果子。这时因被狂风吹得心里害怕，他紧紧地抓住波的头发，就像大部分的小黑猩猩一样。但是后来他不顾狂风，勇敢地独自离开妈妈几步，径自往前去摘果子。突然一阵锐不可当的暴风向潘扫荡过来，潘霎时就像充气玩具一般，从树上被刮下来。他四脚朝天地随着狂风飘荡在半空中，仿佛躺在看不见的浮力空气毯上。不一会儿，令人毛骨悚然地砰一声，重重摔在炎夏艳阳下，他两度窒息，再抽搐地吸了几口气，然后一动也不动。

　　我非常震惊地走近潘。他躺在那里，双眼紧闭，好像是摔伤背部。我抬头看看突然单独被留在树上的波，她凝视地面，好像很害怕地缓慢从树间爬下来，走向潘，然后小心翼翼地抱起潘。我非常惊讶潘这时还能举手抓住波的头发，紧紧地、无助地靠着妈妈，让妈妈抱着走；我原以为他已经死了。

　　接下来两个小时，波一直坐着整饰潘的毛发。再没有其他母亲像波此刻一样充满了关切和忧虑。潘仍是双眼紧闭，斜倚着母亲吸奶吸了很久，后来他起身走路时，动作极其缓慢，且看起来相当昏眩。我猜想他至少有脑震荡吧。这时波拎着受重创的潘，往较高的树上去喂食。

　　发生这件意外当天，我不巧必须离开冈比，船正在等我，因此无法追踪这件事情的后续发展。三天后，当我再看到波时，潘已经死了。也许他是受了内伤或颅骨破裂，或两者都有。非常巧合的，三星期之后，我邻居的厨师的七岁儿子也从一棵椰子树上掉下来，背部着地；紧急送医之后，医生发现他内伤范围广泛，包括肝脏破裂。医生们尽力为他动手术，但是他不久之后仍然不治死亡。

潘之死若全归咎于波的粗心，并不尽公平，因为任何幼小的黑猩猩都可能发生意外。但我却不认为菲菲可能会在这样的情况之下失去一个孩子。菲菲就像她母亲菲洛，也像其他所有很细心照顾婴儿的母黑猩猩一样，对会威胁到孩子的潜在危险，非常警觉。菲菲经常在她的婴孩显露任何苦恼或害怕之前，便"救护"他。潘死后，我开始非常注意菲菲如何在狂风中屹立于树间喂孩子吃东西。菲菲的婴孩总是寸步不离妈妈。尽管我并不知道这是由于菲菲的关切，或是由于她的婴孩心里忧虑，但从某方面看，这是一体两面的事：假如菲菲的婴孩极端谨慎，至少部分原因很可能是菲菲过去便一直严厉地限制这孩子乱跑。

波在潘意外死亡之后就病了，看来无精打采，形容憔悴，令人觉得她大概一辈子也痊愈不了。此后她与母亲的关系更加亲密，母女俩形影不离。我记得有一天，当她们偶然分开时，波到处找了一小时仍找不到妈妈，她开始轻轻啜泣，且不时爬到高高的树上去四下张望。当她四处游走寻找时，显然想借由派逊偶然留下的体味辨认出派逊的芳踪；因为波一面走，一面频频弯下身子，小心翼翼地闻小径和树叶的味道，闻完之后才把树叶丢掉。最后母女俩重逢时，波兴奋地大叫，并且冲向妈妈，母女俩开始互相整饰毛发足足一个小时以上。

　　诚如我们所见，菲菲和波往后的生命发展也相当不同。波在母亲死后，变得越来越孤单，最后终于离开她的族群，再也没回来过。而相反的，菲菲却在母亲过世之后，成为她的族群中位阶最高、最受景仰的雌黑猩猩，且与族群中的雌雄黑猩猩都处得非常好。她同时也是卡萨克拉族群中，迄今最成功多产的母黑猩猩。不论菲洛对菲菲的主要贡献是在基因遗传，或是扶养方式，或者两者均有，总之菲洛育儿的妙方有效。菲洛最大的两个儿子也因她的教养成功，而在日后有相当不错的发展，他们同样有百分之五十的基因遗传自妈妈，且与菲菲领受同样的扶养方式。尤其是这两个儿子中比较年幼的儿子菲甘，后来更成为冈比有文字记录史以来，最具权威的雄黑猩猩首领。

第五章　菲甘的崛起

　　迈克躺着，眼睛张得大大的，望着空旷的前方。我凝视着他，猜想他心里到底在想些什么?他是不是对自己丧失权力感到懊恼?难道只有具备先入为主的自我形象概念的人类，才知道被羞辱的滋味?

菲甘从一开始就显露出超常的智力，我在《在人类的庇护下》一书里举了许多例子。他企图在雄黑猩猩社群中争取更高权位的毅力也昭然若揭，他那耀武扬威的架势，着实令人印象深刻；而这类架势足以使一只黑猩猩看起来比他原来更壮硕，也更具威胁性——菲甘常常毛发竖直，跳到林间猛力摇撼树木，或者在地面喧嚷地拖曳树枝，再将这些树枝用力地往前抛出去；或捡起大石头猛掷，使石头乱飞向四面八方；或者大声地猛力踏步、用力捶打地面和树干。他经常紧闭着双唇，看起来十分凶恶阴沉的样子。菲甘越是狂野得令人印象深刻，越是经过谨慎计划、小心执行，他就越不需要诉诸肉搏战，便能恐吓对手，因为一旦开打，他和对手都可能受伤。对手体型越小，菲甘就越有必要这样展示威力。

即使只是青春期，菲甘很快就注意到成年黑猩猩群中，有谁暴露出弱点（诸如生病或受伤），然后加以利用。当比较高阶的雄黑猩猩处于劣势时，菲甘就一再挑战——使出他那些令人印象深刻的架势。他这种张牙舞爪之态经常不被理睬，没有雄黑猩猩起来反威胁他，但有时他这样目中无人的举动也会奏效，至少较高阶的黑猩猩身体不适时，会闪避菲甘的叫嚣。即使是这么一刹那的胜利，都能增加菲甘的自信。

当迈克篡夺戈利亚特（Goliath）的领导地位，成为最高阶的雄黑猩猩时，菲甘只有十一岁，但他显然对新首领的形象策略非常着迷。迈克展示威力时，常喜欢用若干四加仑容量的白铁桶子，他总是一面冲向对于，　面踢打铁桶，以致鼓噪的声威震彻山谷；所有对手，包括体型比他硕大的，都不战而悚。所有黑猩猩都对迈克这种独特、嚣噪，且经常威风凛凛的举动印象深刻。但是，菲甘是我们所看到的黑猩猩中，唯一在两次不同的情况中，"操练"击打迈克留下的这些铁桶的。依菲甘过去所表现出的善于避免自找麻烦的性格来看，菲甘都是趁着年长的黑猩猩不在的时候，才击打这些铁桶，因为年长的黑猩猩绝对无法容忍这个毛头小子这样耀武扬威。假如我们不将这些空铁桶搬走的话，菲甘无疑会变成像迈克那样熟练于击打铁桶示威之辈。

菲甘强烈想往上爬的动机，加上聪明干练，已使他颇具接班人模样。他唯一的弱点，似乎是他容易过度紧张兴奋的个性。例如遇到社群中有什么非常值得兴奋的事时，他有时会失控地一面大声呼叫，一面冲向附近的黑猩猩，触摸、拥抱对方，寻求慰藉。我在《在人类的庇护下》一书结尾即说："我猜想菲甘很可能成为领袖。"

菲甘爬上最高位的奋斗史令人啧啧称奇。这段故事涉及菲甘与三只雄黑猩猩——他哥哥菲奔、儿时玩伴艾弗雷德，以及最年长、强悍的汉弗莱之间复杂多变的关系。

　　自从菲奔因小儿麻痹症，导致一只手臂失去功能之后，菲甘就一直企图驾驭这个哥哥。接下来三年，两兄弟很少相聚；事实上，要是他们都没有兴趣回去探视母亲的话，他们很可能就这样分道扬镳了，那时菲奔与汉弗莱的关系非常好，而菲甘则显然对体型比他魁梧的黑猩猩感到十分不自在。

　　菲甘到了十六岁的时候，与哥哥的关系有所改变，兄弟俩感情越来越好。我们第一次看见他两个联手对付菲甘的对头，也就是菲甘的儿时玩伴艾弗雷德。这两兄弟轻易地打败了艾弗雷德，并且还把艾弗雷德打得遍体鳞伤。

　　发生殴打事件时，菲甘与艾弗雷德的关系已经紧张了好一阵子。每次只要见面，他们就大肆叫嚣，展示威力，试图恐吓对方。由于年长，艾弗雷德经常占上风，但是自从被菲氏兄弟打败之后，每次再遇见菲甘，艾弗雷德总会毕恭毕敬地呼叫表达臣服之意。至少有好几个月如此。但年轻黑猩猩总是非常有弹性的，艾弗雷德就像菲甘一样，也极渴望爬上社群中的高位。因此，艾弗雷德不久又恢复了自信，毫无疑问地，部分原因是因为菲甘毕竟不会总是与哥哥在一起。那时菲奔仍与汉弗莱非常要好，而菲甘则绝顶聪明地驾驭着这只强有力的雄黑猩猩。而且，即使这两兄弟在一起，菲奔也不见得每次都帮着菲甘，有时菲奔只会坐着冷眼旁观。

　　那时，尽管迈克仍是首领，但他毕竟老了，牙齿脱落，犬齿也断了，毛发又黄又短，且日渐稀疏。所以，当素来敏锐机灵的菲甘第一个向迈克的权威挑战时，一点也不令人感到惊讶。刚开始，菲甘只是不理会迈克的叫嚣展示威力：菲甘静静坐着，脸朝向别的地方。这显然令迈克相当气馁，因此，只要菲甘出现时，迈克总是一再地叫嚣，大展雄风，仿佛试图索讨菲甘对他的尊敬。但是菲甘都不理会，几星期过后，菲甘反过来，在靠近迈克时，一再向这只逐渐老耄失势的首领叫嚣示威，艾弗雷德见状立即开始质疑迈克的地位。

但是，这些年轻的雄黑猩猩依旧表现出绝对顺服汉弗莱的样子，而汉弗莱本身也仍旧非常尊敬迈克，尽管按权力转移的习俗，他可以轻易地打败迈克，让他交出权杖。因此一九六九年时，我写道："很快的，我们也许就会看到没有任何一只黑猩猩掌权的局势，这件事仿佛就要发生了。"

一九七〇年一月某个灰蒙蒙的阴天，事情果然发生了。迈克独自安坐在巢里吃香蕉，汉弗莱和菲奔突然相继跑上坡攻击他，迈克就这样平白无故地受到攻击。迈克一直尖叫，并且爬到较高的树上去避难；但汉弗莱却跟了上去，将他扯到地上，再次对他拳打脚踢，菲奔也跟着加入，补上几拳。汉弗莱后来似乎对自己的所作所为感到震惊，因此一溜烟跑走了，菲奔也跟着仓皇而逃，独留下迈克一身狼狈，口中喃喃发出害怕和沮丧的哀鸣。

虽然这件事情发生得很突然，但却是具有历史性的事件，因为这象征迈克六年来领导纪元的结束。迈克在一夜之间，就变成社群中位阶最低的雄黑猩猩，即使是青春期的黑猩猩都来向他挑战，而迈克却不再为自己争什么。

迈克战败之后一星期，我跟着这位已经下台的首领，看他离开自己的巢。他的动作非常缓慢，一路上经常停下来摘各种树叶和水果吃。正午的时候，他摘了些小树枝铺在地上当床，躺下来休息，我则斜倚在附近一棵粗糙的老无花果树下。四下极其静谧安详，迈克躺着，眼睛张得大大的，望着空旷的前方。我凝视着他，猜想他心里到底在想些什么。他是不是对自己丧失权力感到懊恼？难道只有具备先入为主的自我形象概念的人类，才知道被羞辱的滋味？迈克转过头来，看看我，并且直视我的眼睛，他的眼神是那么平静。我想，也许他很高兴能解脱这一切的权势重担，好放松一下。毕竟仗着年轻力壮当个首领，也得非常辛苦地维持权势，更何况迈克已经这么老了，这么疲惫不堪。他闭上眼睛，静静地睡，醒来之后，便踽踽步入森林，他的身影在大树林间显得孤单渺小。

汉弗莱自然而然接替迈克成为首领，尽管汉弗莱的权位是因打败迈克而来的，但是他胜之不武。汉弗莱身强力壮，正值一生的黄金时期，他至少比年老的迈克重二十磅以上，但他并没有坚强的毅力，也未身经百战地与其他角逐者较量过，就这么轻而易举地当上首领。尽管汉弗莱的体格壮硕，脾气凶暴，但是他从未成为真正令徒众折服的领袖：他充其量只不过是个狂暴的恶棍，他不像迈克或更早的首领戈利亚特那样有魄力、才智和胆识。

事实上，要不是休（Hugh）和查理（Charlie）离开族群，汉弗莱也不可能当上首领，休和查理是汉弗莱最惧怕的两只雄黑猩猩。休和查理出走的事件，发生在汉弗莱尚未与菲奔联手打败迈克的前几个月。那时，我所观察的这个黑猩猩族群开始争斗分裂，其中有些黑猩猩越来越常远赴南方生活，最后整个族群渐渐分成两半，而带头到南方的两只黑猩猩便是休和查理，他们俩显然是亲兄弟，彼此关系不但亲近，且互相支持，经常形影不离地一同游走四方。他们组合成势力巩固的联盟，毋怪乎没什么亲近朋友。汉弗莱对这两兄弟倒是惧怕万分。当休和查理及其他"南方"雄黑猩猩有一次回到北方时，汉弗莱老是避不见面；渐渐地，休和查理便越来越少再回北方探视同族，最后完全再也没回去过。

每件事似乎都让汉弗莱称心如意。不只是他的主要劲敌走了，且因为族群分家的缘故，只剩下八只成年雄黑猩猩由他领导，迈克和戈利亚特当年做首领时，至少都有十四只成年黑猩猩追随。尽管这么侥幸地上位，汉弗莱在位的时间却只有短短的一年半，马上就被菲甘推翻了。

汉弗莱刚上台的时候，就已经感受到菲甘具有潜在的威胁性：汉弗莱越来越频繁地在菲甘出现时，毛发竖立、庄严地展示威力，也许这样的示威之举有助于提升他的自信，且让菲甘知道分寸。菲甘刚开始的时候，都尽量避免与汉弗莱发生冲突，且表面上仍对这个首领毕恭毕敬；同时则继续忙着他长久以来处心积虑驾驭艾弗雷德的手段。回顾这一长串风风雨雨的历史，不得不令人怀疑，菲甘其实早就感觉出，他的真正劲敌不是汉弗莱，而是艾弗雷德。

在首领更换之后不久，艾弗雷德便与菲甘发生争战。当他们俩在树梢上大打出手的时候，另外一只黑猩猩加入艾弗雷德的阵营，菲甘寡不敌众，从三十英尺高的树上被打下来，重重跌到地上。当菲甘痛得在地上大呼小叫时，艾弗雷德则一副胜利姿态，在树丛间大摇大摆地虚张声势。菲甘受了重伤，可能是手腕扭伤了，或是手上的骨头破裂。此后的三个星期，他都不良于行。

这件事情发生在菲甘的母亲菲洛去世前两个月。菲洛此时非常衰老，眼神萧瑟呆滞，行动相当缓慢。当她听到儿子从至少零点二五英里外传来的狂乱尖叫声时，她身上仅余的毛发全竖了起来，立刻直起身子，冲向声音传来之处，她冲得好快，以致我远远被抛在后面。当她抵达现场时，由于太老了，实在无法替儿子揍那两个攻击者。但是她一出现，菲甘立刻镇静下来，狂乱的哀鸣声转为轻轻的低泣，并且一跛一跛地迈向老母亲。菲洛开始为菲甘整饰毛发，就像在菲甘婴儿期和孩提时代抚摸他一样，菲甘便完全停止哭嚷。当菲洛转身离去时，菲甘松垂着受伤的手，尾随在后。菲甘伤势尚未痊愈，便离开母亲，带着爆发力、危险的威力和兴奋、朝气，回到成年雄黑猩猩群中。

下一场被记录下来的鏖战，发生在菲甘和汉弗莱之间。这场打斗并不精彩，彼此都未受伤，但是却象征汉弗莱领导地位已开始迈向结束。当打斗结束之后，他们会频频跑去碰触、拥抱旁观的雄黑猩猩，这么做的目的，不只在寻求慰藉，而且是在试图征集盟友。在这方面，只有菲甘能赢，他说服一两只雄黑猩猩加入他的阵营。于是，他们联手继续攻击汉弗莱，汉弗莱立刻逃跑，一连几天不见影子，据闻他那几天都在森林间踽踽独行。他掌权的时代已成为过去，但是菲甘的时代尚未开始。

我们越了解黑猩猩之间的权力斗争，就越了解结盟的重要性。假如一只野心勃勃的成年黑猩猩有盟友的话，他将更有机会成功地夺权为王——这个盟友不只会在他有需要的时候前来支援，且就心理学观点而言，这个盟友不会联合敌人来对抗他。

这时，汉弗莱和艾弗雷德暂时结盟。他们经常互相做伴，为对方整饰毛发：当他们在一起时，经常彼此给予精神上的支持，所以足以忽视菲甘激烈的示威行动。事实上，他们在几个月之后，联手击败了菲甘。但是，这并未使情势有所改变——汉弗莱仍避着不敢与菲甘照面，而菲甘和艾弗雷德之间的紧张关系也有增无减。当他们不期而遇时，彼此示威的行动益加激烈，他们这样你来我往的张牙舞爪，至少要花掉一个小时。例如，菲甘先竖起了毛发，冲着艾弗雷德扔大石头，并在他面前展示威力，再呼啸走过旁观的黑猩猩群，然后气喘如牛地坐下来。几分钟之后，换艾弗雷德逞威，他跑去猛摇菲甘附近的树木，在菲甘面前扔出大树枝，然后才精疲力竭，气喘吁吁地坐下来。五分钟之后，轮到菲甘继续示威。如此不断反复，为在场的旁观者制造出许多刺激紧张的气氛，最后大概因为没力气了，双双罢手。据我们所知，他们最后都是平手。

尽管菲甘绝顶聪明，野心勃勃，但假如不是菲奔突然改变心意支持他，菲甘恐怕也当不了他垂涎已久的首领。虽然菲奔从未加入对抗弟弟的阵营，但他也无意老是支持菲甘。直到一九七二年年末，菲奔和菲甘突然比以往更加亲密，假如菲甘向其他雄黑猩猩挑战，只要菲奔在，他一定加入，与弟弟一同示威。假如菲甘需要帮忙，菲奔也一定帮忙。他显然变得对菲甘效忠，支持菲甘争夺最高权位。

为什么菲奔会突然改变心意？难道是由于母亲菲洛之死吗？菲洛刚过世时，他们两兄弟的关系尚未明显地变得十分亲近，而且，菲奔和菲甘都没有见到菲洛的尸体，因此他们都不知道菲洛已经去世。然而，接着几星期仍不见菲洛踪影，菲奔是不是开始深深感到怅然若失，觉得心中开始有个空隙，并且认为自己已经是只完全成熟的黑猩猩了呢？他是否因为寂寞而试着花更多时间，与弟弟在一起呢？

当然，菲奔和菲甘虽然都已经成年，但是每当母亲那熟悉、毫不具威胁的身影出现时，他们总能获得慰藉。有一次，菲奔的脚受了伤（就像菲甘手腕受伤那次一样），他便回去与菲洛团聚，直到痊愈才离开。最后一次，菲奔在远游北方很久之后回来，他麻痹的那只手臂受到严重的感染，显然痛极了，行动非常缓慢，他直挺挺地边走边用正常的那只手臂不时摇晃、安抚疼痛的手指。几天之后，他仍旧在研究中心附近逗留，且不停地张望斜坡那边，仿佛在找谁。没有人知道他是否如我所想，正在寻找母亲哄一哄、疼一疼他。然而，命运多舛，菲洛在菲奔回来的前一天，已经魂归西天。

无论是什么原因促使菲奔决定全心全意地支持弟弟，一九七三年四月以后，菲奔和菲甘两兄弟已是形影不离。这样的联盟关系，不只促使汉弗莱完全垮台，同时也促使菲甘终于能打败艾弗雷德。他在三次重要的打斗中获得胜利。

第一次鏖战发生在同年四月底。菲甘和菲奔联手攻击艾弗雷德，艾弗雷德逃到树上去避难，不时发出低泣和尖叫的声音。而菲氏两兄弟则继续在那棵树下攻击半个多小时，直到他们罢手，艾弗雷德才落荒而逃。

四天之后，又发生第二次鏖战。这一次，菲甘卯上了汉弗莱——打起架来比艾弗雷德更具危险性的劲敌，因为他的体重至少比菲甘或艾弗雷德重十五磅。当时已近黄昏，四个主角都在场——事实上，他们一整天都混杂在一大群黑猩猩当中，一同在富庶的田间觅食，因为漫长的雨季刚过，田间到处都是谷类。众黑猩猩一如往常一样兴奋地示威、拌嘴寻乐，没有什么特殊的情况。当太阳逐渐往湖边西落，菲甘稍微远离众黑猩猩，独自享受食物。这时，树头枝叶沙然作响，意味着黑猩猩们正准备扎营过夜了；四下一片平静，正是忙累一整天之后的放松时刻，饱餐之后的黑猩猩们准备四肢一伸睡觉去。

这时，菲甘突然停止进食，坐在树上几分钟一动也不动，然后镇静地爬下来。当他走近其他黑猩猩时，他的毛发开始竖直，并且迅速地冲到他们的树上去，不停地鼓胀身体，直到他的体积看来有原来的一倍大，然后突然发作，在树丛间疯狂地示威，猛烈摇撼树木，跳过来荡过去。四周立刻像是鬼哭神嚎的地狱一般，许多黑猩猩都尖叫着闪避菲甘的骚扰，各自躲进自己的窝巢。菲甘追逐一只老黑猩猩，重殴他几拳，然后狂乱地跳到汉弗莱搭的窝巢处，两个扭打在一起，从三十英尺高的树上摔到地面。汉弗莱应声尖叫而逃，菲甘追了一小步，还不肯罢休，转回到树上，继续在树丛间跳跃。

接下来十五分钟，菲甘又示威了五次。其中两次攻击地位比较低的雄黑猩猩，这只倒霉的被害者尖声大叫，搞得情势更是一片混乱。最后，菲甘终于安静地坐下来，大口喘气（他一定累坏了）。这时早已镇定爬回树上的汉弗莱见状，立刻另搭第二个窝巢；说时迟那时快，汉弗莱还来不及将头枕到柔软的树叶间，菲甘又猛耍威风，纵身往他身上跳。于是，他们又双双跌到地上，汉弗莱再次落荒而逃，大声尖叫地躲到地洞里面。

那时天几乎已经黑了，菲甘在地上坐了一会儿，然后又爬到树上，搭了一个窝。只有在这个时候，汉弗莱才敢回来，静悄悄地搭第三个床铺，这一次总算可以好好睡一觉，不会再受干扰了。

整个混战过程，待在自己窝内的菲奔都看在眼里。我怀疑，假如菲奔不在场的话，菲甘还敢这么嚣张地攻击他的劲敌吗？恐怕不敢。他显然确定，假如有需要，菲奔这个做大哥的一定会帮他；也许更重要的是，汉弗莱也知道这一点。

在卡萨克拉族半数黑猩猩目睹之下，菲甘赢得了这一场关键性的胜利。此后，他的首领地位似乎已经确定。但是，尽管他现在安静地接受汉弗莱的俯首称臣，但他仍旧觉得艾弗雷德有如芒刺在背；艾弗雷德毕竟驾驭菲甘数年之久，且在菲甘争夺最高权势的过程当中，艾弗雷德显露出比汉弗莱更顽抗的态度和更强的活力。最后的决战发生在五月底，菲奔一如往常般，支持菲甘到底。

那是一个燠热、潮湿的午后，菲甘和菲奔两兄弟正安静地进食。这时，山谷远处传来艾弗雷德的呼叫声。两兄弟对看一眼，毛发立刻竖直，兴奋地大笑，然后一同跳到地面上，往艾弗雷德处奔去。他们看见艾弗雷德正在陡峭山谷间的一棵树上。艾弗雷德一看到这两兄弟，立刻吓得畏缩地蹲伏在树间，任凭菲甘和菲奔激烈地在树间来回摆荡、拉扯树枝、扔掷石头。菲甘和菲奔同心合力地跳到树上，再纵身冲撞艾弗雷德，三方纠缠揪打成一堆，跌到地上去。艾弗雷德试图逃脱，他逃到山谷较高处，在另一棵树上避难；菲氏兄弟立刻追杀过来，接下来的一小时，不停地在他四周跳上跳下耍威风。可怜的艾弗雷德悬在树上，不时发出低泣哀嚎和害怕的尖叫声，最后，菲甘和菲奔终于走了。直等到这两兄弟的身影远去，不复可见，艾弗雷德才敢静悄悄地从树上爬下来，逃之夭夭。

菲甘终于成功地当上首领。

第六章　权势

当菲奔终于回到族群中时，菲甘已经可以放心地享受成果——族群内所有成员对他的敬畏，优先享用任何食物以及追求心仪异性的权利。这就是权力的滋味。

登上雄黑猩猩社会的最高地位是一回事，能否日日月月维持权势不坠，又是另一回事。菲甘因哥哥的襄助而能达成称王目标，但是菲奔不可能时时刻刻陪在他身边。假如有别的雄黑猩猩向他的新权势挑战的话，菲甘该怎么办呢？

这个考验很快便来临了，因为菲奔爱上了北地一只雌黑猩猩，为了追求她，菲奔前去北方，足足三个星期不见踪影。菲甘非常担忧，事实的确如此，一旦汉弗莱和艾弗雷德知道菲甘的忠贞盟友已经远离，他们很可能联手挑战这位新当权的首领。因此，菲甘不时爬到很高的树上，四下张望，察看有无哥哥的行踪。他偶尔会发出又长又响亮的呼叫声，我们称之为求救声，黑猩猩在必要时，经常用这样的叫声吸引盟友注意。可是菲奔实在走得太远了，根本听不到菲甘的呼叫声，菲甘不得不自求多福。

这令我想起迈克刚上台当首领时，我们便将一些空铁桶挪走，因为迈克在夺权斗争过程中，总是倚赖那些空铁桶，就像菲甘倚赖他哥哥一样。空铁桶被挪走之后，迈克改以其他方式加倍地展示他的威风。诸如抓起非常大的岩石扔掷、拖曳并击打巨大的树枝，有时甚至一次拖曳击打两根树枝。有一回，他两手各拿一大片棕榈树叶，向一群雄黑猩猩冲去，半途突然停下来，捡拾第三片棕榈树叶。迈克这种亟欲表现威力的心绪，很久以后才逐渐放松下来，因为他后来发现，即使没有那些空铁桶，他依旧能赢得其他雄黑猩猩的尊敬。

十年之后，菲甘也以非常类似的手法回应同样的挑战。菲甘大展雄风的频率及活力倍增，在这方面他老早就是个中高手；假如可能的话，他会静悄悄地从某个黑猩猩群中，出其不意地往上坡地带狂奔，再一路耀武扬威而下。这不只使他一出场便令其他黑猩猩备感惊讶，他那由上坡疾冲而下、铆足全力大展身手的气势，更让众黑猩猩留下深刻印象。当然，由上坡往下坡耍威风比较不累；假如有不顺服的黑猩猩在场，不得不重复逞威时，他会省下更多的力气来做这动作。

最有效的是趁黎明天未亮之前，其他黑猩猩都还在睡觉的时候，狂野地在树丛间摇荡。这样经常造成大骚动，有些搞不清楚状况的黑猩猩睡眼惺忪地一边尖叫，一边冲出窝巢，有如群魔乱舞一般。这时，只见菲甘来来回回、上上下下，从这树跳到那树，猛摇树木，砰然扯断大树枝，且不时践踏倒霉的部属。情况之混乱、吵闹，简直令人难以置信。闹够了之后，这位老大就毛发竖直地端坐在地上，等着下属一一向他称臣敬礼。

就在这样强烈的动机、毅力和体力发挥之下，菲甘稳稳地保住了最高权位。当菲奔终于回到族群中时，菲甘已经可以放心地享受成果——族群内所有成员对他的敬畏，以及优先享用任何食物与追求心仪异性的权利。这就是权力的滋味。

菲奔回来之后不久，有一天，我看见这两个好一阵子不在一起的兄弟，走向其他三只静静捡食地上果实的黑猩猩。在菲奔紧随之下，菲甘向这三只黑猩猩耍威风，吓得他们边尖叫边冲到树上去躲。两兄弟的目的达到了之后，便毛发竖立地坐下来，眼睛直盯着上方的树木，逼得树上的沙坦（体型比菲甘还壮硕，且正值黄金年华）急忙从树丛间下来，高呼顺服，并亲吻菲甘的大腿。而菲甘则显得非常轻松和自信，泱泱大度地把手按在沙坦低下去敬礼的头上。接下来，沙坦开始为菲甘整饰毛发，而乔米欧和汉弗莱也前来表达他们对菲甘的敬意。不一会儿，这三只黑猩猩都在为菲甘整理毛发。

菲奔可能是因为一只手臂不能正常活动，所以一直没有成为高阶的黑猩猩。但是身为"皇兄"，他也备受其他黑猩猩礼遇——至少菲甘在他周围的时候是如此。菲奔可能很快就了解到这一点，因为自从他离开族群，游历北方三星期返回之后，他就鲜少再离开菲甘超过一两天。

有些成年雄黑猩猩花相当多的时间自处——像迈克，即使当了首领之后，偶尔也会独来独往。但是菲甘从最早的孩提时候便喜欢热闹，他在喧嚷、兴奋的黑猩猩群中最感到快乐——越多雄雌的黑猩猩在一起热闹越好。而菲奔因为花许多时间与菲甘在一起，因此也变得很善于交际。这两兄弟不知不觉中成为社族中枢，整个社族的巨轮绕着他们转。当菲奔庄严肃穆地昂首挺胸而行，并且摇晃着他那只瘸手，毛发竖立地加入菲甘耍威风的行动时，其他黑猩猩，尤其是雄黑猩猩都感到非常的敬佩与害怕。

菲甘在掌权的头两年，几乎具有绝对权势。这意味着，假如他希望的话，他可以单独霸占任何他心仪的雌黑猩猩，其他雄黑猩猩都不能染指。一旦菲甘以威胁的方式来对付任何亲近他心仪对象的雄黑猩猩，以宣告他对这位异性有兴趣时，他往往能毫不费吹灰之力地吓退其他情敌。菲甘建立了一套占有社群雌黑猩猩的模式，他一个接着一个地挨个"宠幸"，都是在这些雌黑猩猩最性感的时候，也就是当她们臀部潮红肿胀的最后四五天。

菲奔很明显地享有特权，因为菲甘经常与他共享一个异性，也与他共享精致的食物，例如肉类。菲甘的慷慨是有代价的：当他暂时到别处去忙的时候，菲奔会帮他看守他目前所爱的这位异性。然而，即使菲甘和菲奔轮流看守，也不能完全避免他们的异性伴侣，偶尔偷偷与其他较低阶雄黑猩猩享受鱼水之欢。尤其是当这两兄弟都分心于处理别的事情时，他们的爱侣移情别恋的机会就来了。例如有一次，菲甘和菲奔紧盯着一群疣猴，盘算要如何猎得这群猴子饱餐一顿，另三只雄黑猩猩便迅雷不及掩耳地与他们兄弟的爱侣"偷情"，其动作之快，连菲甘和菲奔都不知道已发生过这回事！

更令我惊讶的是：这些雌黑猩猩居然早就图谋不轨，想偷偷摸摸干那档事。因为这种事一旦被菲甘抓到，菲甘必然会冲向这一对黑猩猩，并将雌黑猩猩毒打一顿。对雄黑猩猩来说，这比攻击情敌有意义多了——因为雄黑猩猩之间为争风吃醋而打斗，只会让雌黑猩猩顿失保护，且让其他雄黑猩猩乘虚而入，与雌黑猩猩暗度陈仓。

最常乘虚而入的，就是青春期的雄黑猩猩戈布林。他显然对性事非常迷醉，而且非常崇拜菲甘。由于菲甘并未将戈布林视为敌手

（毕竟菲甘掌权时，戈布林只有九岁），所以戈布林一直有机会接近菲甘的爱侣。即使菲甘只是分心一下子，戈布林都能即时得逞。由于黑猩猩的交媾只不过是十次到十二次快速的骨盆刺激，因此偷情的机会很多——只要雌黑猩猩愿意合作的话；而雌黑猩猩为了某种理由，也多半愿意配合。在菲甘领军步入丛林时，戈布林跟这些涨红着性感臀部的雌黑猩猩亦步亦趋，当然能够偶尔捞到便宜，享受几秒钟的艳福。

有时候，青春期的雄黑猩猩会崇拜一位年长雄黑猩猩为"英雄"。年轻的雄黑猩猩当然会注意所有的年长者，但是，他会对心目中的英雄特别留心观察。当他初次离家加入成年黑猩猩的社群时，他最可能跟他心目中的这位英雄在一起游走。菲甘无疑是戈布林心目中的英雄，他经常会仔细地盯着菲甘，并且模仿菲甘的举止。有一天，我看见菲甘又在耀武扬威，他拖着一大把树枝，不断击掌，用力踏地，并敲打树干；戈布林在不远的地方密切观看，接着就有模有样地照着菲甘的模式重新演练一遍，甚至拖曳菲甘拖过的同一截树枝，敲打同一棵树的树干。这使我想起菲甘稍早也曾利用迈克打过的空铁桶，操练着耍威风。

菲甘显然相当容忍这只年轻的跟屁虫，只有偶尔当戈布林太靠近他，例如他正在进食的时候，菲甘会温和地威喝他一下，戈布林便吓得忙赔不是。有时戈布林与其他黑猩猩惹上麻烦时，菲甘会帮着他。那时，我们很难了解菲甘和戈布林这种特殊的关系，最后会演变成什么结果。

强有力的雄黑猩猩领导经常能使社群其他成员之间的打斗维持在最少的程度，因为他运用权位使下属不敢太嚣张互斗。但是，黑猩猩首领维系社群和谐关系的动机何在，就不得而知了。有时，他可能会帮助在打斗中占劣势者；有时，黑猩猩首领可能会觉得先挑起事端者，不啻是在向他的权位挑战。记得有一次，菲甘和菲奔在庆团圆的兴奋情绪中，联手攻击一只雌黑猩猩；但是几分钟之后，当年轻的薛里（Sherry）攻击这只雌黑猩猩时，菲甘俨然如骑士一般，跑过去痛殴薛里，"搭救"了这只雌黑猩猩。但是，无论菲甘干预下属事务的背后动机为何，他的干预确实终止了无数的纠纷。更进一步来说，我猜想许多准备挑衅的黑猩猩一定预料得到，菲甘必然会不高兴。因此，当菲甘在场的时候，他们总是比较自制一些。菲甘在掌权的那些年间，就是这样促使社群成员更加和谐，并且一直维系着这种和谐的气氛。

菲甘掌权的第二年，有两位学生，大卫·里斯（David Riss）和克特·布塞（Curt Busse）问我，他们可不可以连续五十天都跟着菲甘，观察他移动的路线、行为模式，以及与其他黑猩猩的关系。我不确定，也许这样太过干扰他的生活了，可能会令他感到不舒服或触怒他。但这倒是个空前的创举——六年前我们曾经试图跟踪菲洛，观察她生最后一胎的情形；不过，这个计划最后失败了，因为菲洛夜晚临盆。不过菲洛似乎一点也不在意被研究人员跟踪，她的儿子菲甘也像她一样，对人类很容忍。因此我同意——但是假如菲甘开始感到不对劲，他们必须马上停止跟踪。

于是，这两名学生在一九七四年六月三十日展开这项马拉松式的跟踪观察，直到八月十八日。大卫和克特由两名田野调查队成员各自陪同，分成两组，每隔四天轮流尾随菲甘，以便一组人跟踪菲甘翻山越岭时，另一组人留在营中记录四天来的观察结果，顺便休息一下，因为四天的跟踪非常耗费体力。他们对菲甘这五十天的观察报告，使我们对冈比区最具权威的首领——菲甘的行为模式和社交生活，有了极其宝贵的资料，尤其那时正值菲甘一生的最高峰。

那些日子，每当所有学生聚集吃晚餐时，都会彼此交换信息。许多冈比黑猩猩的故事，都是在杯盘狼藉之间传述出来的。诸如卡洛琳·屠婷（Caroline Tutin）讲了若干雌黑猩猩的性生活；安妮·普瑟（Anne Pusey）描述青春期黑猩猩；李查·万汉（Richard Wranham）谈黑猩猩进食和游走林间的行为模式，以及许多年轻参与者长期观察黑猩猩母子的研究，其间所看到的有关黑猩猩婴儿成长的逸闻趣事；而现在，每天又多了有关菲甘的报告。

在那五十天当中，菲甘先后独占了两只性感的雌黑猩猩。先是吉吉。吉吉体形硕大，且不能生育；自一九六五年后，吉吉便一再显露出交配期的性感魅力，但却不受怀孕和养育小孩的束缚。在许多方面，她看起来颇为雄性化，她有自己的想法，不会臣服于雄黑猩猩的威力。毫无疑问的，在她臀部潮红的交配期，她控制了菲甘的行动，也因此控制了菲甘所统治的整个族群的活动。例如有一天，当众黑猩猩准备迈向一棵甜果帽柱豆（Kifumbe）树时，吉吉突然离开那条山径，冲向矮树丛。菲甘和菲奔立刻跟上去，其他黑猩猩则在半路上等他们。有些则爬到附近的果树上吃果子，其余的坐着或躺在地上。

原来吉吉发现了一窝蚂蚁——这种非常凶猛、会咬人的兵蚁，是黑猩猩的佳肴。她一冲到蚂蚁窝处，就从附近的丛林间折断一根又长又直的树枝，除掉旁枝细节，再小心翼翼地撕掉树皮，最后做成一枝大约三英尺长的平滑木棒。她先用手去碰触蚂蚁洞的开口，几秒钟之后，她便开始神乎其技地挖蚂蚁洞，直到蚂蚁一窝蜂地冲出来，她立刻将木棒插入蚂蚁洞，等了一会儿，再抽出木棒，这时木棒上已经爬满蚂蚁。她飞快地用另一只有空的手将木棒上的这些蚂蚁一股脑儿全推进嘴巴里，然后用力地咀嚼。当越来越多蚂蚁因受扰动，倾巢而出时，吉吉便爬到附近的小树上，再度将木棒插入蚂蚁洞，继续享受她的美食。她不时得捶打双腿，猛踢树干，以驱走那些咬她的蚂蚁。由于她用一只手攀牢小树，又用另一只手持木棒钓蚂蚁，以致她必须在每扰动蚂蚁洞一次之后，便将木棒换由脚撑着，才能空出一只手来，将蚂蚁扫进嘴巴里。尽管这么做有些困难，但她一直做得很顺畅。

这时，菲甘也开始钓蚂蚁，但是只钓了十分钟，他就丢掉工具，急忙跑开，驱赶爬满他四肢的蚂蚁。于是，菲奔捡起他扔掉的工具，跟着钓蚂蚁，但是没几分钟，他也放弃了。接着两兄弟便转回头，跟大伙摘甜果帽柱豆去了。

可是吉吉并没有跟他们一同前去。她给自己找了一个绝佳的防守位置，这次她立足在蚂蚁洞上方的小树上，从这个不容易受蚂蚁攻击的位置，继续钓蚂蚁吃。菲甘和菲奔只好坐下来等她。等了一会儿，菲奔躺下来，合起眼睛。可是菲甘却越等越不耐烦。他好几次大声地呼喊："我们走吧！"但是，吉吉根本不理他。于是菲甘向她摇晃树枝，央求她跟他走。由于菲甘并没有很猛烈地威吼她，所以吉吉完全不在意他。直到她钓了四十五分钟之后（平均每分钟钓到满两根木棒的蚂蚁）才罢手，下来与菲甘兄弟会合，然后跟随其他黑猩猩去摘果子。

翌日，由于吉吉嗜钓蚂蚁的乐趣与菲奔相背，菲奔便撇下她，径自与其他黑猩猩往别处去。但是菲甘却仍忠心地陪在她身边。那一整天，菲甘有五次陆陆续续停下来，非常有耐心地等吉吉钓蚂蚁，这五次加起来足足有八十分钟。菲甘只偶尔轻轻地发出"我们走吧"的央求声，但吉吉每次都非得等到钓高兴了，才从树上爬下来，安静地跟着菲甘走。第二天早上，吉吉臀部的潮红已退，菲甘便不再对她有兴趣。

当菲甘和菲奔一同对吉吉献殷勤那一阵子，还发生了一件极不寻常的事。那时，正轮到克特跟踪菲甘。

那天晚上，克特告诉我们："就在他们离开窝巢之后，我看见菲奔和吉吉交媾，菲甘突然看见了，毛发竖直地攻击菲奔和吉吉。菲甘猛力踏菲奔的背三次，菲奔不停尖叫，直到菲甘停手，菲奔仍旧哇哇地叫了几声。过了一会儿，菲甘自己便与吉吉交媾。"

我问："这是菲甘唯一一次在乎和菲奔分享爱侣，不是吗？"

但是卡洛琳说，她也遇见过一次类似的情形。她说："那次菲奔在浓密的灌木丛中与吉吉交媾，菲甘大概有好一会儿都不知道与吉吉燕好的是谁。直到后来打照面，彼此都显得惊讶！"

而当帕蒂臀部潮红时，菲甘倒没有很明显地禁止菲奔与她交配；等到帕蒂潮红退了之后，学生所观察的那五十天剩下来的日子里，菲甘兄弟一直未再找雌黑猩猩作伴。尽管像下面这样描述一个黑猩猩首领有点粗鄙、不尊重，但是，根据大卫在帕蒂潮红退了之后六天对菲甘所做的观察，令他不得不猜想，在窝中睡得酣甜的菲甘，可能非常迷醉于先前几星期的性生活！

有一天傍晚，克特又发现令人振奋的类似事件。菲甘与菲奔、沙坦、戈布林，及四只雌黑猩猩一同漫游时，居然开始猎起狒狒来了。菲奔和戈布林坐在下坡的地方观望，菲甘则缓缓地扑向一只母狒狒和她的小狒狒。但是母狒狒早已警觉到这个危险，尽管菲甘追了一阵子，她还是轻易地逃脱了。

专门研究狒狒的学生汤尼·柯林斯（Tony Collins）问："你知道是哪一只狒狒吗？"

克特回答："知道啊，就是A群狒狒中，眼睛瞎掉的那只母狒狒，叫作何姬蒂卡（Hokitika），是不是？"

研究狒狒的另一位学生克芮格·裴克（Craig Packer）说："真高兴听到她逃脱了。"虽然瞎眼狒狒后来的日子必定相当艰辛，但我们都为她感到高兴。事实上，这只瞎眼雌狒狒一星期之后就死了。

追不到母狒狒之后，菲甘爬到树上去待了一会儿，四下眺望。接着，突然冲到地面，往下坡急奔。当他冲到一棵粗短无枝节的枯树边时，开始换成小心翼翼、静悄悄地移动。克特从树叶丛间窥视，看见盖着茂密葡萄藤的枯树顶附近，有一只婴儿狒狒，三十码外则有一只成年雄狒狒在进食，可是这只雄狒狒并未注意到菲甘正静悄悄地扑向小狒狒。

"菲甘突然向小狒狒猛扑过去，他几乎已经扑到小狒狒了。但是，这个小家伙突然一溜烟躲开，跳到树下去。这真叫人惊叹，那一跳至少也有四十英尺高。小狒狒逃脱后，居然跑到菲奔和戈布林中间栖身。"

另一位研究狒狒的学生茉莉·约翰森（Julie Johnthan）说，"我觉得你正在讲一个令人毛骨悚然的屠杀故事，我不想再待在这里听下去了。"

　　克特向她保证："不会啦。就在这时，那只雄狒狒赶到，引起一阵扰攘。小狒狒跑掉了，雄狒狒卯上戈布林，双方开始扭打起来。我不知道戈布林怎么打的，但是他打赢了，还跑去追那只小狒狒。就在这时，另一只公的大狒狒驾到，我们认识他，是布兰伯（Bramble）。他开始威吓菲奔，另两只母狒狒也加入威吓行列。菲奔非常害怕，立刻冲到树上去躲。"

　　我问："菲甘没帮他吗？"

　　"没有，他只坐在那里看。坐在他差点抓到小狒狒的地方，不一会儿他才爬下来，所有的黑猩猩也跟着全都走开。"

　　事实上，在学生观察的那五十天，菲甘和他的徒众，并不是那么常猎狒狒，他们共猎了八次疣猴，其中有七次得手，三次是由菲甘亲自猎杀这些猴子，他是个非常成功的猎者。

　　他们游走的范围，也鲜少超过他们族群活动的范围。有一次，他们远游到南方，穿过与邻居卡哈马族活动范围重叠的地方，他们听见仿佛是卡哈马族黑猩猩的叫声，于是兴奋地互相拥抱、相视而笑，然后蹑手蹑脚地往前走，并且不时从山脊高处往南望。但什么事情也没发生，现在他们又都转回北方的原居地，经常大耍威风，大声高叫，仿佛想释放他们先前接近陌生族群时所累积的紧张压力。

　　一如所料，菲甘比其他雄黑猩猩花更多时间陪伴菲奔，而戈布林经常尾随着他们。菲甘也花许多天陪吉吉——不只在吉吉臀部潮红时期，还包括她潮红已退，不再显得性感时——并且菲甘常陪着妹妹菲菲和菲菲的婴儿菲鲁德。那时，菲甘与族中的每只黑猩猩的关系都非常自在、友善。他也显然能驾驭所有黑猩猩，除非遇到关

系紧张的时刻，诸如大团聚时，否则他根本不必凶猛地展示他的势
力和统治权。

要是艾弗雷德在附近，菲甘总会和菲奔一起频繁剧烈地展示威
力；尽管有哥哥撑腰，尽管一年前战胜艾弗雷德的记忆犹新，菲甘
仍感受到这位青春期伙伴的威胁。

有一天晚上，大伙如常聚餐，大卫显得兴奋极了。

他说："今天我看到最令人难以置信的事情：艾弗雷德被攻击
了将近两个小时。"

话说那天艾弗雷德加入一群黑猩猩，他事先并没有看见菲氏兄
弟，因为他们两在茂密的丛林间进食。但是，他们突然转身攻击艾
弗雷德，艾弗雷德仓皇尖叫，逃到树上去。菲甘和菲奔还不善罢甘
休，好几次拼命在那棵树下展示威力，然后才在艾弗雷德栖身的树
旁找个较低的树枝栖息，并且开始互相梳理毛发。

大卫说："真是可怜，艾弗雷德在他们上方大约二十英尺的地
方不停地低泣、轻声哀鸣，并且不断张望这两兄弟，但是菲甘和菲
奔毫不理他，继续互相梳理毛发。"

大卫接着说："之后，菲甘和菲奔离开那棵树，接下来的半小
时，他们又一起耍了四次威风。"

"然后就玩真的了。菲甘展开行动，跳到艾弗雷德栖息的树上
去，一树枝接着一树枝地追赶他，过一会儿，艾弗雷德正打算跳到
另一棵树时，菲甘也跟着跳过去。"

"而菲奔则一直在地面上守候着，艾弗雷德一直尖叫着，吓得
无计可施，只能尽量与菲甘保持距离。"

大卫停了一下，说："看这整个场面真是恐怖，就好像在看猫

抓老鼠一样，因为我知道艾弗雷德根本逃不了，除非他们两兄弟放他一马。"

这时，我们每个人都听得出神，屏息以待后续。

"突然，艾弗雷德猛然大跨步跳到第三棵树上，菲甘跟着过去，菲奔也突然冲到那棵树上，围困艾弗雷德。接下来，艾弗雷德往下跳，于是他们三个全都跌到地面上，却仍继续在地上扭打成一团，直到可怜的艾弗雷德逃跑。"

"艾弗雷德真可怜，因为这两兄弟紧追不舍，将他逼到一个角落，毒殴一顿。艾弗雷德设法再往树上逃，但是，这两个迫害者仍旧极度亢奋地猛攻他近十分钟，直到可能是因为有其他的成年雄黑猩猩抵达现场，菲甘和菲奔才罢手离开，还在尖叫的艾弗雷德终于可以逃跑了。"

一个月之后，菲甘和菲奔已两星期未见到艾弗雷德，这时他们再度遇见他。克特观察到，这两兄弟是在一棵高高的树上与艾弗雷德重逢，重逢的过程非常紧张、戏剧化。先是菲甘和艾弗雷德互相尖叫，另一些在场的黑猩猩密切地观望，他们也非常兴奋，并大声地叫。

克特说："我正往上看，尽可能地看清楚到底发生了什么事，结果简直无法想象。"他停了一下，大伙都急着想知道到底怎么了。他说："哦，你们可知道，这是多么令人丧胆、兴奋的事情！可是，其中一只卑鄙可恶的家伙——我非常确定是吉吉——突然大便，淋得我全身一阵温热。"

这件事当然令人遗憾，但是当克特表现出一副很苦恼、错愕的样子时，众人哄堂大笑。可怜的克特！他不得不离开正令人兴奋的

场面，冲到河里去清洗。他还算幸运，附近有一条河！更幸运的
是，有艾斯罗（Eslom Mpongo）可以帮他继续观察记录那群黑猩猩
所发生的事。

　　那时，艾弗雷德被五只黑猩猩包围，包括汉弗莱、吉吉和一只
青春期黑猩猩一齐加入了菲甘和菲奔的阵营。这项攻击行动看起来
和听起来都非常暴力，但令人惊讶的是，艾弗雷德却只受了点轻
伤。他那天后来都一直与同族群的黑猩猩在一起，直到大伙各自铺
床准备过夜之前，他才离开，此后两个星期不见踪影。

　　看来，菲甘在菲奔的帮助之下，真的是要迫使艾弗雷德离开卡
萨克拉族群。但是，自从那件事情之后，情况似乎改观。显然地，
菲甘两年来的"极权"统治时代已经结束，因为菲奔不见了——而
且是永远消失了。渐渐地，其他雄黑猩猩必定明了菲甘发生了什么
事情，因为他们开始利用菲甘的弱点，三两成群地与菲甘对峙。看
来，菲甘再也没有办法单独对抗他们了。

　　但是那时，一九七五年六月，再也没有美国或欧洲的学生继续
在冈比记录这些事情了。

第七章　转变

　　这四个人终于从恐怖的炼狱中康复过来，至少表面上看起来如此，但是我怀疑他们是否真的能完全从那些可怕的心理煎熬中解脱出来。这一记忆必然永远萦绕在他们心头，随时都会回头侵扰他们。

　　一九七五年五月的某个夜晚，突然发生了非常恐怖的事情：
四十名武装男子从扎伊尔越湖过来，绑架了四名学生；接下来有许
多混淆不清的传言，有的令人振奋，有的令人毛骨悚然。我的老朋
友拉希迪（Rashidi）被歹徒严刑逼问加油站的钥匙在哪里，因为他
没有透露消息，所以头部遭到重击，导致他此后接连好几个月，有
一只耳朵听不见。那时在冈比协助研究的两名坦桑尼亚年轻女子，
帕克·娃妲（Park Warden）和爱莎·罗黑（Etha Lohay），以及
一名学生艾迪·里亚鲁（Addie Lyaruu）偷偷地从一位学生的住处
溜出来，快速地穿过黑漆漆的森林，警告所有人大事不妙。

　　被绑架的学生都到哪儿去了？他们是否还活着呢？听说有人曾
听到湖面上传出枪声，所以，那几天我们认为，人质一定全遭不测
了，这真是悲痛的时刻！当然，所有人因此都必须离开冈比。于是
有一阵子我们迁移到基戈马，望穿秋水地期待着这些被绑架学生的
下落，但是却杳无音讯。几个月之后，我再婚了，我的第二任丈夫
德里克·布莱森（Derek Bryceson）在达累斯萨拉姆有一幢房子，

于是我们就都到他那里去，所有学生全部挤在一间小客房里，我们在那里等候消息，一直等，永无止境地等下去。假如这对我们这些没有被绑架的人而言，犹如地狱一般，那么被绑架的学生，心灵上又是何等的痛苦？他们的父母和家人，更是何等悲痛？

大约一星期之后（简直像是一个月那么久），其中一位被绑架的学生被送回坦桑尼亚，但绑架者要他回来传话，要求赎金。我永远忘不了当我知道这四名学生都还活着，而且毫发无伤时，那种心里重担落下来的喜乐心情。但是，谈判就有得耗了，因为这个问题具有高度政治敏感性，牵涉到坦桑尼亚、扎伊尔和美国之间的关系。

很幸运的是，这四名被绑架的学生都还身心健全，而且他们一直彼此打气。当我们付了赎金之后，只有一名学生仍被扣留，其他学生都获释归来。不过，两个星期之后，他也被释放了。这四个人终于从恐怖的炼狱中康复过来，至少表面上看起来是如此。但是我怀疑他们是否真的能完全从那些可怕的心理煎熬中解脱出来。这一记忆必然永远萦绕在他们心头，随时都会回头侵扰他们。

从学生被绑架，一直到他们最后获释的期间，我在忧虑和绝望的极端压力之下，对冈比研究的思绪也跟着整个窒息。我曾一度筹划进行资料分析，以便提振达累斯萨拉姆田野调查队成员的士气，但是我们的心都不在那里了。那阵子大部分的时间我都在看小说，自从毕业以后，我就很少看小说。但是一旦学生获释，我又可以再度思索未来的研究计划。即使在那段梦魇般煎熬的日子中，德里克、格鲁布和我已经大略地游历过公园几次；我们必须负责鼓舞、支持做田野研究的这些同仁，他们非常有信用，继续不停地自行记录所有的基本资料。

在研究中心遇袭之后，便有一群特勤警察被派到冈比。这些非常具有效率、对处理紧急事件训练有素的警察，在我们重新回到冈比的初期，给予我们相当大的安慰。几个月之后，这些特勤警察便由普通警察接替。渐渐的，每个人的安全感又恢复了。出田野的时候，在看到古怪的船只时，已不再思量是否该马上躲到森林里去。然而，一年多以后，只要晚上一听到船只的马达声，我还是会心惊肉跳，不由得往外探一探湖面，猜疑我们是不是该往山区逃。

若不是德里克的帮忙，我想我可能无法在绑架事件之后，继续完成冈比的研究工作。我在一九七三年前往达累斯萨拉姆时，与他邂逅，两人立刻深深地吸引。他于一九五一年第一次到坦桑尼亚，第二次世界大战期间，曾担任英国皇家空军的战斗机飞行官，但是只服役几个月，就在中东被击落，虽然幸存下来，但脊椎受伤，医生说他可能永远没办法走路，那时他才十九岁。他决心证明医生错了，于是单凭毅力，自学用拐杖走路。当他走路的时候，其中一只腿的肌肉尚有足够的力气可以往前移动，而另一只腿则必须悬荡着。此外，他还学会了开车，尽管从踩油门换到踩刹车时，他必须用手去扶左腿踩刹车，可是他仍开得很快很稳。

德里克能动之后，便前往剑桥大学修得农学士学位。他告诉我，英国本来有个工作要他去，他却回绝了；因为那是个非常轻松就可以赚到钱的工作，很适合老弱残兵去做，而他不认为自己该过那样的生活。于是，等他自己筹够了钱，就到肯尼亚务农两年，再向英国政府申请乞力马扎罗山麓边一块美丽的农田。乞力马扎罗山当时位于受英国保护的属地坦噶尼喀，他在那儿成为成功的小麦农，直到遇见导致坦噶尼喀独立建国的当地领袖朱里斯·尼亚若（Julius Nyerere）。德里克对尼亚若的印象非常深刻，且非常同情他的独立理念，这改变了德里克的一生。他加入坦噶尼喀非洲民族运动，由于深涉政治，他放弃了钟爱的农业，迁徙到坦桑尼亚首都达累斯萨拉姆。一九六一年坦桑尼亚独立后，德里克仍一直坚定不移地参与他所规划的国家政事，而一九六一年也正是我初到冈比那一年。

德里克为坦桑尼亚做了许多事情——坦噶尼喀与桑给巴尔岛于一九六四年四月廿七日正式合并为坦桑尼亚联合共和国。后来，德里克成为达累斯萨拉姆市基农多尼选区选出的国会议员，而且往后每五年都以压倒性的多数票当选连任。他也担任过许多内阁职务。但是他最著名的贡献是，在连任两届共十年的农业部长期间，为坦桑尼亚制定农业政策，以及在担任卫生部长期间，推展疾病防治计划与改善人民营养水准。我遇见他时，他已卸下政府职务，但仍是代表基农多尼区的国会议员，且刚被尼亚若总统任命为坦桑尼亚国家野生动物公园的最高主管。

德里克和我结婚之后，我仍须住在冈比。于是，他每隔一段时间，就搭四人座的单引擎飞机来探望我几天。德里克很喜欢看黑猩猩，但是他腿不方便，很难爬陡坡到我们的营房，于是，我们将山径中最陡峭危险的路段铺成阶梯，并在最险恶的路径上加装绳索，好让他一边拄着拐杖，一边抓着绳索往上走。这样，他就可以自己上下坡，而不必靠别人搀扶。但即使如此，一般人花十分钟就走得完的路，他也得花四十五分钟才走得过来。有一次他滑倒了，严重摔伤脊椎骨末梢，剧痛了好几天——尽管他死不承认。还有一次，他跌伤膝盖，整个膝盖肿得好大。虽然每次都得冒这么大的危险，但他仍然觉得值得。

身为国家公园的负责人，德里克在这些探访中，以了解冈比各种事务为己任。因此，发生绑架事件之后，他给了我们很多协助；他会说很流利的当地话——史瓦希利语（Swahili），也了解坦桑尼亚人的性格，他协助我，鼓励参与调查的坦桑尼亚土著自己进行研究工作。尽管过去这些年来，他们已经学到许多知识和经验，并能有技巧地穿山越岭进行观察与记录黑猩猩的动态和社交关系，还认得黑猩猩常吃的植物，但他们仍要倚赖学生和"珍博士"的指导。现在，的确有必要鼓励他们，在没有我们的情况下，由他们自己进行观察研究。

后来我便偶尔短暂地停留在冈比，与这群后继的研究人员一同工作，审核他们的田野资料是否精确可靠。我们聚在一起聊天、开研讨会，我还告诉他们我在达累斯萨拉姆市所做的分析结论；那时我已开始陆续整理一些研究结果，准备出版学术性的书籍。当他们了解我是如何运用他们在田野观察到的资料后，他们更谨慎地写田野报告，更仔细地做图表、画地图。渐渐的，他们对自行做观察研究的信心也增加了，便推选其中的两人做领袖，一位是希拉里·玛塔玛（Hilali Matama），他自一九六八年开始参与冈比的黑猩猩研究；另一位是稍后加入冈比研究的艾斯罗·姆彭戈（Eslom Mpango）。到了一九七五年，他们两人已经非常了解黑猩猩，他们甚至被尊称为黑猩猩"专家"，研究工作变成他们的一种生活方式，他们和冈比研究中心的同仁，都对所观察到的黑猩猩的生活方式感到着迷、赞叹。每当我回到冈比，我便教他们如何搜集更精确的资料，而他们的田野报告也越来越丰富。我们提供录音机给他们，方便他们在遇到令人振奋或不寻常的情况时，先录下来，事后再记录，这样比当场做笔记的记录更为精确详尽。因为他们的书写速度大多太慢，太吃力，其中有一两个人是在加入我们的研究行列之前不久，才开始学写字的。

这群坦桑尼亚研究助理以两人一组进行田野调查工作，他们每天选定一只黑猩猩，作为当日观察的对象——最好是从这只黑猩猩起床之后到天黑。其中一人详细记录这只黑猩猩本身的动态，另一人则记录黑猩猩游走的路线、所吃的食物、与他交往的黑猩猩有哪些，以及他们相处的时间多久等。他们两人同时得记下有关那只黑猩猩的趣事。这些土著经常在晚餐之后，结束跟踪的任务，回来告诉我们一天的观察所得。大伙一同坐在研究中心外的沙堆上，一边望着湖水拍岸，一边倾听这些土著用音乐般曼妙的史瓦希利语，絮叨着黑猩猩如何猎取食物、如何巡逻社群边界，以及其他一些趣事。

他们每一个人都有自己的兴趣，譬如：希拉里对雄黑猩猩如何主宰社群最感兴趣。正是他告诉我们许多菲奔死后那几个月里发的事——其他雄黑猩猩如何越来越频繁、三五成群地围攻菲甘。一生中，不断倚靠亲密盟友支持而得志的菲甘立刻警觉到，有必要另外培养一个接替菲奔的盟友，他选上了汉弗莱。汉弗莱素来最怕菲甘，还是菲甘的手下败将。因此，汉弗莱此刻可说是最让菲甘觉得不具威胁的角色。汉弗莱固然无法取代菲奔的地位——因为当其他雄黑猩猩围攻菲甘时，他从未积极地帮助菲甘——但是，至少他几乎从来不曾与其他雄黑猩猩联手攻打菲甘，而且，他能给予菲甘一点慰藉。

三月的一个夜晚，大约距离菲奔逝世已有八个月，希拉里兴冲冲地跑回研究中心，告诉我们他的观察所得。那天，他一直跟着菲甘，菲甘一如往常，待在大群黑猩猩当中。当雄黑猩猩沙坦加入时，突然一阵骚动，四只雄黑猩猩——沙坦、艾弗雷德、乔米欧和薛里，立刻联手大耍威风，向他们的首领挑战。他们连续三次、共四十分钟，围着菲甘大肆耀武扬威，吓得菲甘尖叫逃跑。最后，菲甘躲到树上，但这四只雄黑猩猩也紧跟着跳上树梢，菲甘惊慌地往隔壁的树丛一纵，不料却重重地摔到地上，然后狼狈地窜逃至少有五百码之远，仿佛后有厉鬼追杀一般。害得希拉里汗流浃背、精疲力竭地跟在后面猛追，最后他看到菲甘大声地尖叫，跳到一棵树上，紧紧抱住汉弗莱。希拉里心想，也许这只是不期而遇，但菲甘却因此找到盟友了。那四只雄猩猩继续追到这里，在菲甘和汉弗莱躲避的树下，不停地示威，而菲甘和汉弗莱则紧紧地依偎，彼此互相安慰。

在冈比黑猩猩群动荡不安的那几个月中，不断传出许多类似的报告，那阵子雄黑猩猩之间的关系非常紧张。汉弗莱只要在场，经常会给菲甘精神上的支持，而菲甘倚赖汉弗莱的程度，在哈米什·克诺（Hamisi Mkono）的观察记录中尤为清楚。当黑猩猩们流连在刚发嫩芽的灌木林间觅食期间，这两个患难之交暂时分散了。当菲甘突然发现汉弗莱不在身边时，（哈米什边描述边笑，）他就像迷路的孩子一样哭了起来，爬到树上去四处张望，然后慌张地从树上冲下来，不停地拉高声音，发出类似求救的号叫。大约二十分钟之后，他终于看见了汉弗莱，便立刻冲向他，兴奋地为汉弗莱整饰毛发，然后心情才渐渐地平静下来。

　　我们都以为，菲甘的统治地位已经一去不复返了。假若雄黑猩猩向菲甘单挑，或两只联手，菲甘绝对有办法扳倒他（们）；但是，当雄黑猩猩三五成群地包围他时，他只有尖叫溜之大吉。我一直猜不透，到底是什么因素，促使其他雄黑猩猩从不趁优势逞其愿，真正联手对付菲甘？这对菲甘意味着什么？他们从来不曾真正攻击过菲甘，最精彩的对峙，顶多只是毛发竖直地示威、狂野地摇晃草木或是扔掷石块；接着，所有挑衅者会突然冲在一块儿尖叫，然后开始互相整饰毛发——直到所有挑衅者逐渐冷静下来，不一会儿，他们便一同离去。

　　在那一段动荡不安的日子里，刚夭折一个孩子的雌黑猩猩帕乐丝（Pallas），又到了发情期，于是成为最性感、最受欢迎的雌黑猩猩。由于当时群龙无首，雄黑猩猩们经常为帕乐丝争风吃醋，而搞得整个社群一团乱。菲甘不再拥有独占雌黑猩猩的权势，而他的对手也无法独占帕乐丝（帕乐丝大部分时间都待在地面上，她这样做，很可能是为了自卫）。几乎每一次，只要有体形硕大的雄黑猩猩爬到帕乐丝栖息的树上，其他雄黑猩猩便立刻一阵骚动。这只色胆包天的爱慕者，不但会被其他雄黑猩猩追打，假如他已经得逞，正与帕乐丝有亲密的行为时，那更将惹得所有旁观者群起而攻之。接着，众雄黑猩猩便发出示威之声，他们毛发竖直，不停狂号、丢石头，有时倒霉路过的雌黑猩猩或青春期黑猩猩还会被这些石头砸伤。有时，这些争风吃醋的雄黑猩猩甚至会扭打成一团。虽然帕乐丝本身鲜少是这类打斗的受害者，但是，她一定饱受许多无法忍受的惊吓和紧张。

　　在这十天当中，戈布林一直黏着帕乐丝，与她同甘共苦。戈布林过去曾在偶然的机会下，忠心地跟随过菲甘，即使在菲甘失势之后，也不例外。有时，戈布林这种厚着脸皮跟随帕乐丝的举止，会引起其他雄黑猩猩的攻击，但是，这位训练有素的偷情高手，每每在年长雄黑猩猩为了争风吃醋，打得你死我活之际，迅速地与帕乐丝享尽鱼水之欢。

这样紧张、焦虑的日子过了九个月之后，菲甘居然东山再起，再度为王，虽然过去那种极权统治的局面已不复可见。一如菲奔昔日分得菲甘一杯羹，成为"皇兄"一样，如今汉弗莱也享受着身为首领"密友"的好处。希拉里记录到一个令人振奋的例子：希拉里最喜欢的黑猩猩菲甘有一次猎到两只疣猴。菲甘一瞥见母猴，便立刻逮走她怀中的小猴子，一口咬破他的小脑袋，但却没有坐下来享受猎物；而是一面拎着猎物，一面注视另两只还在狩猎的雄黑猩猩。几分钟之后，汉弗莱快速地爬到菲甘跟前，挨近他坐下来。汉弗莱对正在进行的狩猎活动，一点也不感兴趣——他只想从菲甘处分得美味。然而，令希拉里惊讶的是，菲甘立刻将整只小猴子递给汉弗莱，然后从树上跳下来，再加入狩猎行列。不到几分钟，他又盯上另一只母猴，迅速地抢走她的小猴子留着自己享用。

希拉里咯咯笑着说："菲甘真是个专家！"他望着火堆一会儿，仿佛觉得有必要公平地评价，于是又说："我记得薛里也很会狩猎。事实上，薛里更厉害：他在手中还抓着第一只猎物的时候，马上又抓到第二只，然后才大快朵颐一番。"

在绑架事件之后的那段时间，德里克不断地协助冈比研究中心的行政和组织工作，几个月下来，他越变越忙，因为他原已身兼两职，而这两份职务，都有迫切的需求和问题待决：一是他担任了十九年的达累斯萨拉姆市基农多尼区议员，一是坦桑尼亚国家公园主管。基农多尼的居民和住在国家公园里的那些披毛戴羽的"居民"，同样需要德里克的政治手腕和智慧来保障他们的权益。而那些住在冈比国家公园内、受到高度保护的非人类相对来说更需要他的帮助，因此，德里克越来越难抽出时间，去探望他所爱的黑猩猩。

　　然而那时我们已判定，再回到冈比并不危险。当时，格鲁布已经前往英国上幼儿园（在那之前，他一直在达累斯萨拉姆的学校念书，并在我办公室隔壁的小房间做功课），所以，我有更多的时间在冈比做研究。起初看起来很怪，因为只有我和几个坦桑尼亚人一同在做研究，就好像我初到冈比时，只与哈山、多米尼克和拉希迪为伴的情景。我非常想念那些学生——事实上，我有一阵子觉得，要是没有他们，我自己根本不可能完成冈比的研究。但几个月之后，我已逐渐适应新的状况，并且发现这种生活形态——住在达累斯萨拉姆，尽可能常去冈比——也有一些好处。当我在达累斯萨拉姆的时候，我可以专心地分析、写作。我盖了一间很通风的办公室，那里可以存放许多资料，也有办公桌可用，还能欣赏窗外五颜六色的九重葛——有紫色、粉红色、深红色、橘黄色、白色和绿色——并且眺望不远的印度洋；而当我在冈比的时候，我又可以将心力投注在黑猩猩的研究工作上，紧跟着他们穿过森林，将自己完全浸透在他们的生活之中。

　　即使在我远离冈比的日子，我和德里克仍会密切追踪冈比所发生的各种事情：我们每天透过双向无线电发射机与冈比的研究助理谈话。有一天，我们透过无线电联系获悉，雌黑猩猩季儿卡分娩了。我非常高兴，因为她先前生的第一胎，不到一个月就不见了。

可是，我的高兴却持续不了多久，三星期之后，另一通声音非常混杂不清的无线电通话，从七百英里外传来有关季儿卡的消息，德里克和我都觉得难以相信："派逊居然把季儿卡的婴孩杀来吃了。"德里克关掉无线电，盯着我看。

我错愕地说："这不是真的。"然而，我心里面却相当清楚，这绝对错不了，除了派逊，没有人做得出这么恐怖的事。我哭出来："哦，为什么？为什么一定得发生在季儿卡身上？"

第八章　季儿卡

　　向晚时分，微弱的阳光在摇曳的树叶间，　洒下一地斑驳的光影，而森林里却是一片阴暗。潺潺的流水声低低地吟唱，接着响起了知更鸟美妙、清脆的歌声，拨动人的心弦。我俯视季儿卡的遗体，突然明白安息的感觉。季儿卡终于抛下了这个只有给她带来重担的臭皮囊。

　　季儿卡无忧无虑的日子，大约在四岁的时候就结束了。当她还小的时候，并不缺乏同伴：哥哥艾弗雷德经常陪在她身边，母亲欧莉（Olly）则经常与菲甘的妈妈菲洛一家人在一起。但是，艾弗雷德比季儿卡大八岁——欧莉可能在这两个孩子中间，至少夭折过一个——所以，当季儿卡只有五岁的时候，艾弗雷德便离开家人，往外拓展他的社交生活。大约同时，欧莉也离开菲洛一家，因为，正进入青春期的菲甘不时向他妈妈的朋友欧莉发威呵斥。因此，季儿卡有时几个小时或几天之久，都只与妈妈为伴。所以，当欧莉又生了一只雄黑猩猩时，我们真为季儿卡高兴。因为，他不久就会长大，可以和季儿卡玩，季儿卡的孤单岁月就可以结束了。不料，一九六六年全坦桑尼亚流行小儿麻痹症，季儿卡才一个月大的弟弟就染病去世，而季儿卡的手和腕部也麻痹了。这还不够，两年之后，七岁的季儿卡感染一种很奇怪的霉菌，以致原先像精灵般可爱的心型脸庞，变得惨不忍睹：她的鼻子肿得好丑好大，而且眉脊都肿到眼睑那边去，令她几乎无法睁开眼睛。

后来，我们诊断出这是什么病，并用药物控制了病情。但当时季儿卡暂时迁移到南方，所以我们无法在给她的香蕉上涂药；六个月之后，她从南方回来时，几乎已经瞎了（那时她也可能已经怀孕过，若真是如此，那她便是失去了她的孩子）。等到我们再一次控制了她脸庞感染部位的肿胀后，季儿卡一度受干扰的发情期，才又恢复正常，这显然令雄黑猩猩很满意。季儿卡就像大部分青春期的雌黑猩猩一样，很能享受性生活，但是她很难跟得上移动地很快的雄黑猩猩，因为小儿麻痹症使她的左手臂肌肉失去了力量。虽然，我猜想，季儿卡在发情期忙得精疲力竭之后，一定会感到相当解脱，但是她在发情期前后的那段日子，却非常孤单，因为那时她母亲欧莉已经死了，哥哥艾弗雷德跟她虽一直感情深厚，可并不常陪着她。

一九七四年，情况有些好转。季儿卡有天带着小婴孩出现，我们给他取名为甘达夫（Gandalf），但愿季儿卡孤单的日子能因此结束——因为一旦雌黑猩猩有了自己的家，她此后一生便鲜少会孤单。而且，第一胎婴儿的出生会使母黑猩猩受到整群黑猩猩的尊敬。终于看到季儿卡能过积极的社群生活，真是一件令人快乐的事，她一直习惯孤坐在互相整饰毛发或休息的黑猩猩群边缘。孩子的降生，同时为季儿卡决定了一件事：我们打算中止医疗季儿卡的霉菌感染，因为怕会损及她的孩子。幸好她脸庞的肿胀情形，并未如我们所担心的继续恶化，反倒是消退了很多；过一阵子之后，季儿卡只有鼻子肿得奇大，看起来很滑稽。

季儿卡就像妈妈欧莉一样，是个非常会照顾孩子、非常细心的妈妈，那时才一个月大的甘达夫，看来很健康、发育良好，可是他却失踪了。我们不知道这是怎么回事——有一天，甘达夫突然就没有跟季儿卡在一起。除了发情期之外，她再度陷入孤单，而她脸上的霉菌感染也再度恶化。

在甘达夫失踪大约一年之后，我们收到无线电消息说，季儿卡又生了。这次是只小雌黑猩猩，我们决定将她的名字取为欧姐（Qtta）——以"欧"为姓氏，来纪念欧莉所传承的这一家，而派逊却杀了欧姐。

当德里克和我赶到冈比时，我们听到了非常详细的恐怖情节。事发当天下午，季儿卡静静坐在阳光下，摇着她的婴孩，派逊这时突然出现，站了一会儿。看看季儿卡，再看看婴孩，然后毛发竖直地冲向这对母女。季儿卡尖叫逃走，但是她手脚不方便——一手抱婴孩，一手残废，当然不是派逊的对手。派逊闪电似的撞倒季儿卡，然后抱走她的小欧姐；季儿卡拼命想救回小欧姐，但她几经挣扎，依然毫无机会，派逊还是抢走了欧姐。接着最要命的是，派逊用力将欧姐塞到怀里，然后死命地冲撞季儿卡，欧姐只能紧紧抓着派逊的胸部。这时，派逊正值青春期的女儿波也加入母亲的阵营，季儿卡寡不敌众，只好转身逃跑，而派逊仍紧追在后，欧姐依然紧紧地抓住派逊。派逊自信已经得胜，便坐在地上，从怀中拉出受惊的小欧姐，猛力撞击她的小脑袋，欧坦当场死亡。慢慢的，季儿卡悄悄回来；当她挨近到足以看清楚她的小欧姐已经松垮垮、淌血的尸体时，她不知是恐惧，还是失望，发出了大声的尖叫，然后转身离去。

接下来的五个小时，派逊便吃着小欧姐的尸体，并且把她分给其他家人——波和小普洛夫吃。就这样，他们将小欧姐吃得一点也不剩。

　　我们全都吓呆了。这已不是冈比黑猩猩第一次传出同类相残事件。五年前，就曾有一群成年雄黑猩猩跑到邻邦的黑猩猩群中，攻击一只雌黑猩猩，在猛烈的打斗中，抢走她的婴孩，并且吃掉这只小黑猩猩。但情况不一样，那只受害的雌黑猩猩是外族的陌生者，是她引起那群雄黑猩猩的敌意；这些雄黑猩猩本来就一直在护卫着自己的疆界，那只雌黑猩猩越了界，他们当然会群起而攻之。我们几乎可以说，她的婴孩被杀乃事出偶然。最后，只有少数几只参与打斗的雄黑猩猩吃了这只小黑猩猩的部分尸体，其余大部分雄黑猩猩都只是将这只小黑猩猩的尸体摊开、摸一摸，甚至有的还为他梳理毛发。相对的，派逊攻击季儿卡显然只有一个目的，就是要抓她的婴儿，把欧姐的尸体当作猎物，掺着其他配料（嫩草）一起吃掉。我们开始怀疑季儿卡的第一胎小甘达夫，也遭遇了相同的命运。

　　翌年，季儿卡又生了一只健康的小雄黑猩猩欧里翁（Orion）。这次季儿卡怕极了派逊。当她产后第一次遇见派逊时，欧里翁只有几天大，幸好旁边有两只成年的雄黑猩猩。派逊挨近季儿卡，在相距只有大约十码的地方，停下来直瞪着她怀中的婴儿。季儿卡马上大声尖叫，来回地望着派逊和那两只雄黑猩猩，这两只雄黑猩猩仿佛知道怎么回事似的，纷纷攻击派逊，吓得派逊落荒而逃。

　　接下来那几个星期，季儿卡鲜少离开族群聚居的凯科姆贝山谷。她似乎不顾一切地待在成年雄黑猩猩身边，以便受到保护。有一次，当她跟随菲甘率领的群体一起出发时，我在后面跟着她。大约十分钟之后，她试图跟上大家，却因残废，又得抱好欧里翁，以致不断落后。最后，菲甘一行终于消失在山径的尽头，季儿卡落单了，我决定留下来陪她。她给欧里翁喂奶，坐了一会儿之后，望一望她的小儿子，自己才开始进食。大约在她被菲甘一行抛在后面两小时之后，她听到汉弗莱从窝巢传来的呼叫声，她立刻起身回到她来的地方，与汉弗莱结伴。他们互为对方梳理毛发之后，汉弗莱便离营，季儿卡仍跟着他。但是，季儿卡还是越来越落后，二十分钟之后，她又落单了。

无可避免地，只要季儿卡的身边没有雄黑猩猩保护，派逊迟早会伺机出现。果然，日正当中的时候，季儿卡与三周大的儿子在树荫下休息；派逊这时便从矮树丛中静悄悄地冒出来，她站着观望这对母子一会儿，才从树上爬下来。比较聪明的黑猩猩可能早就警觉到眼前有危险了，但是，季儿卡却像她母亲欧莉一样，对于危机不够敏感，她浑然不觉，显然一点也不在意。五分钟之后，派逊出现在她面前。波立刻跟上来，脸上洋溢着兴奋的微笑，还一边轻抚派逊的背。这两母女的举动，就好像是在接近结实累累、令人垂涎的果树时的举动一样。未等派逊母女攻击，孤单的季儿卡一瞥见派逊，马上拔腿就逃，一边大声尖叫，但附近没有任何雄黑猩猩可以回应她的求救。

波冲到季儿卡前面，试图阻挡她的去路；这时，派逊赶了上来，揪住季儿卡，一把将她推倒在地上。季儿卡并未想要还手，只紧紧地抱住欧里翁。波跟上来对季儿卡拳打脚踢，派逊则趁机抢季儿卡怀中的儿子，并且重击这只小黑猩猩的头。一手残废，一手将孩子抱得死紧的季儿卡，对这两名凶恶的攻击者毫无办法。派逊先将季儿卡的脸打得流血，再与波联手将她打得趴在地下；这时，身体比较强壮的派逊压住了季儿卡，波便立刻抢了欧里翁就跑。跑到一旁之后，波马上坐下来，重击欧里翁的额头。因此，欧里翁就像一年前的小欧姐一样，当场死亡。

季儿卡挣脱派逊，赶去追波，但是，派逊又再度撞倒她，殴打她的四肢。这时的季儿卡已是伤痕累累，不住流血，但是她仍然顽抗到底，试图抢回已经被分尸的儿子，却是徒劳无功。派逊甩开季儿卡，带着猎物快速地溜走，波紧跟在后。在树枝上观看这场生死斗的小普洛夫也跑了下来，跟着妈妈和姐姐一起逃之夭夭。季儿卡一跛一跛地追了一阵子，越追越落后，几分钟之后，只好放弃，开始一会儿舔着伤口，一会儿轻拍伤口。而派逊一家子则静悄悄地没入森林中。

也许我们永远也不会知道，派逊和波为什么会做出这么恐怖的事。季儿卡并非唯一的受害者，玛莉莎曾有一两个孩子失踪，很可能也是被派逊母女抢走的。在这两母女猎杀同族小黑猩猩的那四年期间，另有六只刚出生的小黑猩猩不见了。我怀疑，这些小黑猩猩全都是被派逊和波杀害的。事实上，在那段阴森恐怖的日子里，这个黑猩猩的核心族群中，只有菲菲想抚养小黑猩猩。直到派逊自己怀了孕，她们才停止杀戮行径。可是，派逊并不是一怀孕就立刻停止这种残暴的行为，之后我们又看到她们有过三次行动，但是不知道是什么原因，都没有成功。这时波也怀孕了，便不再与她的母亲狼狈为奸。这一波同族相残的惨剧平息之后，母黑猩猩们又可以再度无虑无惧地带着小黑猩猩四处游走了。

但是对季儿卡而言，平静来得太晚了，她永远也无法消除对派逊的恐惧。虽然她手臂上的伤已逐渐康复，但是几个月之后，手指的伤口却开始化脓，这些伤口一复发，马上恶化。她以前就已经有点瘸了，现在更瘸，有时几乎完全跛脚。而且此后她开始一直拉肚子，日渐憔悴。季儿卡那时只有十五岁，但是身体太差了，于是从此停经，臀部不曾再潮红，代表她的生育期已经结束。她一直就是孤孤单单的，但是却从未像此刻这般寂寞，当时她最亲近的伙伴只有也已经停经的吉吉，和雌黑猩猩帕蒂，不过，帕蒂还未生过小孩。尽管我们有时会看见这三只雌黑猩猩在一起平静地钓白蚁，或吃些当季的水果，但那只限于在吉吉和帕蒂造访季儿卡的窝时，因为，季儿卡几乎再也走不动了。当这两个伙伴去找别的娱乐时，季儿卡便又落单了。

季儿卡开始常到研究中心来，我想她不只是希望想要些香蕉而已，她更想要的是友谊。她个儿小小的，总是孤坐在研究中心外头，望着山谷，一直望啊望的。有时，我会坐在她旁边，盼望她能了解，我关心她，想要帮助她。这便是我与季儿卡的友情，我相信她也这样地信赖我。我从她婴儿期开始，便认识她、爱她，因此，她愿意信任我，甚至肯让我替她溃烂得可怕的双臂抹抗生素药膏。

在那段悲惨的岁月中，季儿卡与哥哥艾弗雷德的感情更紧密。虽然他们并不常在一起，但是每次团聚，艾弗雷德总给季儿卡带来非常特殊的情谊。只要艾弗雷德在身旁，季儿卡就会变得很自在、有自信。他们的母亲欧莉过世之后，艾弗雷德曾经是季儿卡的慰藉，那时季儿卡九岁，大得可以料理自己的生活了，但是她却非常孤单，没有兄弟姐妹，也没有朋友。因此，日复一日，她一直寻求艾弗雷德为伴。即使季儿卡因小儿麻痹症瘸腿，老是慢吞吞地落在后面时，艾弗雷德总会停下来等她。但是，艾弗雷德最后还是径自往前，留下季儿卡；有时季儿卡会追踪他的脚印，或跟随同一条山径，并且在艾弗雷德曾经驻足的地方，停下进食。也许她是随着艾弗雷德的味道而行的，因为黑猩猩懂得靠闻体味来分辨其他动物和人。而当他们俩有时一同在较高的树枝上觅食时，季儿卡或许在半英里外就看见艾弗雷德了。

随着年龄增长，季儿卡和艾弗雷德越来越少在一起，但是，他们的感情还是非常好，这可由他们每次相聚，便互相梳理毛发许久看出来。艾弗雷德不像其他当可哥的雄黑猩猩，他不会在妹妹发情时，强迫妹妹满足他的性欲。有几次，艾弗雷德对季儿卡猛献殷勤，温和地摇晃着树枝，但是当季儿卡不理或故意躲着他的时候，他便作罢。许多时候，当艾弗雷德出现时，季儿卡都显得非常快慰。例如，当她受到威胁或攻击时，假如艾弗雷德也在同一群黑猩猩当中，她总会坐得离他近一点，然后，明显地感到轻松自在。有一次，季儿卡和菲菲吵架。因为我们放了一个盛泉水的小钵在丛林里，季儿卡和菲菲共同享用这个钵，但那次季儿卡猛撞菲菲，菲菲也一度殴打她，季儿卡又予以还击。社会地位较高的菲菲面对季儿卡以下犯上，便毫不客气地攻击她这个孩提时代的玩伴。但是双方的打斗并不严重，只不过是闪电式的冲撞和践踏而已，虽然季儿卡边叫边逃到几英尺之外，但是她又立刻跑回来，向菲菲伸出她的手，菲菲也回应地握一握她的手，互表友好，于是她们又继续共享这个钵。我以为她们之间已经恢复和平了。

不料季儿卡突然发出威胁性的大吼声，吓了我一跳。她一面尖叫，一面冲撞菲菲，并且拳打脚踢。到底怎么回事？后来我才明白：原来是艾弗雷德来了。他毛发微竖地旁观两只雌黑猩猩的打斗；突然，菲菲也看到艾弗雷德了，她立刻抽身不再和季儿卡打架，并且轻声发出害怕（或愤怒）的尖叫声。季儿卡沾沾自喜地品尝钵里的盐水，并且向菲菲嘲笑似地吠了几声，才在哥哥的身边坐下来。过不久，菲菲安静地走向这两兄妹，并且为艾弗雷德梳理毛发，然后小心翼翼地加入舔矿泉水之列，以避免引起冲突。对季儿卡而言，那真是快乐的一天。更令她痛快的是，只要在哥哥的保护下，她甚至敢威胁派逊。有艾弗雷德睒睒的目光，派逊一点办法也没有！

在季儿卡的生命即将结束之前，有一件事情充分显露出她天生的勇气。那天，我听到一只狒狒大吼大叫和一只黑猩猩尖叫的声音，这使我快步穿过森林，去探个究竟。终于，我看到令人难以置信的场面。刚成年的小狒狒索拉伯（Sohrab）在一棵小树上，正吃着一只小羚鹿的尸体，而季儿卡就在他旁边的树枝上。令我惊讶的是，季儿卡一直试图分享索拉伯的猎物。每当她伸手来抢羚鹿肉时，索拉伯便转身威喝她，并且露出可怕的犬齿，抬高眉毛瞪眼怒视她。季儿卡吓得大叫，可是她并没有走开；相反的，她一再尝试去抢索拉伯的猎物。这时，索拉伯将肉叼在嘴里，空出两手用力推季儿卡。赢弱的季儿卡于是跌下树枝，幸好安全地掉到下方的树枝上；几分钟之后，她又爬回来。当索拉伯再度对她翻白眼，她就叫得比先前更大声。

我在一旁看得十分惊讶，因为，那棵树下有许多狒狒正在抢着捡拾零碎的羚鹿肉，而不远处还有两只雌黑猩猩因受恐吓不得靠近，所以只能坐在那儿观望。但是，又跛又赢弱的季儿卡却不死心地继续骚扰索拉伯。这使我想到，一定是季儿卡先猎到那只羚鹿，结果却被索拉伯抢走了，令她心有不甘，所以才会这样拼命地与索拉伯蛮干到底，非再抢回猎物不可。

　　突然，季儿卡尖叫地举起双手，拼命捶打索拉伯；索拉伯一怒之下，再次将羚鹿肉叼在嘴里，跳到季儿卡那里与她扭打，这次他们全都掉到地上。一只旁观的雌黑猩猩立刻趁隙上前抓住羚鹿肉，并且用力拉扯。索拉伯紧拉住羚鹿的一条腿，但是这只雌黑猩猩试图撕走其余部分，然后开溜。许多狒狒和黑猩猩都跟着这只雌黑猩猩跑，可是季儿卡却尾随索拉伯爬回树上。丢了到口的猎物，对索拉伯而言真是重大打击。他愤恨地冲撞季儿卡这只看来大胆却娇小的雌黑猩猩，于是，他们又一次双双掉到地上去。索拉伯狠狠地揍季儿卡，把她压在地上，试图咬她。幸好索拉伯嘴里还叼着肉，否则后果不堪设想。季儿卡并未受伤，但是却尖叫得更大声，发泄一下她的愤怒。突然，索拉伯觉得够了，就带着剩下的猎物离去。季儿卡根本没办法追他，只好坐下来眼睁睁地看着索拉伯把猎物带走。后来季儿卡加入黑猩猩的行列，要求同伴们分一点猎物给她，但是他们却愤怒地威吼、推她。她只好放弃，一跛一跛地走回与索拉伯打架的地方，看看地上有没有碎肉。但即使有，也早就被那一群狒狒捡光了。

　　假如艾弗雷德那时在附近，听得到季儿卡的求救声，情况绝对不一样，但是他走得实在太远了。那一阵子正是他被菲甘与菲奔联手打败，被迫徘徊在社群边缘的时候。每当他一返回，就会受到两兄弟的攻击；于是只得再次离去，到别的地方躲更长一段时间。在此之前，我一直不明白，从小一块儿长大的雄黑猩猩，居然会对彼此有这么深的敌意，菲甘和菲奔显然试图迫使艾弗雷德离开他们的社群。

　　经过那些动荡不安的日子之后我才明白，艾弗雷德与季儿卡之间亲密、友善的情谊，对他们彼此都有很大的益处。例如有一天我待在帐篷里的时候，很少到我这里来的艾弗雷德出现在门口。很不巧，那时菲甘和菲奔正在族群活动范围的南方；虽然艾弗雷德猜想菲氏兄弟并不在附近，但他仍旧非常紧张，不停地东张西望，稍有风吹草动，他就吓得半死。忽然间，艾弗雷德站了起来，望着东边传来骚动声的丛林。原来是季儿卡。当季儿卡一边走近前来，一边轻柔地打招呼时，艾弗雷德才松了一口气。他们互相为对方梳理一下毛发之后，才离开我这里。

　　我跟着他们走，那一整天，他们都在一起。艾弗雷德显然调整了自己的步伐以配合季儿卡。好几次，季儿卡还没吃完东西，艾弗雷德便径自往前走，但是回头一看之后，他就非常有耐心地坐下来等。当他走得太远时，他也会停下来等季儿卡跟上来。在季儿卡那种熟悉、毫不具威胁感的陪伴下，我相信，艾弗雷德找到了以前与妈妈欧莉在一起时的那种自在和安慰，这当然也给了他更多的勇气，使他可以在翌晨面对顽强的劲敌。

　　但是，他还是被打败了，他又得再度撇下孤单的季儿卡，一个人隐遁到北方去避风头。

　　季儿卡死时只有二十岁，她躺在凯科姆贝河畔，一动也不动。我知道，在我尚未靠近她之前，她就已经断气了。我站在那里，想起她坎坷的一生。她刚出生时，前途本是充满希望的，不料却经历了无尽的苦楚。虽然她的母亲个性比较沉着，不善交际，但是季儿卡是个非常讨人喜欢的婴儿，整天都快快乐乐的。在孩提时代，季儿卡曾在雄黑猩猩群中过得非常快活，尤其是当她母亲加入黑猩猩群中的时候，她总是非常兴奋。天生爱出风头的季儿卡会极度亢奋地转圈圈、手舞足蹈、翻筋斗。不料，她那精灵般的脸孔后来变得奇形怪状，手也瘫了，变成最孤单的黑猩猩。

向晚时分，微弱的阳光在摇曳的树叶间，洒下一地斑驳的光影，而森林里却是一片阴暗。潺潺的流水声低低地吟唱，接着响起了知更鸟美妙、清脆的歌声，拨动人的心弦。我俯视季儿卡的遗体，突然明白了安息的内涵。季儿卡终于抛下了这个只会给她带来重担的臭皮囊。

第九章　性

假如雄黑猩猩能成功地带走雌黑猩猩，并同住到使她怀孕为止，这对雄黑猩猩而言，真是莫大的喜悦。他们将共同度过一段平静的日子，而雄黑猩猩会有很好的机会让他的伴侣怀孕，传承他的基因——毕竟这就是性的终极目的。

虽然欧莉过世之前，曾留下两个已经能独立的子女，但是，她这支族谱看来就要断绝了。欧莉的女儿季儿卡一直未能养活任何一胎小黑猩猩，而且有一阵子，我们以为她那个被迫流亡的儿子艾弗雷德，注定一生要孤单地徘徊在社群边缘的荒野。

一个星期天上午，哈米希·姆柯诺沿着湖边走，要去远在北部的姆万刚果（Mwamgongo）村的市集，这个村子位于野生动物公园的外围。他穿过一条又一条的溪流，这些溪流全都来自上游的绝崖峭壁，汇聚到坦噶尼喀湖里。走过卡萨克拉区之后，便是卡萨克拉溪，再来是林达（Linda）溪、鲁坦加（Rutanga）溪和布桑柏（Busambo）溪。然后他来到了谷口——米屯巴（Mitumba）溪和卡伍辛迪（Kavusindi）溪的汇流处。离湖边不远的一棵油棕树上，有一只黑猩猩正在吃果子。

哈米希好奇地凑近一点，心想那只黑猩猩一定会被他吓跑，因为那是生性害羞的米屯巴族黑猩猩的疆域，而米屯巴族黑猩猩还不习惯与人类共处。可是，那只黑猩猩却仍旧镇定地继续吃东西，他是艾弗雷德。不久，哈米希看见另一只正值发情期的雌黑猩猩躲在棕榈树叶后望着艾弗雷德。虽然艾弗雷德无视于身旁有人，但是那只雌黑猩猩显得很紧张，立刻迅速地爬下树，匆匆跑走。艾弗雷德马上跟了过去，这两只黑猩猩便没入茂密的米屯巴谷森林。

原来，艾弗雷德的流亡一点也不寂寞！艾弗雷德不是跟一只普通的雌黑猩猩在一起，那只雌黑猩猩在米屯巴族中的地位非常崇高，且正值发情期。虽然艾弗雷德当初是一文不名地被赶出卡萨克拉族，但他过得还挺惬意的。他显然已经说服这只邻族的异性留下来与他做伴，成为他独占的配偶。我们非常好奇艾弗雷德在流亡的那几个月，总共享过多少次艳福？

菲奔死后，菲甘顿失哥哥的支持，权势便消失殆尽，至此，艾弗雷德所受到的迫害总算结束。不过，他一生仍旧对菲甘非常顺服。在这种情况下，他终于可以回家，重拾在卡萨克拉族中的地位。但这个转变并未使艾弗雷德的艳遇画上休止符，他反而更受欢迎了；这不只是因为他偶尔会去找米屯巴族的雌黑猩猩燕好，而且他发现回到族里之后，更容易搭上同族的雌黑猩猩，她们有些才刚脱离孩提，迈入青春期的发情阶段，有些则是刚生完第一胎，又值发情期。更何况，有许多时候发情期的雌黑猩猩并不愿意从一而终。因此，我们猜想，艾弗雷德可能是卡萨克拉族中留下最多情种的雄黑猩猩：这样，欧莉的基因毕竟能在冈比未来的黑猩猩群中留传下来。

雄黑猩猩会要求雌黑猩猩留下来与他单独做伴，以避免其他雄黑猩猩接近很可能在发情期最后几天怀孕的雌黑猩猩——否则过了发情期，雌黑猩猩的性感潮红臀部会立即褪色、消失。冈比所有的雄黑猩猩都曾要求单独与雌黑猩猩为伴，有些雄黑猩猩在这方面可是经验丰富，还能成功地经营他和伴侣间的关系。艾弗雷德显然就有这等本事，他不只恐吓威胁雌黑猩猩跟着他，还会预防她们在有机会怀他的种之前脱逃。我们无法详尽地记录他与那些害羞的米屯巴族雌黑猩猩之间的风流韵事，但我们多次观察到他有这种高超的技巧。例如，他在一九七八年八月展开与雌黑猩猩文柯（Winkle）的伴侣关系，并且一直维系得不错。

话说某日，艾弗雷德在卡萨克拉区北方的坡地邂逅了文柯和她六岁的儿子威奇。当艾弗雷德趋前时，威奇跑来向他打招呼，然后跳进他怀里为他梳理毛发；文柯则镇定地跟在艾弗雷德后面，不时发出轻柔的呼叫声。文柯刚开始进入发情期，艾弗雷德立刻对她产生兴趣，仔细察看、抚摸她的臀部，然后再闻一闻自己的手指。于是他们互相为对方梳理毛发。

十分钟之后，艾弗雷德转身离开，又回头凝视文柯，并颤抖地摇晃一根树枝。艾弗雷德这是在向文柯示意："来！跟着我！"文柯向前跨了四步，到了艾弗雷德面前才止步。艾弗雷德再度摇晃树枝，但并不是很认真，文柯不理他，他便作罢。又过了十分钟之后，艾弗雷德再度尝试，文柯这次有了回应，当艾弗雷德往前走的时候，文柯和儿子威奇跟着他，往他最喜欢的北方去。

不到几分钟，落在后头的威奇竟爬到树上去吃果子；文柯仿佛很高兴终于有个借口似的，便停下来等儿子。艾弗雷德回头再度摇晃树枝示意，可是文柯却置之不理。接下来那二十分钟，艾弗雷德一再呼唤她，文柯仍旧不予理睬，艾弗雷德越来越激烈地摇晃树枝，显然已经没有耐心了，最后终于发脾气。他毛发竖直，双唇紧闭，跳到文柯身上用力殴打、拉扯直到文柯挣脱。艾弗雷德因使尽力气而猛喘气，却又边喘气边呼唤文柯，但是文柯依旧拒绝听从，只是瞪着艾弗雷德，刚才被殴打而发出的尖叫声渐渐变小，最后只剩低声沉吟。

其实，艾弗雷德相当有耐心。他等了将近三十分钟，不时愤怒地摇晃树枝示意；但是在他感到越来越气馁时，他终于再次教训文柯，更用力地殴打她。等打完了，冉召唤文柯一起走。文柯立即回应，急忙蹲在他面前，紧张地边哼叫边亲吻他的大腿。就像一般的雄黑猩猩，艾弗雷德在拳打脚踢之后，马上安抚文柯，为她整饰毛发，用手指温柔地抚摸她，直到她放松为止。一旦惩罚已过，便是弥补、恢复和谐的时刻。二十分钟之后，艾弗雷德再度往前走，转身摇晃树枝。这次，文柯乖乖地跟着，威奇落在后头。

他们就这样走了好一阵子，没再发生冲突。到了卡萨克拉谷和林达谷间的山脊，他们停下来进食。一小时之后，艾弗雷德再度出发；文柯随着熟悉的召唤方式起身，但是才走了几步，就显得老大不愿意的样子。她显然并不想要离开她喜欢的栖息地。艾弗雷德此刻真是不耐烦到极点了，果然，不久之后，他又殴打文柯。这回可严重了：他揪住文柯猛搡，以至于双双跌落溪谷。文柯好不容易挣脱了，立刻火速逃走。但是，当艾弗雷德再度召唤她时，她却马上找到受惊吓的儿子，把他背在后面，乖乖地跟着这个执拗的求欢者走。

接下来两个小时，艾弗雷德带着文柯和威奇义无反顾地往更北方走。一路上，他又搡了文柯三次，一次是文柯不肯横渡林达溪；一次是因为被渔夫突如其来的叫声吓到了，所以文柯突然又往南方走；最后一次是在下鲁坦加谷之前，文阿又试图反抗他。

直到天几乎已经黑了，他们才停下来安顿。威奇一如往常，与母亲共睡一个窝巢，这时，威奇那熟悉的幼小身体的碰触，使文柯在受到一整天的折磨后，多少得到一些安慰。

翌晨，情况完全改观。文柯既然已经迁移到这个不熟悉的环境来了，只好紧跟着艾弗雷德，只要他一起身，文柯就立刻跟上。因此，艾弗雷德越来越不须用摇晃树枝来呼唤文柯。到上午十点三十分，他们已经抵达卡鲁辛迪谷，晚上便睡在米屯巴谷湖滨；这里便是艾弗雷德经常带异性伴侣来共同生活的地方。接下来的八天，他们一直住在这里。

在这里安顿下来之后，就没有任何卡萨克拉族的黑猩猩会发现他们了；艾弗雷德变得非常温柔、有耐心。假如他已经准备离开了，文柯还在进食、休息或者梳理威奇的毛发，他会很有耐心地躺下来等，他也经常帮文柯梳理毛发。他们一家子常在正午时分，紧靠着彼此，躺在地上。艾弗雷德也非常容忍威奇，有时他会为威奇梳理毛发，当威奇要的时候，艾弗雷德甚至会分食物给他。但大部分时候，威奇都备感愠怒与沮丧，因为他正在断奶的最后阶段：他花许多时间黏着妈妈，渴望妈妈疼一疼，在文柯奶水渐渐停了之后，威奇仍频频要求妈妈给予关爱。

文柯与艾弗雷德同住的第三天，臀部便全部潮红了；文柯正值生育期，而且是最性感、最善于接纳雄黑猩猩的时刻。但是，艾弗雷德却鲜少与她燕好：一天不超过五次。每当他求欢时，文柯便马上镇定地回应他。一切总是那样平静，仿佛田园诗一般和谐。

一旦使雌黑猩猩顺从他到某个地方做伴之后，雄黑猩猩就会变得非常温柔、有耐心。不过，这并不是艾弗雷德的专利，冈比山谷所有的雄黑猩猩皆如此。雄黑猩猩只要能达成目标，就会停止暴力行为，然后准备调适雌黑猩猩的日常生活规律。我记得有一次，菲甘带着雅典娜（Athena）往北到鲁坦加溪，可是她却极不乐意陪伴菲甘，那天双方都很悲惨。菲甘在几经激烈示威（但没有任何肢体冲突）之后，终于决定不管她了。第二天早上，雅典娜显然想要赖床，菲甘却按平常时间起床，走到雅典娜窝巢旁边坐下来。雅典娜看了他一下，轻柔地叫了一声，仿佛在向菲甘道"早安"，然后继续待在原处。十分钟之后，菲甘向上望，摇动一根小树枝，上方却毫无反应；再过八分钟之后，他再度摇晃树枝，但是雅典娜还是躺在床上，理都不理她。即使菲甘在树丛间大力摆荡，雅典娜仍旧视若无睹。最后，菲甘只好不理她，径自出去找早餐。菲甘觅食的姆曼达榕（Mmanda）树在不远处，但是他爬到树梢时，还是不见雅典娜的踪影。他吃了几分钟果子之后，便急忙跑下来，冲回雅典娜的窝巢，等到确定她还在，才又回树上吃果子。接下来的四十五分钟内，他连续五次中断进餐，回去确定雅典娜并没有逃走。第二天，菲甘带着雅典娜继续往北走。直到最后他才放下心，与雅典娜共度三十天和谐、平静的日子。

假如性感的雌黑猩猩被所有雄黑猩猩追求的话，情形又是如何呢？假如她是个吸引众雄黑猩猩的异性的话，那么，追求者便会为了争风吃醋而关系紧张。在这种情况之下的雌黑猩猩，可能在十分钟之内就与六只以上的雄黑猩猩燕好。尤其当黑猩猩群中有一些值得兴奋的事情，像是与其他黑猩猩团聚或抵达觅食的地点时，势必又再引发一阵性活动。老菲洛年轻的时候，曾经在十二小时之内与求欢者燕好五十次。雄黑猩猩们经常在这种紧张气氛升高的情况下，爆发打斗，有时只是为了芝麻蒜皮小事就开打。尽管抢手的那只雌黑猩猩鲜少被殃及，但是这种情况势必也令她备受压力。

也许雌雄黑猩猩之间恬静、友爱的相处气氛有助于雌黑猩猩怀孕。文柯与艾弗雷德度完蜜月之后八个月，便生了一个女儿，我们称她文妲（Wunda），这是冈比史上第一次有人类观察的黑猩猩生产。由于黑猩猩的怀孕期为八个月，毫无疑问，文妲是艾弗雷德的女儿。

当雌黑猩猩怀孕时，她怀孕的事至少还要一阵子才会明朗化。雌狒狒怀孕之后，臀部的潮红会突然消退，但是雌黑猩猩不会，她也不会有什么特别的味道或分泌物来通知雄黑猩猩：她怀孕了。而且，雌黑猩猩怀孕的头几个月，臀部可能依然潮红肿胀，这当然会引起雄黑猩猩的性趣。这个事实使得某些情况变得十分荒谬，就是当雄黑猩猩费尽千辛万苦，带着不情愿跟他走的雌黑猩猩远游他乡时，这只雌黑猩猩可能早已经怀了他情敌的孩子。

雄黑猩猩若想与雌黑猩猩保持伴侣关系，通常都得煞费心力。假如这只雌黑猩猩怀了他的孩子，那么他的辛苦还算值得，但是他当然无从知晓。这或许便是为什么有些雄黑猩猩会千辛万苦地想带着雌黑猩猩伴侣，连续建立超过两个回合亲密关系的原因；因为这样一来，他便可以确保他所付出的投资产生收益。假如在第一次蜜月时他未能使雌黑猩猩怀孕的话，那么第二回合的蜜月还有机会。这可以避免雌黑猩猩跟别的雄黑猩猩跑了。就算在第一次蜜月时她已经怀了他的孩子，那么在第二次蜜月的时间里他可以有效地确保，雌黑猩猩不会陷入追求者因争风吃醋所造成的压力和紧张气氛，这样对妈妈和肚子里的孩子都不好。艾弗雷德有时甚至和他的三只雌黑猩猩伴侣们，连度三次蜜月。

对于维持与伴侣间的关系，每只雄黑猩猩都有自己独特的手腕。艾弗雷德格外精于此道，他有多次带着雌黑猩猩到远处居留的纪录，而且时间都比与文柯共处的十天更长。有一次，他带着一只卡萨克拉族的雌黑猩猩到北方，虽然我们并不知道他们是否朝夕共栖，形影不离，但是他们竟然居留了三个月之久。

其他雄黑猩猩与伴侣的关系都很短，他们不会在雌黑猩猩的臀部刚开始转红，便试图向她求爱，而是等到她的臀部已经完全潮红了，才展开追求行动。雄黑猩猩选在这时追求，可以占到很大的优势，因为这时的雌黑猩猩性欲很强，顺从他的意愿较高，而且可以不必维持那么长的伴侣关系。尤其当这只雄黑猩猩正致力于维持他的社群阶级时，速战速决很重要，因为他离开社群越久，越可能在回来时，面临一个以上的劲敌挑战。

但是，这个策略也有缺点，因为要与正值最性感期的雌黑猩猩私奔，也不是那么容易的事；尤其如果她是只非常受欢迎的雌黑猩猩的话，身边随时都有可能围绕着一大群蠢蠢欲动的雄黑猩猩，而她的一举一动便是众所瞩目的焦点。试图诱拐她私奔的雄黑猩猩必须盯得很紧，随时准备逮住机会带她跑。如果万一失败了，时常接近她的这只雄黑猩猩仍有很大的机会可以与她交媾，进而使她怀孕。

最擅长速战速决型关系的雄黑猩猩首推沙坦，他的方法非常有意思。他不只紧紧跟着心仪的雌黑猩猩，还经常献殷勤地为她梳理毛发，然后极力耍帅，仿佛在告诉对方："看，我是多么迷人的伴侣"，借此等待机会。假如他和那只雌黑猩猩因某种原因，暂时与其他黑猩猩分开时，他便马上摇晃树枝，引领雌黑猩猩往反方向走，盼望她能跟上来。有几次，直到天黑了，雌黑猩猩还停在原地狼吞虎咽地进食，以补充她因性交频繁而耗损的体力时，沙坦也跟着停下来。当雌黑猩猩吃饱的时候，其他雄黑猩猩各自回窝安歇了，沙坦便逮着好机会带她到不远的地方去。假如成功，第二天早晨他会非常早起，唤醒雌黑猩猩，火速地一起到更远的地方去做伴。

这类伎俩还得雌黑猩猩愿意合作才行，假如雄黑猩猩因雌黑猩猩拒绝而打她的话，雌黑猩猩一尖叫，必使其他追求者立刻赶到现场。沙坦在这方面非常有技巧，因此经常成功地带着相当受欢迎的雌黑猩猩一起私奔。但是这却没什么用，因为雌黑猩猩总在与他私奔后没几天，又溜回黑猩猩社群当中；其他雄黑猩猩便更急切地想与她燕好，以弥补逝去的时光。尽管这种策略明显不管用，但沙坦仍旧继续尝试。

有些雄黑猩猩则利用完全相反的方式，就是与臀部完全平坦（没有潮红肿胀等发情迹象）的雌黑猩猩展开伴侣关系。他们有时找的伴侣甚至是发情期刚结束，或是刚与另一只雄黑猩猩结束伴侣关系、从外地回来的雌黑猩猩。这通常是社会地位比较低的雄黑猩猩做的事，因为地位较高的雄黑猩猩对这类雌黑猩猩已不再有"性"趣，所以不会反对别人追求她。假如雄黑猩猩能成功地带走雌黑猩猩，并同住到使她怀孕为止，这对雄黑猩猩而言，真是莫大的喜悦。他将有一段平静的日子，尝到类似完全占有正值发情期雌黑猩猩的甜头，他也可以随时随兴与她交媾，而不怕高阶雄黑猩猩的干预。更有甚者，除非她已经怀孕，否则，在那样平静的日子里，他将有很好的机会使雌黑猩猩怀孕，传承他的基因——毕竟这就是性的终极目的。

　　带领这类性欲已趋"冷"的雌黑猩猩远走的主要困难，在于雌黑猩猩通常都不肯与雄黑猩猩同去。我们观察到这整个的过程，便是年轻的菲鲁德初次与雌黑猩猩建立伴侣关系的模式。那时菲鲁德才十五岁，他选择玛莉莎的女儿葛瑞琳为伴，当时葛瑞琳的臀部潮红已经完全消退了，且刚刚与沙坦度完一星期的蜜月回来，她非常不愿意与菲鲁德到任何地方去。

　　我遇见他们的时候，葛瑞琳坐在树旁，菲鲁德正凝视着葛瑞琳，且不停地向她摇晃树枝。非得等到菲鲁德在她周围示威好几次，猛烈地摇晃树枝，葛瑞琳才勉为其难，尾随他往北去。但是，她一路上一直嘟着嘴巴回头看，还不时轻声哀鸣，看起来很沮丧。显然她是想回头与妈妈团聚：那天稍早她便是与妈妈在一起。但是每当她一转身，试图往回走时，菲鲁德便向她摇晃树枝；假如她拒绝跟从，菲鲁德就站住再次摇晃树枝，猛烈地示威。葛瑞琳故意抗拒到底，直到菲鲁德快要打她了，她才妥协地边嚎叫边急忙跟上他。接着便是一阵怀柔似的互相整饰毛发，然后菲鲁德又再次试着往前走。他比葛瑞琳小两岁，但是体形比葛瑞琳更壮硕，万一开打，葛瑞琳很可能受伤。所以，葛瑞琳最后完全放弃挣扎。

　　然而，葛瑞琳立刻找到一套应付办法，以作为抗议。她每走几步路便停下来，跑到树上去进食。菲鲁德只好往上望，漫不经心地摇晃一捆草，并且坐下来等。他等了又等，等了又等，最后只好躺下来闭目养神，然后又坐起身，自己梳理毛发。等到过了几乎一个小时，他开始越来越不耐烦，越来越猛力地搔痒，越来越频繁地抬头望葛瑞琳。最后，他便在树下连连示威——即使如此，葛瑞琳还是一动也不动地待在树上看着他。非得菲鲁德怒发冲冠地跳到她栖息的树上去，葛瑞琳才投降爬下树，安抚地触摸他。

当菲鲁德继续往北方前进时，葛瑞琳乖乖地跟着。但是不到几码路，她又爬到树上去吃东西。我从来没见过黑猩猩在这么短的时间内，爬树爬那么多次，她的目的无非是在拖延时间。菲鲁德每次总是非常有耐心地等候，在地上梳理毛发、伸伸懒腰，直到葛瑞琳再次顺服地跟随他走。五个小时之后，他们只走了五百码路！到了通常就寝时间的前一个半小时，葛瑞琳又爬到树上去，用叶子铺床，菲鲁德看了大叹一声，只好妥协地在她附近也铺了床。

第二天，他们仍未走出卡萨克拉族黑猩猩活动范围的核心地带，还遇见一群同族的黑猩猩，这意味着菲鲁德与葛瑞琳的伴侣关系结束了，葛瑞琳终于可以与妈妈团聚。

显然，雌黑猩猩会比较钟爱某些雄黑猩猩；相对的，她也会试着主动避开某些雄黑猩猩。例如，有许多雌黑猩猩都怕攻击性强的汉弗莱，这是可以理解的。但是，尽管雌黑猩猩有时会与追求者不欢而散——故意大声叫嚷，以引起其他雄黑猩猩注意，或逮着机会就逃，但大部分时候，雌黑猩猩必定会顺服于任何想带她走的追求者。而当雌黑猩猩显得愿意与雄黑猩猩一道走的时候，往往都是先前已经被修理过好几顿了。

有一次，派逊在刚进入发情期不久时，拒绝与艾弗雷德一同前往北方，于是两个小时之内，便被艾弗雷德揍了四次，而且每次都非常严重。第三次挨揍时，派逊的手臂严重受伤，没有办法再用那只手臂撑地，所以走起路来瘸瘸的。尽管顺从了艾弗雷德专横的要求，但派逊却走得更慢。第四次挨揍是最严重的一次，派逊狂乱地大声尖叫，她的子女波和普洛夫也跟着叫嚷，结果引起两只雄黑猩猩的注意。当这两只雄黑猩猩竖着毛发抵达时，艾弗雷德立即与他们打招呼，然后看也不看派逊一眼，径自与这两只雄黑猩猩离去。派逊依然轻声呜咽，她虽然为自己的表现感到抱歉，却很高兴看到艾弗雷德走了。

但是，艾弗雷德不会那么简单就放过她。第二天，艾弗雷德再度来找她，派逊这回立刻顺从他蛮横的召唤，一跛一跛地尽可能快地跟着艾弗雷德——派逊已经被修理得够惨了。诚如我们所知道的，艾弗雷德带着她远离其他雄黑猩猩长达两个月之久——足足两次月经来潮的时间。当派逊最后再度回到经常出没的地方时，她已经怀孕了，显然是艾弗雷德的种。

艾弗雷德长期独占雌黑猩猩的方式非常有趣，他经常在雌黑猩猩臀部尚未完全潮红时，便带她们私奔，这在原野间是非常罕见的行为。雌黑猩猩在还没有进入完全潮红的第一天，一般成年雄黑猩猩从来不会和她交媾；而雌黑猩猩也不愿意在潮红期以外的任何时间，顺从于强迫她一起私奔的追求者。假如雄黑猩猩坚持，雌黑猩猩的典型反应是害怕极了，尽量试着不去招惹他。但是，艾弗雷德却曾在长期的带伴避居中，和雅典娜及窦芙（Dove）发生过这样的情形呢！艾弗雷德多次在她们未到发情期，或是才刚潮红的时候，便与她们燕好，而她们也都不反抗。也许他和其他雌黑猩猩一起私奔那几次也是这样，但我们并未当场观察过那几次的情况。

这种惯例——长期排除第三者的性关系、私奔时一直维系的良好关系，以及不寻常的性互动——显示了黑猩猩有发展与异性配偶维持长久关系的潜力，这种关系类似于一夫一妻制，或至少是连贯式一夫一妻制模式①，而这正是许多西方国家的文化传统。

然而，在看来最浪漫的伴侣关系期间，雄黑猩猩仍旧有可能移情别恋。有一次，艾弗雷德与窦芙到他最喜欢的北方共度了几乎两个月之久，蜜月快结束的一个晴朗上午，艾弗雷德的忠贞受到了考验。艾弗雷德与窦芙和窦芙的小女儿在离开窝巢大约半小时之后，停下来吃淡黄色的花朵。接着，艾弗雷德和窦芙便坐下来互相梳理毛发，窦芙的小女儿则在艾弗雷德的空窝附近玩耍。这时窦芙潮红已退，我们后来发现她已经怀了艾弗雷德的孩子。

突然，附近的丛林嘎嘎作响，艾弗雷德紧张了起来，毛发竖直地注视着声音出处。前几天，他们才因听到米屯巴族黑猩猩的叫声而静悄悄地往南方移动，艾弗雷德这时显然准备再度携家带眷逃跑。当其中一只黑猩猩在大约一百码外爬树时，艾弗雷德静静地露齿冷笑，而第二只黑猩猩跟着爬上树时，艾弗雷德便跑去抚摸窦芙以寻索安全感。

但是不一会儿，艾弗雷德开始放松心情，因为他认出这两只黑猩猩是他同族的——正值少壮的薛里和潮红性感的文柯，原来是另一对度蜜月的情侣！艾弗雷德瞪视一阵子之后，毛发依旧竖直，他冲向他们，快速地爬到他们栖息的树上，开始向文柯猛摇树枝。文柯是否要听从艾弗雷德的召唤，我们不得而知，因为薛里立刻起来捍卫自己的权益；他冲向艾弗雷德，展开攻击。没打多久，体形较小的艾弗雷德马上尖叫撤退，但是他并未就此作罢离开，所以不久

---

① 连贯式一夫一妻制（serial monogamy）：先后与不同人结婚，但始终保持一夫一妻制的生活方式。

之后，薛里再度发动攻击。这次艾弗雷德被踢到树下，翻滚了好一段距离。

艾弗雷德边叫边回窦芙身旁，窦芙留在原地看着整件事情的始末。当艾弗雷德坐回窦芙身边时，还一面哀鸣，一面舔脚趾头上的伤口，窦芙开始为他梳理毛发，他才逐渐恢复平静。但是，艾弗雷德仍继续看着文柯，直到文柯夹着潮红性感的臀部尾随薛里消失在森林尽头。

这件事情凸显出雌黑猩猩的潮红能够强烈激起雄黑猩猩的性渴望。我们并不清楚艾弗雷德是否只是想快速地与文柯暗通款曲，或者如我所猜测，他想从薛里身边将文柯抢过来，占为己有。果真如此，那窦芙怎么办？艾弗雷德或者会像十年前的雄黑猩猩里奇（Leakey）一样，同时占有两只雌黑猩猩？这似乎不太可能，因为窦芙已经几乎退尽潮红，不再有性欲，艾弗雷德很可能抛弃窦芙。

这样一来，窦芙的处境将非常危险，她会被抛弃在并不熟悉的环境中，完全没有雄黑猩猩的保护。这样，她和她的孩子将任凭强有力的米屯巴族雄黑猩猩摆布。

第十章　战争

黑猩猩至少在某种程度上真的懂得同情，了解同伴的需要。而我相信，只有人类善于故意残忍地对待他人——故意让对方痛苦、受伤害。

卡萨克拉族的黑猩猩巡逻队缓慢并小心谨慎地往前行，更深入米屯巴族黑猩猩的领域。沙坦带头，另五只黑猩猩和正值潮红的吉吉紧紧跟在后面。他们全都毛发竖直，一副又害怕又兴奋的样子，一只跟着一只弯下腰来闻着地面的味道。艾弗雷德拾起一片叶子，谨慎地闻一闻，菲甘也站直起来闻着一棵树最下层的枝叶；他们一再地驻足聆听，注视两边茂密的丛林。那是个无风的日子，林中一片静谧，只有断断续续传来的蝉鸣。突然啪的一声，一根小树枝断裂了。沙坦转身回到众黑猩猩中，脸上泛着既害怕又兴奋的冷笑，粉红色的牙龈间露出白色的牙齿。他静悄悄地拥抱站在他后面的乔米欧（Jomeo），菲甘和艾弗雷德也互相拥抱，马斯塔（Mustard）则跑去和戈布林相拥。他们全都从嘴角露出窃窃的冷笑。

当他们站在那里，静静地注视着传出断裂声的出处时，又有一根树枝啪地断裂。这时，沉重的踏步将树叶弄得沙沙作响，等到一只大野猪的阴影投射过来时，所有的黑猩猩才都松了一口气。这只野猪正在矮灌木林内挖土觅食，由于只顾着找东西吃，这只野猪一点也没注意到旁边有听众，否则他早就溜掉了。

沙坦再度往前走，但当他回头看见其他的伙伴并没有跟上来时，他停了下来。他并不打算单枪匹马地陷入打斗。不久，乔米欧总算跟了上来，其余的黑猩猩这才一一加入。

十分钟后，前方传来小黑猩猩的叫声。吉吉和这群雄黑猩猩们彼此相觑，立刻往传出声音的方向冲。他们冲到一棵叶片稀疏的树下，一只（异族）母黑猩猩迅速地从树上跳下来。这只母猩猩本来也许可以逃得掉的，但是她那个只有两三岁的孩子却还留在树上害怕地尖叫着。于是，母黑猩猩奋不顾身地冲回树上抓了他就跑，但她已丧失最宝贵的逃命时机。卡萨克拉族的黑猩猩们立刻冲向她，戈布林最先揪住这只陌生的异族雌黑猩猩，不停地殴打她、咬她、践踏她的背。还待在树上的另一只年轻黑猩猩吓得从树上溜下来，在浓密的丛林中逃得不见踪影。沙坦和马斯塔加入戈布林的阵营，继续欺凌这只母黑猩猩。不久，菲甘和乔米欧也加入围殴行列。

正当大伙打成一团时，艾弗雷德抓到那只小黑猩猩，便忙往丛林里跑，连连将小猩猩往地上摔，仿佛当他是树枝似的，然后再将他往前抛，才跑回头加入围殴母黑猩猩的行列。在这场充满尖叫声的混战当中，吉吉也是一逮着机会便出手攻击。

大约过了十分钟，这只母黑猩猩试图突破重围，她一面害怕地尖叫，一面逃到一棵树上。戈布林是唯一跟上树头的，他继续打了她好一阵子，然后四下观望。这时，吉吉显然准备给她最后一击，也跟着爬到树上，连揍了那只雌黑猩猩最后几拳。这只母黑猩猩终获自由后，大步跳到邻近的另一棵树上，才爬下来找回被吓得尖叫的小黑猩猩。这场打斗持续了约十五分钟，战况最激烈的地方，满地都是被扯下来的枝叶，上面还沾满了血迹。戈布林和吉吉在树上投入了最后的战斗，其余雄黑猩猩则在树下等候。

最后五分钟，卡萨克拉族的黑猩猩们兴奋得像是濒临颠狂边缘，他们在发生冲突的地点来来回回地示威，拖拉并扔掷树枝，丢大石头，且不时发出低沉的咆哮声。最后，他们带着喧闹的心情，转身往他们的来时路回去。

冈比的雄黑猩猩每星期至少一次，三五成群地拜访他们小区的边缘地带，但他们与其他族群黑猩猩之间的活动范围，并没有很清楚的界定。事实上，通常两族的交界处是一片非常广袤的地区。当雄黑猩猩们在交界处发现丰富的食物来源时，他们通常会返回小区，翌日再带领一群雌黑猩猩和小黑猩猩共同去觅食。在这样的探险过程中，他们会先探查一下邻邦的黑猩猩们在何处，然后才开始进食。因此，当他们抵达可以鸟瞰邻邦疆域的山脊时，他们会先停下来，谨慎地扫描前方。假如情况看来没什么问题，他们会发出类似打招呼的叫声，然后仔细听听有没有回应。唯有在听不到任何回音，或者回音来自非常遥远的地方时，他们才会非常有信心地继续往前走，并开始进食。

有时候，当一群黑猩猩徘徊原野觅食，偶尔半途歇脚梳理毛发时，成年的雄黑猩猩会突然神采奕奕地迈向外缘地带。这种突如其来的举动和决心，通常意味着他们正准备出发去侦察邻邦黑猩猩的动向。这时，跟着雄黑猩猩出游的母黑猩猩和小黑猩猩会立刻撤退——而臀部潮红的雌黑猩猩则留下来跟随雄黑猩猩。

　　当黑猩猩前锋巡逻队侦察出有陌生的黑猩猩在附近，他们便开始谨慎地前进，不时闻一闻树木的味道，并且密切注意任何的风吹草动。地上被撕过的果皮或用来钓蚂蚁的工具一旦被发现，会马上引起众黑猩猩的关切。假如他们瞥见看起来犹新的卧铺，雄黑猩猩通常会立刻爬到树上去彻底地仔细检查，然后将这卧铺往树枝间抛去，直到完全摧毁它。假如他们真的看见外族黑猩猩，他们的反应通常视自己的觅食群数目与外族黑猩猩的多寡而定——尤其是雄黑猩猩的数目。假如其中一群黑猩猩数量比另一群更多，或者其中的雄黑猩猩数量比较多，那么，较少数的那一群黑猩猩的典型反应是谨慎地、静悄悄地撤退到安全场所。假如另一群中的雄黑猩猩注意到他们了，那群雄黑猩猩会对着他们大吼大叫，并且追逐他们，但是，只要这群逃跑的黑猩猩群中有一只以上的雄黑猩猩，追逐者便无意追上他们——追逐者通常只是想展示一下威风罢了。假如两群黑猩猩的数目相当——亦即负责巡逻任务的雄黑猩猩数目相同——那么双方便会一直保持数百码的距离，互相威胁对方。先是这一群，接着另一群，狂野地示威，在低矮的灌木林间耀武扬威，捶打地面并大力踏步，敲打树干，抛掷石头，不时大声吼叫，猛力咆哮。最后，在互相示威近半小时或一小时之后，双方便各自撤退到自家核心的安全地带。这种大费力气、喧闹无比的行径，只是在宣告对方，合法的领土主人在此，恐吓邻邦黑猩猩不准僭越，因此，打斗并无必要。

　　只有当两三只雄黑猩猩遇见一群只有母黑猩猩带着小黑猩猩觅食的外族黑猩猩时，才会发生惨烈、残酷的打斗。事实上，如果巡逻的黑猩猩发现他们的领土范围内传出外族幼小黑猩猩的叫声，且怀疑有外族母黑猩猩在场的话，他们有时会蹑手蹑脚地挨近，不惜拖磨一个小时以上，非得追捕到底不可。假如他们真的追捕到这只母黑猩猩，必然会出手攻击。同样的，陌生的外族雄黑猩猩也可能受到类似攻击，但是，这种攻击相较之下温和多了。我们在冈比研究期间发现，外族雄黑猩猩遇袭次数仅有两次，而外族雌黑猩猩遭遇猛烈袭击的次数则高达十八次。雄黑猩猩毕竟是远比雌黑猩猩危险的劲敌，尤其当他们是陌生者，什么优缺点都摸不清楚。当然，落单的雄黑猩猩也很可能被一群雄黑猩猩打得很惨——但是他也可能在打斗中，让攻击他的几只雄黑猩猩挂彩。可是雌黑猩猩，尤其当她必须保护幼小黑猩猩的时候，对攻击者而言，便一点危险性都没有。

为什么这些雌黑猩猩会遇到那么野蛮的攻击呢？在有些哺乳类动物的社群中——例如狮子、长尾叶猴（南亚）——一只雄性动物在打败族群首领，占据所有雌性动物之后，有时会接着屠杀所有的婴儿期动物。幸运的话，他囊括过来的雌性动物可能马上又到了发情期，这比他们带着婴孩直到断奶期之后才会再临发情期的时间更快。这样，新的首领将获得双重好处：第一，群族内所有新生的动物都将是他的后裔；第二，他已经歼灭敌人的若干后裔；假如这些后裔未除，他们长大以后可能会与他的后裔相抗争。但就进化论观点而言，假如屠杀造成该族群未来成员中，有多数是这个新首领的后裔，那么，这个屠杀行动便为他带来繁衍的优势。

但是，我们在冈比所观察到的杀机，却显然是指向母黑猩猩的。虽然事实上有四次是小黑猩猩被杀害，但是每一次来看，都是为了屠杀母黑猩猩所引发的意外。只要有可能就近仔细观察逃跑的母黑猩猩，我们都发现，母黑猩猩被伤得很严重，而幼小黑猩猩除了上述那不幸的四只之外，全都毫发无伤。即使雄黑猩猩是单枪匹马，只要他蓄意从母黑猩猩怀中抢走幼小的黑猩猩，也是易如反掌的事。因此，情况看来似乎是：当某一族的黑猩猩看到别族的黑猩猩时，他们心里面便产生仇恨，于是用攻击来表达这仇恨。尤其是陌生族群中的异性黑猩猩，更容易引起他们的仇恨心理。所以，雄黑猩猩经常用这种方式防止其他族群的黑猩猩侵犯他们的领域——假如雄黑猩猩还幸存的话——雄黑猩猩们便可以为族内的雌黑猩猩和幼小黑猩猩保护领域内的食物来源。

然而，雌黑猩猩有时也能不受这类屠杀事件的侵扰。典型的青春期晚期的雌黑猩猩会在发情期游走到邻族的社区内，不过，别族的雄黑猩猩巡逻队不仅能容忍她越界，且当她们的臀部到了完全潮红的时候，这些深受性吸引的雄黑猩猩还会追求她们——雄黑猩猩们的警觉心显然不敌高度的性吸引力。有时年轻的雌黑猩猩会继续留在新的社区内，直到怀孕才离开。这对雌黑猩猩而言，是个非常难下的决定，因为她若待在新的社群内，至少一开始便会受到当地雌黑猩猩的嫉恨，再者，她必须离开她原来的家庭与熟悉的环境，一旦分娩，她将无法回到自己先前的社群。假如她试图回去，将会受到残暴的攻击，除非她再次到了潮红性感的发情期。我们有几次观察到一些雄黑猩猩和外族发情期的雌黑猩猩相遇的情形，尽管发生过几回殴打，但更多的是交媾。不过这类情形仍在少数，大部分的雌黑猩猩在发情期时多半谨慎地由同族的雄黑猩猩保护着。

毫无疑问，有些雄黑猩猩对族群间的打斗非常有兴趣，尤其是十四岁到十八岁之间的雄黑猩猩。有一次，我跟随菲甘、沙坦和年轻的薛里缓缓沿着最南端的姆肯克山谷（Mkenke）漫游，这个地区当时有一部分是卡萨克拉族与卡兰德（Kalarde）族活动领域重叠之地。菲甘突然停下脚步，毛发竖直，直盯着南方瞧，并且发出咆哮的警告声。我往他瞪视的方向望去，看见前方至少有七只成年黑猩猩，显然是卡兰德族的成员。他们一听到菲甘的叫声，立刻猛烈、喧嚷地展开示威。

而这三只卡萨克拉族的雄黑猩猩则悄悄地往北移动一小段距离，才驻足回头张望。当卡兰德族的陌生黑猩猩再度大耍威风，往他们的方向逼近时，菲甘等一行马上转身跳回安全地带。但是薛里可不想示弱，直到有一只青春期的卡兰德族黑猩猩已经站到他后面了，他仍旧没有立刻逃跑。他专注而迷惑地看着这群渐渐逼近的陌生黑猩猩，直到其中两只成年黑猩猩已逼近到五十米以内向他挑战时，薛里这才转身尾随同伴逃跑。当天稍后，他抛下菲甘和沙坦，单枪匹马地又回到姆肯克山谷。他静静地爬到一棵高高的树上，坐着注视南方足足半个多小时，好像他非得再多看一眼姆肯克山谷才行。

另一只卡萨克拉族的雄黑猩猩史尼夫（Sniff），也曾在另两个同伴已经被吓跑之后，还独自无畏地留在原地与一大群卡兰德族的黑猩猩对峙。那群卡兰德族黑猩猩中，至少有三只成年雄黑猩猩。当时，卡兰德族黑猩猩正在陡峭峡谷那端的丛林里大声吼叫、大展威风。史尼夫也不甘示弱地咆哮，并且在靠近峡谷顶端的山径上，耍出壮观的耀武扬威之姿。当他发动攻击时，至少向下方的黑猩猩扔掷了十三块巨大的岩石。不过，偶尔也有一枚飞弹——石头或树枝——从底下的丛林飞上来，但却一点也无法打中史尼夫。直到有两只卡兰德族的雄黑猩猩跑上峡谷顶端追逐史尼夫时，他才撤退。

但是当他赶上他那群胆小的同伴时，他依然顽强地咆哮，且不时击打、重踏地面和敲打树干。

一九七四年是冈比区爆发"四年战争"的源起。这一年，也是我抵达冈比进行研究的第十年，那一群我已经识之甚深的黑猩猩们开始内讧。那时迈克的领导地位已面临结束，族群中有十四只成年雄黑猩猩：其中六只，包括休和查理两兄弟，以及我的老朋友戈利亚特开始越来越常待在社族疆域的南方，此外还有正值青春期的史尼夫、另三只成年雌黑猩猩和她们的小黑猩猩，都是所谓的"南方次团体"成员。而"北方次团体"的黑猩猩数目比较多，有八只成年雄黑猩猩、十二只雌黑猩猩和她们幼小的子女。

月复一月，这两个次团体之间的敌意越来越深。北方社群的黑猩猩都尽量避免进入那些分裂出去的黑猩猩出没的地盘，但是，由休和查理领导的南方次团体却经常回北方。由于南方次团体总是发动组织非常严密的侵略，也因为休和查理天不怕地不怕的个性，使得北方的雄黑猩猩经常避着不与他们碰面。尽管如此，冈比族群中最年高德劭的两只雄黑猩猩，迈克和罗多夫（Rodolf）有时却非常和谐地与南方族群中最年长的戈利亚特一起漫游。

在显露分裂迹象之后两年，这两群黑猩猩显然已经分裂成完全不同的社群，各有各的活动领域。南方的卡哈马（Kahama）族已经放弃原先在北方的活动区域；而卡萨克拉族则发现，他们先前可以任意遨游的南部地带，再也不能随意侵犯了。当这两族的雄黑猩猩在交界处不期而遇时，他们便会鼓噪，互相叫嚣，并猛烈示威很长一段时间，然后再退回各自新划定的安全核心地带。但即使是在这个时候，上述那三只年长的雄黑猩猩间的关系仍日久弥新。

接下来那一年，情势继续依此方向发展。那时首次发生了卡萨克拉族雄黑猩猩残酷攻击卡哈马族雄黑猩猩的事件，并由当地土著希拉里和另一位其他工作小组的组员观察和记录了下来。事发时，六只卡萨克拉族的巡逻雄黑猩猩突然围攻一只正在树上进食的年轻雄黑猩猩戈迪（Godi）。由于这六只雄黑猩猩蹑手蹑脚地前进，戈迪并未注意到他们，直到他们几乎已经到他跟前时，已经来不及了。戈迪从树上跳下来，想要马上逃走，但是汉弗莱、菲甘和身形硕重的乔米欧肩并肩地追他，其余巡逻者也跟在后头追。汉弗莱最先逮着戈迪，揪住他一条腿，将他摔到地上，菲甘、乔米欧、薛里和艾弗雷德趁势对戈迪拳打脚踢，汉弗莱则继续将戈迪扳倒在地上，并且骑在他头上，捆住他的四肢。戈迪毫无机会逃跑，也没有机会自保。卡萨克拉族最年长的雄黑猩猩罗多夫一逮着机会也出手殴揍戈迪，跟着一道巡逻的吉吉则在这场混战中，来来回回地示威。所有牵涉在内的黑猩猩均大吼大叫，戈迪的叫声尤其充满了恐惧和疼痛，而这群攻击者则是个个激愤欲狂。

十分钟后，汉弗莱放戈迪走，其余攻击者也一一罢手，继续喧嚷吵闹地离去。直到他们散去之后，戈迪仍躺在地上动弹不得，最后才慢慢地爬起来，虚弱地边叫、边站着看这群不友善的同类离去。他伤得不轻，脸上、腿上和右胸都有几道很深的伤口，而且被重殴那么多下，必定遍体瘀青。毫无疑问，他后来一定是伤重不治，因为田野研究人员以及在卡哈马社区工作的学生再也没见过戈迪。

接下来那四年，研究人员又亲眼看到了四次类似的攻击事件。第二次的受害者是年轻的雄黑猩猩戴（Dé），他也在乔米欧、薛里和艾弗雷德一行长达二十分钟的围殴之下，被打成重伤。吉吉这次也确实加入攻击行动。形容憔悴、多处伤口未愈的戴，在被攻击之后一个月还曾出现过，但那之后，便和戈迪一样，再也无影无踪。

　　第三只受害者最令我感到难过，这个受害者正是我的老朋友戈利亚特，他是第二只允许我亲近观察他的黑猩猩。戈利亚特在迈克之前曾统治卡萨克拉族，他一直是最勇敢大胆的雄黑猩猩之一。我一直感到非常困惑，为什么他会在族群分裂之际待在南方。卡哈马族的雄黑猩猩打从一开始，彼此关系就紧密融洽，经常会聚在一起；但是，戈利亚特总是与卡萨克拉族的雄黑猩猩处得比较好，最后却落得被卡萨克拉族的雄黑猩猩残忍地突袭。那时的戈利亚特已经非常衰老了，他一度壮硕有力的躯体已逐渐枯槁，一度油亮黝黑的毛发渐失光泽，牙齿也掉得差不多了。

　　名叫艾蜜丽（Emilie）的学生亲眼看到了这场导致戈利亚特死亡的攻击行动，最令她感到震惊的是，那五个攻击者——菲甘、菲奔、汉弗莱、沙坦和乔米欧所表现出的令人感到恐怖的狂暴和敌意。

　　艾蜜丽事后告诉我们："他们显然是要置他于死地。菲奔甚至不停绕圆圈地反扭戈利亚特的手臂，好像是捉到一只疣猴之后，试图将他肢解似的。"

　　当这五只逞凶者结束攻击行动回到北方时，艾蜜丽继续跟踪他们，准备记录他们癫狂的兴奋感。果然，他们不住地击打树干，像打鼓一样，还一面丢掷石头、树枝，一面大声吼叫，仿佛在宣告胜利。

　　戈利亚特就像其他受害者一样，伤势非常严重。他想坐起来，却挺不直身，当他看着那群昔日友伴时，不禁战栗发抖。他遍身是伤，一只手臂好像已经被扭断了，所以用另一只手臂轻抚着那只断了的手。第二天，所有研究人员全都跑出去找他，但是已经不见他的踪影。

戈利亚特死后，卡哈马族的雄黑猩猩只剩下三只：查理、刚长大的史尼夫，以及因小儿麻痹症而瘸肢的威利·瓦里（Willy Wally）；当时，查理的兄弟休也不见了，很可能像其他受害者一样被谋杀了。

查理是下一个失踪的雄黑猩猩。没有人看见查理被攻击，但是渔夫说，曾经听见猛烈的打斗声，事后田野研究助理们寻找了三天，才发现查理的尸体卧在卡哈马溪畔。他身上恐怖的伤口证明，他也是被卡萨克拉族的雄黑猩猩杀死的。

卡哈马雄黑猩猩显然已快濒临绝种：剩下的两只雄黑猩猩迟早都会被杀。但是，接下来更令我震惊的消息是，下一个被攻击的不是这两只雄黑猩猩，而是三只雌黑猩猩中的毕太太（Madam Bee）。我该料到的，因为我早就知道雄黑猩猩经常会对外族雌黑猩猩下毒手。但是，毕太太不是外族啊！我曾经以为，卡萨克拉族的雄黑猩猩一旦消灭卡哈马族的敌手之后，可能会将那三只向敌手"投诚"的雌黑猩猩接回来。

毕太太和戈利亚特一样都老了，她甚至比戈利亚特更虚弱，因为她有一只手臂因患小儿麻痹症而瘫痪。毕太太在遭遇致命的袭击之前，就已经数度被攻击，身上多处伤口仍未愈合。但是，这只毫无自保能力的雌黑猩猩仍遭到同样残酷的袭击：被拳打脚踢、拖曳、一再翻滚，最后脸朝下，一动也不动，仿佛已经毙命。但是，当攻击者仍在她身旁不停喧嚣吼叫地示威时，她好像曾试图爬进浓密的树丛中躲避。

她藏得非常隐秘，所以我们花了两天的功夫才找到她——这还是因为我们看见她正值青春期的女儿甜心毕（Honey Bee）在一棵树上进食，才在那儿找到她的。接下来那两天，受重创的毕太太一直平躺着，有时拖着走不到几步路又倒了下来。渐渐地，她越来越虚弱，不自禁地痉挛、颤抖。在受攻击之后第四天，她终于死了。

毕太太的死是无法避免的，就算能康复，她未来也没好日子过，连正值黄金时期的壮硕雄黑猩猩，也不堪卡萨克拉族雄黑猩猩这样残酷无情的重击，更何况是她呢！我们只能试着缓和她步向死亡的痛苦，我们不停拿食物和水到她躺的地方，但她吃得很少，只有在她女儿甜心毕出现时，她才显出受到安慰的样子。在她弥留的那几天，甜心毕一直守侍在侧，不时为她梳理毛发，并且帮她赶苍蝇。

下一只失踪的黑猩猩是威利·瓦里。威利·瓦里死后，足足有一年的时间，史尼夫变成卡哈马族中唯一幸存的雄黑猩猩，夹在北方卡萨克拉族和南方强盛的卡兰德族中间的狭小地带生存。我很希望史尼夫能摆脱乖舛的命运，成功地生存下去，因为他是那么年轻，那么令人疼爱。假如他可以获准加入卡兰德族，或者迁移到这个野生动物公园以外，进入没有任何黑猩猩占据的地盘的话，他就有可能成功。

我还记得，在一九六四年时，史尼夫的母亲第一次跑到我的营房这边来。当时她还紧张兮兮地在丛林边的空地上不住观望；而史尼夫却充满好奇，往屋子这边走，并且掀起窗户上的遮阳板，直往里面看。他看见我正从屋子里望着他的时候，他似乎一点也不害怕。我们就这样从小看着他长大，看着他从可爱、好玩的小黑猩猩，长成为不屈不挠的青春期黑猩猩。他母亲过世的时候，他只有八岁，但是却毅然扛起了照顾十四个月大的妹妹的责任，令我们非常感动。他妹妹那时还没断奶，所以过了三个星期就去世了；但是在她去世前那段时间，史尼夫无论到哪里，一定带着妹妹一起走，分东西给她吃，分床给她睡，当时正值黑猩猩为抢食香蕉而经常发生冲突之季，史尼夫尽了最大的努力保护她。

史尼夫最后还是逃不过和其他黑猩猩一样被杀的命运。他被追赶，被打到半身不遂，鲜血从无数的伤口直冒出来，并且还断了一条腿。我们再度出动所有人马到处找他，但却找不到，我不知道他到底爬到哪里去等死。史尼夫之死，象征卡哈马族的结束。有一阵子，偶尔还可以看见卡哈马族所剩的两只雌黑猩猩和她们的小黑猩猩，但是没多久之后，她们也不见了，也许又遭遇了同样的命运。她们当中，只有青少年期的雌黑猩猩未受诛灭。

一九七四年初戈迪首先遭袭以后，一直到一九七七年史尼夫遇害的那四年间，可说是冈比有文字记载的历史中最黑暗的时代。不只整个卡哈马族群被歼灭了，还同时发生派逊和波母女猎食同族新生黑猩猩的惨剧。扎伊尔土著也在这时突袭研究中心，绑走若干学生，使我们在接下来的那几个星期受尽煎熬。我想我应该感谢上帝，尽管这场由人类演出的戏码，使我们内心痛苦莫名，但是所有被绑架的学生最后终于安全归来。

即使这桩绑架案令我感到震惊、悲痛，但却未使我改变对人性的看法。人类历史上不断有绑架和索讨赎金的事情发生，尤其近年来，已有许多研究专门探索这类事件对当事人有何影响。深涉此事件的我，也得到一个新的感受，那就是：我确信，所有经历那几星期煎熬的人，都比以前更懂得同情那些遭如此虐待者的处境。

我们在冈比最新记录的黑猩猩族群间暴力冲突和同族相残事件，大大改变了我对黑猩猩本性的认识。长年以来我一直认为，各方面与人类相像到令人不可思议之地步的黑猩猩，大致而言是比人类"更善良"。但是突然之间，我发觉黑猩猩在某些情况之下，会变得残忍无比，他们本性中也有黑暗面，这真令人伤心。我当然知道，黑猩猩经常互相打得伤痕累累，我也曾见过成年黑猩猩恐怖的斗殴，他们在那样疯狂逞威、攻击雌黑猩猩和小黑猩猩的时候，心智简直失去控制——即使是非常幼小的黑猩猩碍着他们了，也会惨遭攻击。虽然这类突然爆发的斗殴看来令人震惊，但总还不至于造成任何黑猩猩受重伤。然而，不同族群之间的打斗，和残杀同族新生黑猩猩等事，显然是完全不同的暴力事件。

接下来那几年，我一直努力地想对这项新认识的领域理出头绪。我常在夜半醒来时，脑海里萦绕着那些恐怖的景象——诸如：沙坦以手当杯子，在史尼夫的下巴盛接从史尼夫脸庞流下来的血喝；向来温驯善良的老罗多夫站得直挺挺的，向已经伏倒在地的戈迪扔掷一块重达四磅的大石头；乔米欧撕下戴的大腿肉；菲甘一再猛力攻击他幼年时代崇拜的一位英雄，如今已经老耄的戈利亚特。也许最令我痛心的，还是派逊狼吞虎咽地吃掉季儿卡刚生的小黑猩猩，她满是血渍的嘴角，仿佛是我幼年时经常听到的故事中的吸血鬼。

无论如何，我逐渐接受这个新的景象。因为尽管黑猩猩基本的攻击模式与人类极其相似，但是他们对于加诸受害者的痛苦的理解，与人类不尽相同。黑猩猩至少在某种程度上真的懂得同情，了解同伴的需要。而我相信，只有人类善于故意残忍地对待他人——

故意让对方痛苦、受伤害。

　　这群黑猩猩却马上忘了这些残酷的事件，继续过他们的生活。但是，对卡萨克拉族黑猩猩而言，报应随即降临。在史尼夫死后，那群得胜的雄黑猩猩带着雌黑猩猩和小黑猩猩，在他们新兼并的领土内毫无畏惧地四处游走、进食、搭巢而眠。他们的活动领域比先前增加了十二到十五平方公里以上，但是，这种快乐的景象却维持不了多久。在卡萨克拉族和强盛的南方族群卡兰德族之间，卡哈马族似乎扮演着缓冲的角色，而此刻卡萨克拉族正开始越来越往南移居。但在卡萨克拉族杀了史尼夫之后一年，他们就被迫往后退，因为，他们不断在从卡哈马族手中夺来的南方之地，遇见强盛的卡兰德族巡逻者。于是，他们开始在前往南方时，比以前更加谨慎，并逐渐缩小他们的活动领域。

　　我们也观察到卡萨克拉族和卡兰德族之间的几次对峙。例如有一次，菲甘和四只雄黑猩猩被一大群卡兰德族雄黑猩猩打得溃败之后，便静悄悄地逃回北方安全处所；此后有两只雄黑猩猩相继不见，一是年轻强壮的薛里，翌年是老汉弗莱。我们一直不明白这到底是怎么回事，但是我们认为，薛里和汉弗莱很可能是死于族群间的打斗。至此，卡萨克拉族只剩下五只成年的雄黑猩猩，他们不只丧失了南方的地盘，北方的米屯巴族黑猩猩也乘虚而入，往南兼并了卡萨克拉族的若干领土。到了一九八一年底，也就是史尼夫死后四年，卡萨克拉族的领域只剩大约五点五平方英里——几乎不够十八只雌黑猩猩和她们的家人生存。我甚至担心卡萨克拉族可能被全部歼灭，当时已有两只比较孤立，最常与薛里、汉弗莱漫游南方"边缘"的雌黑猩猩，丢失了她们的小黑猩猩，我们怀疑是卡兰德族雄黑猩猩做的好事。

接下来那一年，许多事情达到了极点。四只卡兰德族雄黑猩猩，竟然真的跑到研究中心的营房来攻击玛莉莎。幸好只是轻微的攻击，她的小黑猩猩并未受伤——也许是因为卡兰德族的攻击者并不熟悉这里的环境。几星期之后的某一天，当艾斯罗出去钓鱼时，听见了卡兰德族黑猩猩从姆肯克—卡哈马山谷传来的大叫声，北方的米屯巴族接着也从林达—卡萨克拉山脊发出叫声，仿佛在回应卡兰德族的呼叫。那一阵子，卡萨克拉族的黑猩猩们都非常谨慎，憋住气不敢出声。在这之后，他们只敢静悄悄地在自己的区域内游走，甚至任凭多汁的浆果挂在凯科姆贝河旁的枝头也不去吃——因为若在溪旁进食，潺潺的流水声太吵，会使他们很难听到"敌人"趋近攻击的脚步声。

幸好，那时卡萨克拉族有一大票少年雄黑猩猩已渐渐长大，他们开始逐步脱离母亲，越来越常陪着成年的雄黑猩猩一同巡游南北。这些年轻的雄黑猩猩——包括马斯塔、阿特拉斯、贝多芬和菲鲁德，虽然缺乏应付攻击时所需的力气和社会经验，但是他们的和声和喧闹的示威之举，再加上四只成年雄黑猩猩的威力，可能让邻邦误以为卡萨克拉族的实力比实际更强。

卡萨克拉族的危机终于化解了，该族的巡逻队又开始巡游到南部的卡哈马，以及北部超过鲁坦加的地方。当他们遇见邻邦的雄黑猩猩时，仍一如往昔地互相叫嚣示威，但是已看不到更紧张的追逐战。再也没有成年的黑猩猩失踪，而且卡萨克拉族的周边的雌黑猩猩也没有再没有失掉她们的小黑猩猩。看来，整个族群又恢复了以前的和谐状态。

第十一章　母与子

无论菲罗多先前的脾气有多大，不到一会儿，他便会在妈妈的怀中安静下来，也许他本能地了解妈妈的意思："你不可以再吸奶（或爬到我背上），但是无论如何，我仍然爱你。"

　　巡逻边界是每一只年轻雄黑猩猩必须学会的工作之一，唯有这样，他才能变成族群中有用的一分子。他们的成长经验与雌黑猩猩非常不一样，因此，小雄黑猩猩在迈向社交成熟的途径中所要依循的里程碑，与雌黑猩猩大异其趣。当然，雌雄黑猩猩也有些相同的成长经验——诸如断奶和家中添了新成员。但是，小雄黑猩猩脱离母亲，加入成年黑猩猩的时机，不但比小雌黑猩猩更早，且其独立性比小雌黑猩猩更加显著。因为雄黑猩猩必须学会更多技能。年轻的雄黑猩猩必须——向同族的雌黑猩猩挑战，等所有的雌黑猩猩都被他征服了，他必须开始试着在成年雄黑猩猩的阶级社会中往上爬。而年轻雄黑猩猩学习这些技能的方法，以及他突破每一个里程碑时的年纪，都与他幼年的家庭环境和他的社交经验有关。假如我们比较菲菲的儿子菲鲁德和菲罗多，以及派逊的儿子普洛夫，便可清楚得出上述论点。

　　诚如我们之前所见，虽然菲鲁德是菲菲的头一胎，但是他享受了颇具社交关系的婴儿期生活。菲菲的幼弟菲林特在菲鲁德两岁以

前的生命中，扮演了非常重要的角色。菲林特对他这位外甥非常着
迷，菲菲也很有包容心，允许菲林特跟菲鲁德玩，且让菲林特带只
有两个月大的菲鲁德；菲菲的两个哥哥菲奔和菲甘也经常与他们母
子在一起，菲鲁德因此与这些日后的高阶雄黑猩猩建立了非常良
好的关系。就像菲菲自己一样，菲鲁德的幼年生活常有亲人围绕
在侧，因此，他也和母亲菲菲一样，与同侪相处时，充满自信和
果决。

　　菲林特八岁半时，因无法适应丧母之痛而过世，菲鲁德顿失
玩伴，并且失去了他在青春期中的雄黑猩猩角色模范（adolescent
male role model）。不过，他仍然继续过着相当丰富的社交生活，
因为即使他的老祖母菲洛——吸引家族成员凝聚在一起的磁石，已
不在世间，但是菲菲常与兄长们聚首。菲鲁德经常冲去向舅舅菲甘
打招呼，跳到他手臂上，有时甚至骑到菲甘背上，这种良好的关系
一直持续到菲甘当了族群首领之后。此外，菲菲不只是一个社交高
手，肯花许多时间与其他黑猩猩在一起，且在菲洛过世之后，立刻
与年纪相仿的文柯越来越好——也许正是因为菲洛过世的缘故才促
成的。文柯的儿子威奇比菲鲁德小一岁，当这两个妈妈凑在一块儿
时，她们的儿子便在一旁玩耍喧闹个不停，简直像是要用尽他们无
穷的精力。由于独子需要母亲非常小心的看顾，所以菲菲和文柯在
一起进食或安静休息，对她们自己和婴孩来说，都有相当大的好处。

　　当然，菲鲁德也经历过断奶的沮丧期——每当菲菲一停下来休
息，他就贴近菲菲，吵着要菲菲帮他梳理毛发；他非常渴望在这个
不愉快的新经验中，获得妈妈的疼爱。菲菲自己在给孩子断奶之
初，看来也显得有些沮丧，因为她和菲鲁德向来和谐的关系，第一

次受到了搅扰。后来，这对母子渐渐学会调适，但是菲鲁德仍旧感到沮丧，因为这是自他出生以来，菲菲的臀部头一次变得潮红。每当菲鲁德看到菲菲和雄黑猩猩燕好时，他就会非常愤怒地冲向他们，开始抽噎低泣，甚至尖叫，并且猛推妈妈的追求者。菲菲在菲鲁德出生后的头两次发情期间，每回与成年雄黑猩猩燕好时，菲鲁德正好都在场；他简直像着魔一般，猛烈干预菲菲的好事，宛如菲菲小时候对母亲菲洛一样。大部分幼小黑猩猩的生活都不太会受到外界干扰，只有当妈妈与追求者交欢时，他们才会感到受干扰。

等到菲菲生下第二胎时，菲鲁德已不再为断奶和母亲的招蜂引蝶感到沮丧而哭闹了。他对弟弟菲罗多感到十分好奇着迷，只要菲菲首肯，菲鲁德便会立刻从她怀中拉出菲罗多，坐下来为他梳理毛发，或和他玩。菲鲁德总是非常温和地对待弟弟，但是，菲鲁德也有几次利用弟弟，遂一己之愿。例如，当他准备走在菲菲前头时如果菲菲拒绝跟上来，他会回头去将菲罗多抱到自己的怀中，与菲罗多一同先跑。这一招有时会奏效，菲菲在叹气之余，只得蹒跚跟上这两个儿子。但是，也有许多次是菲菲追上菲鲁德，一把将菲罗多抢回自己怀里，再回头去继续做她刚才在做的事；菲罗多有时也会拒绝玩哥哥的游戏，自己跌跌撞撞地走回妈妈的怀中。

身为老大，菲鲁德的幼年经验与弟弟相当不同。虽然与其他头胎小黑猩猩相较之下，菲鲁德有许多社交经验的环境，但是，他也有很长一段时间是单独与菲菲为伴。尽管菲菲和她母亲菲洛一样，很会和子女玩耍，但她常常忙得没空去照顾菲鲁德。而菲罗多的情形就有明显的不同了，菲罗多从不曾单独与菲菲在一起——他的哥哥一直在旁边；相对的，菲鲁德也扮演了菲罗多的玩伴、保护者、安慰者，兼角色模范。

　　对菲菲而言，有了第二个孩子之后，情况也与以往大不相同。她可以不必再老是被烦人的孩子缠着，一会儿要她陪着玩，一会儿要她帮忙梳理毛发。而且她不是偶尔才得闲暇，而是随时都能自由自在。在菲洛过世之后，她几乎整天都和文柯泡在一起。她可以坐下来，好好放松，懒散地看着菲鲁德和菲罗多玩。假如她会思考的话——她当然会——她可以毫不受干扰地任思绪驰骋。即使如此，她仍旧非常爱玩，经常在没什么事情的时候，忍不住跑去和两个儿子玩在一起。

　　菲罗多几乎对菲鲁德所做的每一件事情都感到好奇。他仔细地观察菲鲁德，然后试图模仿他所看到的。例如，当他九个月大的时候，连路都还走不稳，就常瞪着眼睛看着菲鲁德站在一棵断了半截的大树干上，喧闹敲击地耍威风，然后有模有样地学着做。但是他全身协调的功夫还不到家，没两下子就失去平衡，从斜坡上跌了下去，吓得哇哇大叫——或者这也是受挫折后的愤怒之声？无论如何，他这类模仿成年雄黑猩猩的雄心壮志，最后总落得狼狈不堪，还得让妈妈来援救。有一次，菲罗多挨近菲菲，仔细看着菲鲁德与一群年轻的狒狒激烈地玩耍、追逐、猛踏地面和敲打干枯的大树干。当狒狒们全部离开，一切都静止下来之后，菲罗多跑去抓起哥哥和狒狒们丢弃的武器，试图展示他挥舞这些器具的英姿。但是这些东西实在太重了，他根本无法把它们从地上举起来。

　　菲鲁德对弟弟非常有感情，并且非常乐意保护他。当菲罗多开始冒险，离开菲菲的身边时，菲鲁德经常会紧跟着他，仿佛在看顾这个小婴孩。因此，每当菲罗多碰上麻烦、沮丧地呜咽时，菲鲁德都能适时地帮助他。菲罗多两岁的时候，很喜欢跟狒狒玩。他有时甚至不只跑去跟年轻的狒狒示威，也向成年狒狒威吼。那些成年狒狒偶尔会很厌烦小菲罗多毛发竖直、猛踏地面、击打树枝的雕虫小技，于是便站起来威胁他，猛捶地面，狰狞地露出犬齿。菲罗多立刻吓得尖叫，菲鲁德和菲菲则马上飞奔过来救他。在这类时刻，菲鲁德的确经常守候在菲罗多身旁，成为他的守护神。

虽然菲罗多几乎没有办法救助菲鲁德，但他经常对哥哥所受的伤害或沮丧情绪表示关切。菲鲁德七岁的时候，菲菲偶尔发现有必要在进食时管教他——例如，当他试图抢吃菲菲分配给自己的食物时。有两次，当菲菲轻轻地威胁他的长子时，菲鲁德便发脾气，故意摔到地上，不停尖叫。菲菲一点也不理他，但是菲罗多则急忙跑到哥哥那边，抱着他，亲近他，直到菲鲁德停止耍脾气为止。一年之后，菲鲁德的脚严重受伤，无法着地走路。受伤后头几天，他走得非常慢。当他停下来休息时，菲菲会耐心地等他，但是，有时候在菲鲁德尚未一跛一跛地跟上来之前，菲菲便径自往前走了。有三次在发生这种情形时，菲罗多停了下来，来来回回地望望哥哥，再望望妈妈，然后呜咽地叫，并且一直哭闹到菲菲再次停下来等菲鲁德为止。这时，菲罗多便会跑去坐在哥哥身边，为他梳理毛发，望着他受伤的脚，直到菲鲁德觉得可以继续往前走了，这一家子才又再度一同上路。

最令人赞叹的是，菲菲和她两个逐渐长大的儿子能够彼此扶持，三人共同奋斗爬到社群中的高阶地位。菲鲁德自七岁起，便开始威吓社群内的雌黑猩猩，他会绕着她们张牙舞爪，挥动树枝，扔掷石头——典型的青春期雄黑猩猩行为。刚开始，他专找年龄较长的青少年雌黑猩猩，或是母亲的社会地位比菲菲低的雌黑猩猩挑衅。假如其中一只雌黑猩猩的母亲反击他——这事经常发生——菲菲几乎每次都会立刻出面替他解围，为那只母黑猩猩没脑筋的报复行径威胁她，甚至攻击她，这使菲鲁德更加有自信，于是，他渐渐开始找更年长的雌黑猩猩挑衅，结局经常是受挑衅的雌黑猩猩反过来威吓追逐这个"乳臭未干"的小子，甚至殴打他。菲菲由于经常出面护着菲鲁德，因此与族内雌黑猩猩的关系日趋恶化。

菲鲁德有好几次太过僭越，竟向高位阶的雌黑猩猩寻衅。例如有一回，他居然大胆、鲁莽地向高位阶的玛莉莎挑衅，结果反而被痛殴了一顿。尽管菲菲的地位没有玛莉莎高，但是她的个性和她妈妈菲洛一样坚强不怕事。她一听到菲鲁德痛得大声尖叫的声音，便马上赶到，毛发竖直，凶猛地威吼玛莉莎。玛莉莎立刻转而攻击菲菲，这两个做妈妈的扭打了起来，打得翻来滚去。菲鲁德一边跟在他们后面跑，一边拉高声调大吼大叫，却丝毫起不了作用。很不幸的是，玛莉莎年届青春期的儿子戈布林正在附近，他听到母亲的叫声，马上赶过来攻击菲菲，驱赶菲菲和菲鲁德母子。

不过，青春期的菲鲁德越长越壮硕，当他体内的雄性荷尔蒙——睾酮分泌越来越旺盛时，他的攻击性也越来越强。他到九岁的时候，已经能够在菲菲与其他黑猩猩争执时援助她。菲菲一度与社会地位高的派逊打架，菲鲁德和派逊的女儿波都加入护卫母亲之战。但是，菲鲁德不但把波赶走，还回头向派逊扔石头。这个举止令派逊感到惊吓，而使菲菲有机会击败派逊。菲菲母子的社会地位便因此逐年攀高。

这时，年幼的菲罗多也正在长大。他安心得很，因为一旦出状况，菲菲或菲鲁德必定会援助他，或者一起支持他，所以他从很小的年纪便开始向雌黑猩猩挑衅。这是因为几年来，他一直都非常注意地边看边模仿菲鲁德的一举一动，并且也"援助"过菲鲁德。所以，当菲鲁德一再以他那小瘪三似的耍威风姿态，威吓某些较弱的雌黑猩猩时，小菲罗多也会加入威吓阵营：他的毛发竖直，不停蹦跳，连路都走不稳的两只脚还一直重踏地面，摇晃着小树枝，活像迪士尼卡通人物进入现实世界找碴。

菲罗多从五岁开始，就单枪匹马向雌黑猩猩寻衅。当然他还很小，但是，他马上学会了用扔石头当武器来强化他的示威效果。他很快就博得善于扔掷石头的美誉。许多年轻的黑猩猩都会在恐吓威胁敌手时丢石头，这也是菲鲁德耍威风时必出的招数。菲罗多很可能一开始也以丢石头向哥哥威吓，但丢石头的技术更好，所以不久后，较年幼的黑猩猩和社会地位较低的雌黑猩猩都开始很怕早熟的菲罗多，只要他对着他们摇晃逞威，尤其手中还握着石头时，所有黑猩猩都赶快走避。菲罗多比其他黑猩猩更常直接击中目标，这倒不全是因为他的手法准，而是因为他会跑近一点再丢出他的"飞弹"，他同时还发展出其他一些令人讨厌的伎俩。

我犹记得有一回我跟着菲菲、小毕（Bee）和她们的家人时所发生的事情。那时小毕突然瞪着陡坡那端，并开始小声地叫。我看见菲罗多在几码之外的树间猛烈摆荡，他毛发竖直，手里还抓着石头。他向我们扔石头，但是石头落在小毕和我中间，大伙都没受伤。我不清楚菲罗多的目标是对准我，还是小毕——菲罗多一直拿我当雌黑猩猩看，还以为我是领导另一班黑猩猩（研究人员）的高阶雌黑猩猩。接着，他又拿起另一个更大的石头，大得他根本拿不动，但至少他可以在陡坡上方滚动石头，而他也的确这么做，让大石头从上坡滚下来。这个大石头立刻充满动力地往我们这边冲过来，剧烈地撞到这棵树，再撞另一棵。我或任何黑猩猩要是被撞到的话，不死也会当场昏厥。我还在忖度要往哪里逃的时候，菲罗多又推下另一个大石头。等他再滚动第三个大石头时，我们全都已经飞奔逃命去了——不只小毕，我自己，连菲菲也跟着逃。虽然往后的几年间，菲罗多仍是爱扔掷大人小小的石头，但他幸好并未养成这种轰炸式的坏习惯。

小雄黑猩猩一生中最重要的里程，就在他离开母亲，开始与其他族内黑猩猩一同游走的时候。雄黑猩猩比雌黑猩猩更需要断开与母亲的脐带关系。雌黑猩猩则可以尽量留在家人之间，学会日后过成年生涯所需的一切技能。她不只可以观察母亲和母亲的朋友如何照料她们的幼儿，还可以实际帮忙带小黑猩猩，从而学习到日后所需的育婴经验；她也可以在母亲潮红性感之时，了解性事和自己日后的性需求。

小雄黑猩猩则有不同的事情要学。社群生活中的有些基本事项，但非全部，是要由雄黑猩猩负责，例如巡逻、驱逐侵犯者、寻找远处的食物资源，以及打猎。假如他继续留在妈妈身边，他就学不到这类事务的经验，因此，他必须离开妈妈，花时间与成年雄黑猩猩在一起。菲鲁德自婴儿期开始，便一直对成年雄黑猩猩充满好奇与崇拜。他才刚会走路，就急着跌跌撞撞跑去跟每一只加入他母亲游走行列的成年雄黑猩猩打招呼，而在成年雄黑猩猩离去时，菲鲁德经常跟着他们走一小段路。记得有一次，汉弗莱与菲菲互相梳理毛发之后准备离去，他一起身，后面的菲鲁德便摔了一跤。可是菲菲一点也不想动身往前跟上汉弗莱，结果菲鲁德强烈抗议，边呜咽边爬到树上紧紧抱着树枝。几经抗议，菲菲越来越烦，只好顺着菲鲁德的意，在他继续跟着汉弗莱走时，自己也尾随在后。但是没走几步，菲鲁德就累了，这才爬到菲菲的背上，任凭菲菲前往她自己爱去的地方走，不再有意见。

菲鲁德每次一听到其他黑猩猩兴奋的喧闹扰攘声音时，便巴望着能够加入。记得他才四岁大的时候，有一次，整个平静的上午只有我和他们母子俩。到了中午，菲菲停下来休息，在地上伸懒腰，菲鲁德却十分活跃，在上面的枝头玩耍。这时，山谷远处突然传来黑猩猩兴奋的呼叫声，一定是有一群雄黑猩猩在那里——是菲甘、沙坦、汉弗莱和乔米欧，他们的声音很容易辨认——同时还夹着雌黑猩猩和小黑猩猩的呼叫声。菲鲁德非常仔细地聆听着，然后也引吭发出他还像婴儿的呼叫声，菲菲坐起身，也跟着呼叫。菲鲁德从树上晃下来，立刻往传出声音的方向跑。但菲菲却一动也不动，菲鲁德跑了几十码之后，回头看，然后停下脚步，轻轻地呜咽。菲菲并不理会他的央求，继续躺下来休息，菲鲁德只好失望地回到菲菲身边坐下来，举起一只手要求菲菲帮他梳理毛发。

五分钟之后，那一大群黑猩猩又开始大呼小叫。菲鲁德一如先前，渴望前去加入，这次他往前直奔，不停跺脚以轻微地示威，然后更进一步往山径迈进，希望能成为其中一员，跟大伙一起玩，但是菲菲仍旧没跟上来。这次，菲鲁德在停下脚步回头看妈妈之前，又往前走了几步，他没有转回去，仍然站在十五码外的山径上，其实只要再跨出几步，他就会脱离菲菲的视线范围。可是，他轻微的呜咽声开始越来越频繁，音量也越来越大，最后干脆放声大哭。

　　不知是因为菲鲁德的恳求奏效了，还是菲菲自己也想玩，菲菲终于起身，跟着儿子往山径走。十分钟之后，他们来到这群玩得兴高采烈的黑猩猩群中，菲菲也高兴地轻声低吟，并且爬到树上去吃多汁的无花果。当时，这棵风味绝佳的果树吸引了卡萨克拉族半数黑猩猩前去享受，菲鲁德更是兴奋地跑去跟其他年轻的黑猩猩疯狂地玩耍。

　　当小雄黑猩猩离开母亲加入上述那类集体活动的次数越来越多时，就证明他已变得越来越独立了。有时，一大群黑猩猩吵吵闹闹地聚集在一起，无非是为了共享富饶美味的果实，或者是全都受到某一只性感的雌黑猩猩的吸引。这样的聚集通常会持续一星期或更久，其间有些黑猩猩会陆续加入，有些则先行离开。这类聚集经常是黑猩猩社会生活的核心，能促使社群成员有机会彼此碰面、互动——一起玩耍、互相梳理毛发、一起喧闹。尤其当其中有几只正值发情期的雌黑猩猩时，聚会的气氛简直就像是嘉年华。

　　在菲鲁德婴儿期和整个孩提时代，非常善于交际的菲菲，一直都带着菲鲁德参加许许多多的这类活动，菲鲁德因此获得不少社交经验，且（艰苦地）学会了在众雄黑猩猩气氛紧张，快要打起来的时候，先悄悄溜走。行年渐长，菲鲁德在那种情况下的自信也越来越强：他九岁时便经常独自一人参加这些聚会。菲罗多甚至更早就敢脱离母亲——只要气氛紧张时，有他哥哥在附近，他便可以放心。事实上，菲罗多加入团体生活时只有五岁，他便曾连续好几个晚上没和妈妈在一起，而和菲鲁德及其他成年的雄黑猩猩厮混。

　　普洛夫的孩提时代不仅和菲鲁德不一样，更不同于菲罗多。虽然派逊对这个次子非常细心，也不再那么冷酷，但却仍不如菲菲那么有耐心、有感情，并充满关怀，更何况派逊后来又离群索居——在波还是个婴儿时，派逊跟着一大群黑猩猩来研究中心要香蕉吃的日子，早已成过去。除此之外，派逊如果有像文柯那样也带着婴儿的朋友的话，就可以让普洛夫和别的小朋友一起玩，但派逊没有这样的朋友。虽然普洛夫还有个姐姐波，而波也度过了断奶期的沮丧，并开始对小弟弟感兴趣，但她在普洛夫生命中扮演的角色，永远不及菲鲁德对菲罗多，或菲林特生前对菲鲁德那般的照顾。

因此，普洛夫不大有机会像菲鲁德和菲罗多那样，接触各式各样的社交活动。也许正因为普洛夫比菲鲁德和菲罗多更少和别的黑猩猩玩的缘故，所以他日后在玩耍时，非常缺乏自信。当游戏变得粗暴激烈，使他陷入困境时，就算有波和派逊出面帮助他，他还是非常没有自信心。这三只小雄黑猩猩早期的社会经验如此不同，最主要的原因很可能在于，普洛夫极少有机会与成年雄黑猩猩有互动关系。

一如波，普洛夫的断奶期也非常难过失望，但是因为他是雄黑猩猩，所以在这种凄苦情境之下，攻击性比波强。他不开心的时候会暴怒，大声尖叫，扯自己的毛发，摔在地上哭闹。在大部分的黑猩猩家庭中，小黑猩猩一哭闹，马上会引起妈妈反应；像菲罗多这个被宠坏的孩子，也喜欢乱发脾气。就菲罗多而言，我想，每次大发脾气多半是因为事情未顺他的意，而菲菲总是会走到他身边，试着亲近他。菲菲若是这么做，菲罗多反而会别扭地摔到地上，拒绝妈妈的安抚，但菲菲总是非常有耐心地将他抱起来摇一摇。无论菲罗多先前的脾气有多大，不到一会儿，他便会在妈妈的怀中安静下来，也许他本能地了解妈妈的意思："你不可以再吃奶（或爬到我背上），但是无论如何，我仍然爱你。"

　　但是，当普洛夫闹脾气时，铁石心肠的派逊经常完全不予理会。这当然是另一种拒绝方式，结果，普洛夫变得越来越沮丧。他会大哭大叫地在树丛里冲来冲去，或者故意将自己摔滚到陡坡下面。有一次，他真的就一直滚到溪里去了——那么小的年纪，对湍急的溪流自然感到非常害怕。在这个时候，他受挫的尖叫声早已转为惊吓恐惧的叫声了，可是派逊仍旧理都不理。这种早期经历对普洛夫原就缺乏自信的心理并没有什么好处！无论如何，普洛夫不像波断奶期闹那么久，他在派逊生第三个孩子派克斯以前，就已经脱离断奶期的痛苦了。就像菲鲁德一样，普洛夫对这个弟弟极感兴趣，甚至胜过波对他出生时的兴趣。

　　普洛夫开始向雌黑猩猩挑衅的年龄，大约与菲鲁德相同。但是，菲鲁德曾经向高阶雌黑猩猩寻衅，还越来越常张牙舞爪耍威风。相比之下，普洛夫的挑衅行动既少又弱，没什么毅力和活力，不像菲鲁德和菲罗多那般有劲。事实上，普洛夫第二次尝试挑衅就狼狈不堪地收场，那时被挑衅的雌黑猩猩站起来揪住他的脖子，一直搔他的痒，直到他毛发竖直的挑衅行动变成不停地傻笑。

　　普洛夫还是婴儿的时候，显然就已经非常渴望能像菲鲁德和菲罗多一样，可以和成年雄黑猩猩在一起。但是，假如他想要跟任何一只成年雄黑猩猩走，派逊绝不会跟他们一起上路。因此，普洛夫总是很快就放弃要说服妈妈一道走的念头。此外，派逊不像菲菲和其他雌黑猩猩一样觉得参加大型聚会很快活，所以她素来不加入大伙的聚集。因此，普洛夫在面临这类集体活动时，总是显得忸怩不安，不若菲鲁德和菲罗多那般自信。普洛夫花了大部分的时间与母亲为伴，直到她过世——那时普洛夫已将近七岁。

　　毫无疑问，菲鲁德、菲罗多和普洛夫的行为之所以会有那么大的差异，显然与母亲的个性及教养孩子的方式有非常密切的关系。当然，这三只小雄黑猩猩也有基因遗传上的差异：某些气质上的差异确实是得自遗传，而不是从后天经验习得的。但是，有时个性的形成，可以追溯到幼年时的特殊经历。例如，当普洛夫两岁的时候，曾被一只成年雄疣猴攻击。当时派逊抱着普洛夫坐在那里旁观黑猩猩打猎，突然有一只疣猴凶暴地跳到派逊身上攻击她。事后，她几乎没受什么伤，但是，普洛夫却有一只脚趾头被扯断。

　　那个既疼痛又饱受惊吓的经验，促使普洛夫日后非常怕猴子。大部分的小雄黑猩猩到了青春期便开始跟着大伙去打猎，菲鲁德才六岁大就已经亲手猎到第一只猴子（被菲菲抢去吃了），而普洛夫却一直到十一岁，才让我们看见在猎猴子，不过他打猎总是漫不经心的。有趣的是，普洛夫在孩提时代也怕狒狒，他跟小狒狒们玩耍的时候，从来不像菲鲁德和菲罗多会在树丛间晃荡、毛发竖立、充满攻击性。假如有成年雄狒狒走近普洛夫，尤其在进食的时候，普洛夫会非常害怕地低声叫嚷，并且躲到派逊的背后。由此看来，他对疣猴的恐惧，可能已经扩大到所有猴类和狒狒身上。当然，也有可能是他幼年与狒狒相处时，受过类似的伤害，而致使他孩提时代也怕狒狒。这种受挫受伤的事在他们的生活中极有可能发生。

第十二章　狒狒

黑猩猩显然懂得狒狒社会体系中的许多姿势、手势和叫声，到底是不友善、威胁，或是臣服、求欢之意。同样的，狒狒也了解黑猩猩所传达的信息。他们会因对方传出的警讯而提高警觉。

　　我们在冈比所观察到的黑猩猩与狒狒间的互动关系，远比动物界中任何两种不同动物的相处关系更多样、更复杂——姑且不论我们自己与其他动物的关系。黑猩猩和狒狒有时会激烈地抢夺食物，年轻的狒狒也可能被黑猩猩猎杀、吃掉。但是，小狒狒和小黑猩猩却经常玩在一块——小黑猩猩甚至会为小狒狒梳理毛发，并试着与小狒狒玩。最后，他们都会知道彼此的沟通信号，有时这可使他们轻易地联合起来恐吓、驱逐外来的掠夺者（野兽）。

　　冈比的狒狒比黑猩猩多，但是每一族群狒狒的数目和每一族群黑猩猩的数目相当。在我们观察研究的那几年，每一族平均约为五十只，且约有十二族狒狒挤在一族黑猩猩聚居的山谷，这意味着我们每天都会遇见狒狒和黑猩猩在一起。他们大部分的相处都相当和平：黑猩猩和狒狒经常各玩各的，无视对方的存在。当然，他们会分享许多相同的食物资源。冈比一年到头物产丰富，足够狒狒和黑猩猩食用，所以他们根本不需要为食物打斗争吵。有时可能看见有几只狒狒和黑猩猩同在一棵树上觅食，有时却又看见这几只狒狒和黑猩猩凶暴地打成一团。六月到十月之间的旱季，食物有时会比较短缺，这时便可能看见狒狒和黑猩猩激烈地争食。当一群狒狒靠近有三四只黑猩猩正在进食的树木时，狒狒们会一个接一个地爬到树上去，这时，黑猩猩的气氛就开始变得紧张。他们不安地一面将食物塞到嘴巴里，一面急速地在树林间跳来跳去，然后离开。但当黑猩猩的数目比狒狒多时，他们并不会那么轻易地就将果树拱手让给狒狒。这要视当时双方的年龄、性别和成员个性而定。有些黑猩猩面对这类情况时，要比其他黑猩猩更大胆——毫无疑问，所有的狒狒都认得他们。我清楚地记得，有一次，戈布林、沙坦和汉弗莱安静地在树上吃无花果，D群狒狒到了树下，立刻往上爬。于是，越来越多狒狒爬到树上共享果子。这时，由戈布林领军的三只雄黑猩猩便一再向这些狒狒威喝。后来这群狒狒和黑猩猩便在树上展开一场肉搏战，彼此尖声吼叫、咆哮，把清静的上午弄得喧嚣烦吵。二十分钟以后，黑猩猩们终于决定一走了之。但即使一面撤退，他们仍一面大肆叫嚣，还一路继续对在地面上吃食的狒狒寻衅威吼，想要驱散他们。

有些黑猩猩非常怕狒狒——狒狒都知道这点，他们也据此与黑猩猩交往，并能和某些黑猩猩自由自在地相处。同样的，黑猩猩也知道某些成年的雄狒狒不是好惹的家伙。例如营区族（Camp）狒狒多年来的首领渥纳特（Walnut），连最强壮的黑猩猩也要退避三舍。因为渥纳特有时简直像发疯一样，在安静的黑猩猩群中四处冲撞，不停地逞威挑衅，并且发出巨大的咆哮声，令黑猩猩毛骨悚然，直到所有的黑猩猩全都逃跑，他才罢休。

尽管狒狒和黑猩猩偶尔会为珍贵的食物资源展开激烈打斗，但是大部分的争斗，最后都以和平收场，他们顶多只是彼此互相威胁恐吓一下而已。他们鲜少为争食而斗，主要也是因为狒狒能吃的食物范围比黑猩猩广。狒狒吃较多种根茎类、种子和花朵，逢旱季食物稀少时，他们常花数小时翻土，寻找可吃的根茎和结节，也会在溪中的岩石间抓螃蟹，或在山坡上抓昆虫。他们的爪子非常坚实，足以敲开油棕的坚硬果核。冈比的黑猩猩则非常死心眼，凡不是他们惯吃的食物，他们鲜少有兴趣。只有小黑猩猩有时会非常好奇地看着狒狒在吃不一样的东西。

我记得有一次波正在休息，她两岁的儿子潘则在一旁玩耍。当时有一群狒狒安静地在附近觅食，其中有一只成年雄狒狒克劳迪斯（Claudius）坐在靠近波和潘的地方。潘移近克劳迪斯，睁大眼睛看着他拾起一粒油棕果核，放在上下白齿之间，并以一只手扶着下巴，用力将果核咬破，然后吐出来，将两片空果核扔到地上。潘直盯着克劳迪斯的脸，仿佛想解读他的心情。潘小心翼翼地挨近他，跑去捡起一片果核，然后立刻飞奔回波身边，一手揪住波的毛发，同时不住检视那粒果核，放到嘴巴里舔了又舔。这时，克劳迪斯又拾起另一粒掉落在地上的果核，按部就班地将它咬破，潘这次更有自信地挨近克劳迪斯，并且拾起他丢弃的果核。

假如这食物是自己可以轻易取得的，诸如长在树上的莓果，潘一定会捡起来吃了。若真如此，他便极有可能开创黑猩猩的新饮食惯例，而且还是从狒狒身上学来的。然而，硬得不得了的油棕果对一只小黑猩猩而言，实在太难应付了。

至于一年到头都有的油棕树果实外圈的红色果肉，则是狒狒和黑猩猩都爱吃的。但是每一棵油棕树只能充当一两个觅食处所，因此在食物产量稀少的季节，油棕树往往变成狒狒和黑猩猩激烈争食的战场。有一次我跟着菲菲穿过森林，她突然停下脚步，毛发竖直，两眼瞪着一棵高大的油棕树。不一会儿，她便冲上了油棕树，接近树梢时，有一只非常小的狒狒害怕地尖叫，并且顺着一片大叶子溜下来。我屏气凝神地看，以为菲菲想要猎那只小狒狒——虽然我们已有廿五年没见过雌黑猩猩参与猎小狒狒的行列。

　　然而菲菲只不过是想到树上吃果子罢了，当她坐下来吃果子时，一边愉快地轻轻赞叹，她的毛发也跟着渐渐平滑下来。可是那只小狒狒却陷入了苦境，也许他误以为菲菲侵扰他是想要猎杀他；无论如何，他似乎下定决心不要轻举妄动。他紧紧巴在树梢的大叶片上，张望着要从哪个方向逃脱。但是他的体重还不到足以让阔叶低垂下来的地步，只能悬在油棕树上距离地面约有十英尺的地方，而左右又没有其他树枝可以让他跳下来，他因此悬在那里足足有三分钟之久。接着，他渐渐有些自信了，就非常安静、小心翼翼地爬回靠近菲菲的那片阔叶，然后再攀附其他枝叶。就这样静悄悄地一片阔叶攀过一片，直到终于可以跳到附近的一棵树上，顺势溜走为止。

　　高大得能够遮蔽天空的棕榈树偶尔会变成狒狒逃避黑猩猩追杀的障碍物，使他们在不算多的逃亡过程中受困。假如有些追杀者偷爬到树上，其他追杀者再埋伏在地面，那么狒狒将难以逃脱。例如有一次，六只雄黑猩猩游走到他们社群的南疆，遇见一只雌狒狒带着一只很小的狒狒在棕榈树上喂奶，这只狒狒并非我们所研究的那一族狒狒中的成员，我们也不知道她的名字。那时菲甘带头，望着她发出冷笑，然后轻声嚷嚷跑去触一下沙坦。这六只雄黑猩猩全都毛发竖立，站着直瞪她。当雌狒狒发现时，立刻停止喂奶，同时一脸沮丧，发出害怕的叫声，只好赶快跑到棕榈树的另一端。这时乔米欧已慢慢爬到靠近她的棕榈树上，与她立于同样的高度，且距离她只有五码之远。当乔米欧停下脚步瞪视她时，母狒狒开始大声尖叫，但是，显然附近没有任何狒狒听得到她的叫声。过了一会儿，还是没有任何狒狒回应。

紧张的情势过了两分钟之后，菲甘和薛里从容地爬到另两棵树上。此刻，这两只黑猩猩已各就各位部署在雌狒狒可能逃脱的每一棵树上，另三只黑猩猩则在地面上守候。突然，乔米欧纵身跳向雌狒狒栖身的那棵棕榈树上。雌狒狒一跳逃到菲甘把守的另一棵树上。对菲甘而言，要抓住她，并抢走她怀中的小狒狒是轻而易举的事。菲甘果然立刻咬住小狒狒的头，小狒狒当场死亡。接着，雌狒狒四下张望，并且绝望地在邻近的树上大声求救，而那六只雄黑猩猩则围着分享猎得的小狒狒。

由于我们在冈比同时也研究那里的狒狒，知道其中五群狒狒里面每一只狒狒的名字，以及他们精彩的生命史，所以当他们被黑猩猩猎杀吞食的时候，我们都很难过。每当发生这样的追猎行动，我们的心情总是七上八下，好在更多时候黑猩猩追猎狒狒的行动并未成功。当菲甘那群黑猩猩追猎那只雌狒狒时，要是她的族群正在附近，情况就会大大的不同，因为雄狒狒一旦被招惹，就会变得非常凶猛，当他们一听到小狒狒或小狒狒的母亲尖叫时，他们会立刻赶来解救，向在场的任何黑猩猩威吼，且猛烈冲撞、殴打。成年雌狒狒也会加入扭斗，或至少在这片扰攘中害怕、愤怒地尖声大叫。面临这样的聚众围殴的场面，许多黑猩猩只有放弃追猎行动，夹着尾巴逃走。事实上，我一直感到惊讶的是，黑猩猩们在这类行动中，从未真的想猎捕或杀害狒狒。更令人惊讶的是，在我们观察到的所有成功的追猎行动中，尽管黑猩猩可能被激愤的雄狒狒逮着，压到地上殴打，但是黑猩猩们从未真正被雄狒狒伤害过。但是，若遇到豹来猎食小狒狒，大狒狒绝对会抵命攻击，那只豹即使不死，也会伤势严重到没几天便毙命。也许这是因为黑猩猩懂得丢棍棒和石头，使他们成为具有优势的物种。事实上，黑猩猩常向狒狒虚张声势，让狒狒误以为他们比实际上更强壮、危险。

狒狒也是猎者，记录显示，几乎所有非洲各地的狒狒都食肉。在冈比，狒狒经常在羚鹿出生率旺的季节，猎羚鹿来吃，由于母羚鹿都会将小羚鹿安置在深草丛中，而狒狒又比黑猩猩花更多时间在这类草丛中寻找食物，尤其在觅食的时候，狒狒都分散得很广，因此他们比黑猩猩更有可能猎到藏在草丛中的羚鹿。

一旦有狒狒猎到羚鹿，准备大快朵颐时，经常有其他狒狒为分一杯羹而骚扰他。在这样的猎物抢夺战中，猎物经常被成年的雄狒狒抢来抢去。他们在争夺中，当然不免龇牙咧嘴，大声吼叫、咆哮、威吓。假如黑猩猩听到狒狒这类厮杀吼叫声，他们会立刻停下手边的事，冲到现场，加入抢夺行列。

我之前已经描述过季儿卡和雄狒狒索拉伯之间的猎物争夺战。季儿卡又小又瘦弱，根本无法将猎物再抢回来，其他较强壮的雌黑猩猩则比较有可能回抢成功。最精彩的一次抢夺战是希拉里记录下来的，他当时正跟在玛莉莎和她五岁的儿子金波、十岁的女儿葛瑞琳后面。突然，在附近觅食的D群狒狒那儿传来混战的声音。这使得正在互相整饰毛发的黑猩猩们耳朵一竖，立刻起身，兴奋地微笑相拥，然后一同往D群狒狒那里跑。几分钟后，他们看见成年狒狒克劳迪斯正在撕刚猎到的羚鹿，旁边有三只雄狒狒在威胁他，他们大力地拍打地面，凶恶地露出犬齿，翻白眼，嘴巴张得好大，一直大声威吼咆哮。

玛莉莎和葛瑞琳慢慢挨近，看着克劳迪斯边走边将羚鹿拖在地上。一会儿，克劳迪斯又停下来撕下另一小块羚鹿肉来吃，玛莉莎他们也猛挥拳，向克劳迪斯大吼。当克劳迪斯也猛烈地威吓、冲撞他们时，玛莉莎才稍稍收敛。她轻轻低吟几声，然后抓住一根厚重的枯树枝，毛发竖立地往克劳迪斯丢过去，克劳迪斯十分机灵地躲开。玛莉莎趁势再次进击，这回她癫狂地摇晃枝叶，跳上跳下，渐渐一步步挨近。克劳迪斯突然放下猎物，攻击玛莉莎，殴打她。希拉里则认为，克劳迪斯是在咬玛莉莎。无论如何，玛莉莎尽全力反击，大声吠他，连挥数拳，重击这个强劲有力的对手。这时，其他雄狒狒逮着好机会，围上去抢走猎物，克劳迪斯被迫转回去夺回猎物。玛莉莎看了几分钟，开始再度激烈地示威。葛瑞琳也加入母亲的行列，联手对付克劳迪斯。克劳迪斯坚守阵地毫不让步，同时开始撕羚鹿的臀肉吃得津津有味。玛莉莎一面看着他，并不时摇晃树枝，在一旁低鸣。

五分钟后，玛莉莎再度示威，这次威力更猛。克劳迪斯用嘴巴叼着羚鹿肉，准备拖着离开，但是不巧却被树丛绊住，几经拼命拉扯无效，于是他撕下一大块羚鹿肉离去。但玛莉莎却立刻冲到猎物旁，抓了克劳迪斯准备带走的羚鹿前腿肉，并且抓住腿的另一端。真令人惊讶，尽管克劳迪斯面目狰狞，声嘶力竭地威吼，而且闪烁的犬齿已挨近玛莉莎，但是她仍旧死命地拉扯羚鹿；而葛瑞琳在克劳迪斯抓走猎物时就已经冲到树上去了，这时她不停地在母亲这一边的树间晃荡，使这场混战益加混乱。这时仍拼命拉扯羚鹿肉的玛莉莎也开始冲到树上，眼看克劳迪斯就要失去他的猎物，玛莉莎迅速地将羚鹿摔到肩膀上，一路往上爬。克劳迪斯不停地大吼大叫，跟在母亲后面的葛瑞琳，摘下旁边的树枝连连猛打克劳迪斯，然后将树枝扔向他。克劳迪斯试着闪过这记飞弹，再度冲向玛莉莎。但是玛莉莎丝毫不怕克劳迪斯，此刻距离爆发抢夺战已有十一分钟，她开始镇静地坐下来享受这夺来的美食，并且分给葛瑞琳和金波吃。金波从一开始便藏匿在树丛中的安全地带观战。克劳迪斯有一阵子坐得很近，并继续威胁这对母子，但是当另外两只雌黑猩猩也跑来分享肉食的时候，他只好放弃，悄悄从树上爬下来，与其他狒狒在树下等着捡拾掉下来的肉屑。

一只相形之下身材较小、牙齿较钝的雌黑猩猩是如何面对完全成熟、犬齿比她锐利且大一倍的雄狒狒，并且还能击败他？难道是她大摇大摆的示威促成这看似奇迹的事吗？难道就像雄猩猩经常展示的毛发竖直、狂野地摇晃树枝、挺直身躯之姿？或者是使用武器——可以不停挥动或扔掷的树枝？原因也许是以上的总和，再加上一件事实：假使其他雄黑狒狒在旁边的话，他们将不会协助这只猎得肉食的伙伴，反而会试图偷走他的猎物，以分散他对付黑猩猩的注意力。尽管雄狒狒会联手抵抗外来敌对的雄狒狒，但我们从未见过雄狒狒们联手打猎，也从未见他们在猎得猎物后彼此分享美味。

我们只有一次观察到一只狒狒从黑猩猩手中夺走野味。那是派逊猎到的一只受伤的老鹰——这只老鹰很大，翅膀展开至少有三英尺宽。当派逊坐下来享用，并分给波和普洛夫时，一只营区族狒狒赫克特（Hector）跑来争食。他挨近派逊一家，紧盯着看。那时，只有七岁大的小普洛夫正在说服母亲将老鹰的整只翅膀分给他吃，然后，便一面大声愉快地叫嚷，一面跑到几码外的地方去享用。赫克特逮着机会，尾随在普洛夫后面，抢了老鹰翅膀就跑，留下气急败坏的普洛夫。

狒狒逮到猎物的欢呼声，与他们遇到其他侵略性行为时的呼叫声很相似。偶尔会有黑猩猩听错，赶到狒狒群中，结果却看到这群狒狒在为一只发情期的雌狒狒争风吃醋。虽然成年的雄黑猩猩经常会鉴赏似地看着从他面前走过的发情期雌狒狒，但并不是每只黑猩猩都会对狒狒间的争风吃醋之战感兴趣。假如雌狒狒停下来，臀部朝向他——这是灵长类动物表示臣服的典型姿态，这时雄黑猩猩必定会走过来抚摸她的臀部，或至少闻一闻，如同她是只雌黑猩猩一般。但是，幼小的雄黑猩猩和年少的雄黑猩猩却对发情期的雌狒狒较感性趣，有时甚至可能试着与雌狒狒交媾。我便曾有一次亲眼看到了这种令人难以置信的事，没想到，不同种的非人类灵长动物，竟能相互沟通。

这出戏的男主角是七岁的雄黑猩猩菲林特，女主角是湖滨族（Beach）的青春期雌狒狒苹苹（Apple）。当菲林特一见到苹苹粉红色的臀部，就深受挑逗。为引起苹苹注意，他不断使出雄黑猩猩典型的求偶姿态和手势。苹苹似乎完全了解菲林特要什么，也许她也想要。苹苹走向菲林特，准备让菲林特逞其所愿。她用狒狒的做爱方式，直挺挺地站在菲林特面前，脸朝后，望过背部，将她的尾巴移到一边去。但是，雌黑猩猩做爱不是这样的，雌黑猩猩会蹲伏在地上。菲林特看着苹苹，满脸困惑。他再次摇动他手上的树枝，见苹苹毫无反应，他站了起来，用右手压她的臀部，让她蹲下来。令我惊讶的是，苹苹的双腿竟弯了下来，但是只弯一点点。菲林特盯着苹苹看，再度猛摇树枝。此刻看来，菲林特应该是准备半途将就了。一般雄黑猩猩都以蹲姿做爱，他的身躯多少保持挺直，一只手轻轻地搭在雌黑猩猩背上；相反的，雄狒狒则是用两腿紧紧扣住雌狒狒的脚踝，双手拦着他的腰，然后才办事。菲林特这时是用右脚扣住苹苹的右踝，左脚勾住她的左踝，然后燕好。整件事情显示出他们实在太聪明了，菲林特和苹苹显然都知道对方要什么，并且懂得调整自己的行为方式去适应对方，尽管这种调整对他们而言并非正常的行为模式。

有时候，年轻的雄狒狒也会看上发情期的雌黑猩猩，抓住她们的脚踝，试图共度春宵。但是我们从未看见任何像菲林特和苹苹那样表现精湛的例子。最有趣的是蜜芙（Miff）九岁的女儿摩耶莎（Moeza），有一回正当是她臀部扁平，毫无性欲的时候，突然与母亲走丢了，所以摩耶莎偶尔发出轻轻低泣的声音。那时营区族的雄狒狒赫克特挨近了她，并且跳到她身上求欢，接连三次，摩耶莎只是站着，神情落寞、沮丧，完全不理会赫克特交媾未果之事。

黑猩猩显然懂得狒狒社会体系中的许多姿势、手势和叫声，到底是不友善、威胁，或是臣服、求欢之意。同样的，狒狒也了解黑猩猩所传达的讯息。他们会因对方传出的警讯而提高警觉——事实上，他们对其他种猴类，甚至鸟类的警叫声，也非常留意。这种现象在自然界非常普遍——诸如某一动物发现正爬行过来的豹时，会立刻发出传报危险消息的叫声，以通知他的同类，而其他种动物听到后，也分辨得出其中意思。这对经常成为肉食动物之猎物的动物有很大的益处。当然，这也常令狩猎的动物感到挫折。

有一天，我跟着菲菲和她的家族成员穿过森林，我们听到营区族狒狒从山谷另一头持续传来警告声。先是一只狒狒发出很大的叫声，接着越来越多狒狒跟着叫，然后，年少的和年长的雌狒狒也一起唱和。背着菲洛西的菲菲停了下来，在她后头的菲妮也张大眼睛往声音出处直望。几分钟之后，菲菲决定一探究竟，于是她便从山径转身往陡坡下方的丛林里走去。我们经过了一条溪流，往陡坡的另一端望去。当我们挨近时，菲菲一再驻足观望。突然，丛林间发出嘎嘎巨响，菲菲立刻转身，喜惧参半地露齿冷笑，同时伸手抓住另一只也在丛林里瞄来瞄去的黑猩猩。那是戈布林，他伸手去碰触菲菲的手时，嘴角也挂着一抹冷笑。双方互表安心之后便往前走。此刻我察觉到他们正以另一种悄然并肩前进的方式，往未知的危险之地走去。

我们所看见的第一只狒狒栖息在矮树枝上，正瞪着前方森林的地面，那群狒狒仍不时接连传来危险的呼叫声。而黑猩猩们——此刻报到的大约有八只——则全爬到树上去，并从树叶缝隙间往前直望。怎么回事？我感到不安，于是也站到另一棵树上，以防范万一。

突然，菲妮轻叫一声，显然充满了惊异、困惑和害怕。菲菲就近往菲妮瞪视的方向望去，她一看之后，马上跟着轻叫一声，然后转而大声警告尖叫，叫得令人毛骨悚然。这是向其他黑猩猩示警，我发现我也身处在阴森恐怖的气氛当中。雄黑猩猩们莫不毛发竖直，开始在树丛间大肆跳跃、摆荡、摇晃树枝。

而我什么也没看到。突然，沙坦一边嘶吼，一边纵身跳跃。这时，我才看清楚：原来是一条硕大无比的巨蟒，躯干几乎有人的大腿那么粗。这条巨蟒身上的保护色太不惹眼了，要不是沙坦的嘶吼跃动让这条大蟒蛇动了一下，我根本不可能看见。

接下来二十分钟，所有的黑猩猩和狒狒都跑到树上去悬荡。他们已不再害怕，而是充满好奇和惊讶。他们一个接一个地跳下来，越来越挨近那条大蟒蛇。假如大蟒蛇动了一下，他们就吓得一边大叫，一边跑回树上。但是，等这条大蟒蛇没入矮灌木林之后，这群好奇围观的黑猩猩和狒狒也失了兴致。狒狒先离开，然后黑猩猩才三三两两散去。

我们尚无任何证据可证明，冈比的大蟒蛇曾经吞吃过任何幼小的黑猩猩或狒狒，但是理论上来讲，这是非常有可能的事情。大蟒蛇逮住体积庞大的动物，勒死他然后吞吃下肚的故事屡见不鲜。但黑猩猩和狒狒经常互相通风报警讯，正足以让彼此摆脱这类危险。

黑猩猩和狒狒之间最有意思的互动关系，首推小黑猩猩和小狒狒的玩耍。有时小黑猩猩和小狒狒会关系亲密，甚至成为好朋友，他们会抓住每一个机会玩在一起。我们在二十世纪六十年代首次观察到的这类异种友谊，是发生在雌黑猩猩季儿卡和雌狒狒葛普琳娜（Goblina）之间。每当季儿卡的母亲靠近葛普琳娜的狒狒族群时，这两个小家伙便互相找对方出来玩，她们彼此用手指头轻轻地给对方搔痒、互相轻咬，或鼻子碰鼻子，下巴碰下巴，还一面咯咯地笑个不停，有时她们也会互相为对方整饰毛发。不过，当葛普琳娜的第一个婴孩被黑猩猩猎杀时，季儿卡并不在场。但是我猜想，假如季儿卡在场的话，她一定也会饥渴地和其他黑猩猩一起分食葛普琳娜之子的肉。就像许多小自耕农围着分享一只野猪，仿佛一家人一样，季儿卡没有什么理由拒吃葛普琳娜的骨肉。

最近，少年黑猩猩菲鲁德和少年狒狒赫克特之间，也有类似的情谊，但是比较不那么温柔。他们俩越来越常冲向对方，狂野地一起扭在地上打滚，身材比较小的菲鲁德有时玩得正疯的时候，会歇斯底里地大笑。菲鲁德和赫克特玩到后来经常变成激烈的追击，甚至会打起来。我从未见过季儿卡和葛普琳娜这么暴力地对待对方。赫克特经常占上风，菲鲁德则尖叫着跑回母亲菲菲身边寻求安慰。但是等下一次他们再见面时，菲鲁德还是像从前一样想和赫克特玩。

黑猩猩和狒狒之间的玩耍，大部分都包含追逐和短暂的斗殴。特别是年少的黑猩猩，在这类玩耍当中总喜欢展露许多侵略行为，两脚猛踏地面、挥舞树枝、扔掷石块。这些张牙舞爪的示威行径，最后经常将狒狒吓得尖叫逃跑。有时，被击败的狒狒会回去挨近其中一只成年雄狒狒，补充安全感，然后再转身去威胁那些乳臭未干的黑猩猩玩伴。成年黑猩猩和成年狒狒偶尔会卷入小家伙们的玩耍斗殴中，并开始互相威胁对方：成年黑猩猩习惯挥舞双臂，大声嚎叫；而成年狒狒则是大声咆哮，眨动眼睛，露出狰狞的犬齿，并且向对手猛扑过去。无论如何，这些举动经常只是"出出声音和怒吼，没什么特别的意思"，等略为平静之后，双方又开始重新玩在一起。

也许在我所观察过的黑猩猩和狒狒关系最特别的例子，是波和营区族狒狒中的奎司奎里斯（Quisqualis）。波自幼便完全不把成年雄狒狒和他们锐利的犬齿看在眼里。就在这种特别的情况下，波十岁时的行径简直愚蠢到极点！事情发生在我们研究中心营区，那时我偶尔会放置装矿泉水的盆子在外头，供黑猩猩和狒狒饮用。那一天当奎司奎里斯抵达时，波和家人已经占据那只水盆一阵子了。奎司奎里斯猛向这群黑猩猩表示，他想喝水。许多黑猩猩只要遇到成年雄狒狒示威一次，便会立刻放弃那盆水，让给狒狒。但是，波和她母亲派逊却不，即使奎司奎里斯的示威行动已经非常激烈了，她们仍视若无睹。奎司奎里斯越来越多次露出狰狞的犬齿，嘴巴也越张越大，拼命嘶吼，且不停翻动白色的眼睑。他威猛地走近派逊母女，两脚僵直地肃立在她们面前，不住地发出咬牙切齿的声音，甚至直瞪着这几只黑猩猩的眼睛——狒狒在发动攻击以前，通常都会直瞪眼逼视对手。最后，奎斯奎里斯绕行几步，开始一一攻击。派逊和波还是不理会他——只有小普洛夫吓得不断跑来跑去，夹在派逊和奎司奎里斯中间，或者波和奎司奎里斯中间。

波突然躺了下来，仿佛是舔水舔腻了。奎司奎里斯必定对她这样的藐视之举感到受辱，于是立刻弯下身来，贴近波的脸露出他可怕的犬齿。然而，波对这样张牙舞爪之举却毫无畏惧，她居然好玩似地顺势打了奎司奎里斯的鼻子一下！奎斯奎里斯非常震惊地倒退几步，然后再次威吼。这时，波更加开玩笑似地殴打他。当奎司奎里斯继续示威时，波一会儿坐下来，一会儿站起来，然后开始更猛烈地殴打他。从波脸部的表情看来，她显然只当这是游戏。但是，奎司奎里斯根本无法忍受这种不屈服他的事情，于是他开始怒吼，冲撞波，并且重击她的头部。波这时才收回开玩笑的心情，怒发冲冠地抓了一片棕榈叶向他猛力挥舞。奎司奎里斯终于放弃争夺，带着他最后仅存的尊严，离开这几只控制水盆的黑猩猩。

有时，小黑猩猩也会轻佻地向年长的雄狒狒搔痒逗乐。我永远忘不了，菲鲁德五岁的时候，开始令营区族年长狒狒席斯（Heath）备感困扰。那天，席斯安静地闲坐在树荫下，忙自己的事，另七只黑猩猩则在一旁坐着互相梳理毛发。菲鲁德这时爬到席斯上方的树上，开始在他头上晃来晃去，顽皮地踢他的头。席斯倒是挺有耐性地忍受了好一阵子。当菲鲁德快要踢到他的眼睛或耳朵附近时，他只是侧头闪了一下。但是十分钟之后，他受够了，跳起来一把抓住菲鲁德，将他从枝头上拉下来，打了他一顿。菲鲁德马上大叫，事实上，席斯的牙齿已经摇摇欲坠，不太可能伤到小黑猩猩。

正躺在五英尺外的戈布林，那时已有十二岁，他立刻起身赶来搭救菲鲁德。他捆打席斯的头，菲鲁德趁隙跳到树上去。于是，戈布林便回头继续休息，席斯也再度坐回同一个树荫下。一切恢复了平静。但没多久，令我惊讶的是，菲鲁德又来了，他又开始故意在席斯上方的树枝间荡来荡去，敲席斯的头，而且敲得更加恶劣。席斯显得比先前更有耐心。但是戈布林却不，过了一会儿，他站起来，步向菲鲁德，毛发轻微竖立，满脸的怒意，将菲鲁德拉下来，重重殴打一顿。菲鲁德这下子完全听话了，叫也不敢叫一声，静悄悄地爬到妈妈的身边坐下来。这只老狒狒则在午后余晖中再度坐下来，忙自己的事，偶尔还皱着眉头，而一脸不高兴的戈布林，这时也回到原地继续他被打断的午休。

第十三章　戈布林

回顾过去，我可以看出，戈布林自幼即在各方面显示出领袖特质，毋怪乎他日后会成为头目。他经常孤行己意，不喜欢受支配，他非常聪明勇敢，无法忍受下属间的争斗。他冒了许多险获致成功，经常战胜看似极不利于他的命运。

　　我在一九六四年第一次见到戈布林时，他才刚出生几个小时。那时我在笔记本上写道："……玛莉莎俯视这张小小的脸蛋良久。我们从来想象不到，黑猩猩新生儿的小脸蛋居然能扭曲得这般有趣。他丑得很滑稽，耳朵大大的，樱桃小嘴缩拢在一起，皮肤皱巴巴的，且带点暗蓝色，而非粉红色。他的双眸在太阳余晖下仍闭得死紧，整个长相看来好像小鬼或妖怪。"

　　十七年之后，戈布林一路平步青云，扶摇直上，成了卡萨克拉族黑猩猩的头目。戈布林在卡萨克拉族风雨飘摇那六个年头，向体型比他壮硕的年长雄黑猩猩挑战，所赢得的胜利无一是侥幸得来的。他冒了许多险获致成功，经常战胜看似极不利于他的命运。他的生命史已成为冈比有历史记录以来的重要部分。

　　回顾过去，我可以看出，戈布林自幼即在各方面显示出领袖特质，毋怪乎他日后会成为头目。他经常孤行己意，不喜欢受支配，他非常聪明勇敢，无法忍受下属间的争斗。由前一章末了提到的事情即可见端倪，戈布林先是前去搭救菲鲁德，接着却是教训菲鲁德守规矩。这是戈布林意图进行社会控制的典型例子。

除了这些个性特质之外，戈布林少年得志的主要原因在于他成为头目前后与菲甘的特殊关系。这段关系自戈布林幼年即开始。毫无疑问，正是菲甘的在场和支持，使戈布林敢从年轻时代即开始向其他雄黑猩猩挑战。

就像所有动机强烈的青少年期雄黑猩猩一样，戈布林年纪还小就开始猛找族群中的雌黑猩猩挑衅。在戈布林进行这项努力的过程中，菲甘鲜少插手，因为在有成年雄黑猩猩在场的情况下，小黑猩猩很少会嚣张地示威挑衅。当戈布林逗得块头比他大的雌黑猩猩愤怒地反击他的时候，母亲玛莉莎有时会替他解围。但是她并非随时都守在戈布林身边，因此戈布林经常必须单独面对这类窘境。当他的示威挑衅行动越来越猛烈时，他的自信心也越来越强，他向更多年长的雌黑猩猩挑衅，虽然有许多次他反而被雌黑猩猩追着跑，而且经常是被两只雌黑猩猩联合起来追打。这些事件最后时常以斗殴收场，而初期戈布林老是被打得落花流水。不过，即使戈布林最后尖叫地逃命，等下次再遇见那只雌黑猩猩，他仍旧会重新找她麻烦。他从不放弃。

戈布林在这时也开始越来越常向我挑衅。就像菲林特一样，戈布林从小就显露出喜欢"烦扰人类"的倾向。当戈布林约四岁大的时候，我们就知道他将来会变成一个惹人厌的家伙。他常挨近我或其中一位学生，揪住我们的手腕。假如我们试图摔掉他的话，他会把我们抓得更紧。所以只要他在场，我们的记录工作就很难进行。最后，我们决定以抹油来自我保护，就是在身上抹任何油脂类的东西，诸如汽车机油、奶油等。此后每当戈布林挨近我们时，他便会立刻嗅一嗅我们的手腕和手心。由于他讨厌把自己弄得油腻腻的，所以他很快就学会放我们一马。但是在整个青春期，戈布林仍旧一直用尽各样的方法烦扰我们，尤其是烦扰我！

黑猩猩能很清楚地分辨男人和女人。大致上而言，他们比较尊敬男人，尤其是声音深沉浑厚、身材魁梧的男人，但是他们对女人就比较随便。我想，戈布林一定强烈认为，他一生中有必要宰制我和其他女人。我与他并非同种的事实似乎一点也不困扰他。因此有好几年，我一直无法预料什么时候戈布林又会在我背后忽然从矮灌木林中冒出来，跳到我身上，捆打我，或猛踏我的背。有好几次我被他捶得满身瘀青。幸好这样激怒我、有时令我疼痛不已的侵略行为过一阵子便销声匿迹了。我猜想，那是因为我从不曾报复还击，使他以为他已经征服我了，我再也不值得他挑衅。事实上，那时他已经十二岁，越来越少那么激烈地向雌黑猩猩挑衅。因为他已经打败大部分的雌黑猩猩了，再找他们挑衅等于是白费心力。他仅仅继续挑战三只雌黑猩猩——派逊、菲菲和吉吉。她们偶尔会反击他，但是戈布林在吃了败仗时，仍旧昂首阔步地离开，因为很快总还有机会再找她们麻烦。当戈布林十三岁的时候，他已征服了这三只雌黑猩猩中最雄健的吉吉。

此时戈布林开始找社会地位比较低的年长雄黑猩猩挑战，例如汉弗莱。可怜的汉弗莱，这位下了台的头目居然受到只有十来岁的毛头小子的挑战！当戈布林刚开始针对他张牙舞爪，示威或挑衅地挥舞拳头时，汉弗莱并不理会。但是戈布林继续示威下去。这时汉弗莱必定晓得，这个非比寻常的十三岁小子正在夸示他的骁勇：这也象征某种目的的开端。后来汉弗莱的怒气转变成紧张，他开始回应戈布林喧嚣吵闹的挑战。

汉弗莱和戈布林之间的权力斗争，使菲甘颇为尴尬。他对这两者的忠诚度受到考验，此时汉弗莱被菲甘划归为"最好的朋友"，而年轻的戈布林则长久以来一直让他享有非常和谐几近伙伴的关系。所以当戈布林和汉弗莱斗殴，而菲甘也在场时，菲甘典型的处理方式是在他们中间示威，这一招经常让他们停止争斗。

戈布林和汉弗莱真正的打斗发生于一九七七年底。一旦汉弗莱向戈布林示威，戈布林就拔起一棵根还埋在土里的树苗去击打汉弗莱。汉弗莱向他冲去，越过他，戈布林并未理会，径自吃自己的东西。可是汉弗莱却不罢手，他坐着瞪视戈布林约三十分钟之久，仿佛在沉思，然后再度向戈布林示威挑战。这时他们俩都站直身，怒发冲冠地互相冲撞。汉弗莱开始尖声吼叫，而戈布林则保持静默。最后汉弗莱变得非常害怕，仍继续尖叫，等于拱手让戈布林占了上风。

第二次的冲突结果更明显是戈布林胜了。当时汉弗莱刚与一只雌黑猩猩燕好完，正温柔地为她整饰毛发。这时，戈布林来了，毛发竖直，想占有那一只雌黑猩猩。汉弗莱立刻凶猛地攻击这个年轻的劲敌。但是戈布林毫不受威胁，继续坚守阵地。于是他们俩跳到树上去一决胜负，体重约一百磅的汉弗莱被体重只有七十磅左右的戈布林殴得头昏眼花，只好尖叫着逃跑。戈布林张望了一会儿，转向那只雌黑猩猩，安静地与她燕好。

因此，戈布林十三岁就进入成年雄黑猩猩的阶级社会中——比我们所观察到的其他雄黑猩猩至少早两年。汉弗莱被他比了下去，这时只有五只雄黑猩猩的地位比戈布林高。从许多方面来看，戈布林显然已经脱离青春期。他越来越常花时间给其他雄黑猩猩梳理毛发，有时他们也反过来帮他梳理毛发。戈布林并且经常与其他雄黑猩猩一同在抵达新的食物区，或遇见别的族群时，展开示威行动。他也经常在雄黑猩猩众目睽睽之下，与发情期的雌黑猩猩交配，而不是将她们诱拐到隐秘的地方暗度陈仓。当他猎杀其他动物时，他通常都能保留合理的部分，而不至于让猎肉被其他年长的黑猩猩夺走。同时他已开始认真地加入巡逻的队伍。

在整个过程中戈布林一直与菲甘保持非常亲近的关系。每当菲甘示威的时候，戈布林只要在场，都会插一脚，热切地跟随自己心目中的这位英雄，模仿他的示威行动。当菲甘于清晨或黄昏，在树间大肆摇撼示威，惊动窝巢中的下属尖声惊叫时，戈布林有时也会在枝头间摆荡，并且摇晃树枝。

第二年，戈布林的表现更加精彩。他逐渐展开对高阶雄黑猩猩的挑战——先是较低阶、好相处的乔米欧，再后来是乔米欧的小弟弟薛里，接着找上沙坦，最后挑战艾弗雷德。只有菲甘能幸免。事实上，他与菲甘的关系正是促使他能成功挑战其他高阶雄黑猩猩的关键：除非菲甘在附近，否则戈布林鲜少发动挑战行为，而菲甘只要在场，也一定会帮这位年轻的追随者。例如有一回，戈布林和艾弗雷德在树丛里打斗，艾弗雷德反攻，结果双双悬吊在树上，互相拳打脚踢，最后一起掉到地面上。戈布林显然输了这场特别的打斗，他放声尖叫，这时菲甘立刻插手，艾弗雷德马上溜之大吉。

还有一回，菲甘不在场。当大伙漫游在林间时，戈布林试图超越沙坦，走到他前头。体型大得多的沙坦简直无法忍受，于是攻击戈布林。戈布林尖叫着逃跑。但是一小时之后，菲甘加入他们的游走行列时，戈布林立刻再次威胁沙坦，不住地向他咆哮，张牙舞爪示威。这时的沙坦毫无疑问预料得到，一旦反击会引起头目菲甘的不悦和报复，因此他只好匆匆跑到树上坐下来，轻声哝哝自语，任戈布林在树下耀武扬威。

戈布林过了十四岁生日之后，立刻单挑所有高阶的雄黑猩猩——当然只有菲甘例外。首先戈布林单挑乔米欧兄弟俩。当时乔米欧兄弟正在互相梳理毛发，戈布林三次绕着他们示威，并且每次都更加挨近他们。到第四次，他就真的攻击乔米欧。体重都比戈布林重的这两兄弟火大了，起身追打尽管。戈布林逃走了，但是他从未放弃。四个月之后，大概是戈布林快过十五岁生日时，他们爆发了激烈的冲突。乔米欧和薛里又在梳理毛发，戈布林冲着他们示威，刚开始他们并未理会戈布林，或者假装不予理睬。但是当戈布林真的非常靠近他们时，这两兄弟厉声威吼，并且挥动拳头。情势越来越紧张，当成年雌黑猩猩蜜芙不巧抵达时，还遭受池鱼之殃，被这两兄弟重重殴揍了一顿。乔米欧和薛里借此发泄一点受挫的攻击性。

这正好让戈布林逮着机会。当乔米欧趋前殴打蜜芙时，戈布林立刻猛力攻击薛里。乔米欧见状，马上回头帮忙，但这时他只能在一边吼叫威吓。戈布林和薛里已经打到在地上打滚，一会儿戈布林占上风，一会儿薛里占上风。他们静然无声地猛击，直到戈布林重击薛里的颈部，薛里大声惨叫，抽身而逃。乔米欧跟着尖叫地逃跑。戈布林仍不善罢甘，休紧追在后。追了二十多码路，才停下来坐着，一边喘气，一边仍炯炯有神地瞪着他们逃跑。这真是令人惊讶的大胜利——是关键性的胜利。因为从那时起，戈布林已足以驾驭这两兄弟，即使他们联手也拿戈布林没有办法。

接下来那个月，我们第一次看到戈布林与他心目中长久以来的英雄菲甘之间的关系有了明显的改变。我们早就预料戈布林迟早会向菲甘挑战。事实上，我仍旧怀疑，为什么社会历练老到的菲甘会看不出戈布林的日后行径呢？一个安详的午后，我们第一次观察到戈布林的叛逆。那天当菲甘出现时，戈布林不再像以往一样赶忙趋前与他打招呼，而是连看都不看他一眼。此后，戈布林越来越常不睬菲甘。菲甘显然也感觉出这种暗示性的挑战，所以他越来越紧张不安。有一天戈布林突然冒出来，菲甘害怕地低声叫嚷，跑去拥抱艾弗雷德，寻求慰藉。此后，我们经常看到菲甘害怕地露齿干笑，并且到处向其他高阶的雄黑猩猩求助。接下来，事情便无可避免地逐渐迈向已知的结局。

一九七九年旱季期间，菲甘的右手手指有点受伤，走起路来有点跛。就像菲甘以前善于逮着高阶黑猩猩这类弱点的机会一样，现在戈布林也如法炮制。他开始热切地向菲甘挑战，一再向菲甘示威，有时菲甘经过他身旁，他会动手殴打他。假如有其他高阶雄黑猩猩在场，菲甘总会跑去求助。这方面菲甘是成功的，他促使五只年长的雄黑猩猩团结起来：他们常聚在一起，在面对这个年轻小伙子的挑战时，互相支持，维护旧有秩序。因此菲甘有四个盟友，而戈布林在与长期的支持者菲甘决裂之后，只能单打独斗。他单单凭着自己，一再精力充沛地激烈示威，来吓阻劲敌。

很显然，戈布林已从他和菲甘的亲密关系中获益——戈布林学到不少有助于他主宰社群的有用秘诀。例如，他从菲甘那里学到了先声夺人的心理优势。一大清早，当其他雄黑猩猩还在蒙头大睡的时候，他便起床在树林间猛烈摆荡示威，用以惊醒其他雄黑猩猩；

另外，当在丛林里听到一群黑猩猩挨近的声时，他会躲起来，然后突然冲出来吓他们。用这几招所产生的效果显然让雄心万丈的少年戈布林感到非常满意。但是我们也清楚地看出，尽管戈布林这么骁勇，他仍然经历过压力沉沉的岁月。每当他遇到两只年长雄黑猩猩联手对抗他时，他常会无缘无故突然转去攻击雌黑猩猩或年幼的黑猩猩，以发泄他的紧张压力。这时，我往往也成了替罪羔羊。我记得有一次，德里克和我看着他试图恐吓正在互相梳理毛发的沙坦和艾弗雷德。戈布林在他们周围不停示威总共七次，拖曳树枝，丢掷石块。他一次比一次更挨近沙坦和艾弗雷德，但是他们连看都不看他一眼。戈布林越来越受挫，当他第八次绕着他们示威之后，突然转身面向肩并肩坐在一起的我和德里克。他避开德里克，冲着我而来，给了我饱满的两拳，并且双脚重踏地面，再继续威吓一阵，才坐下来怒目环视四周。

那年九月底，我们看见菲甘和戈布林发生了第一次严重的冲突。戈布林赢了这关键性的一仗，他把菲甘从大约三十英尺高的树上踢了下来，菲甘掉到地面之后，尖叫着逃走。一周后，戈布林又在菲甘跟前示威五次，菲甘躲到树上去。我永远忘不了有一天，我坐着观看菲甘，一度叱咤风云、冈比最具威权的头目之一，这时却因为被激怒而变得越来越不快乐。他不停地走来走去，不停搔痒。一度小心翼翼地从树上爬下来，却看到戈布林在底下毛发竖直，狰狞地瞪着他，吓得菲甘尖叫着又乖乖爬到树上。我清楚记得，这一幕恰似菲甘以前追逼艾弗雷德，令艾弗雷德备受羞辱的光景。此时，我洞悉到戈布林颇堪玩味的心境。戈布林最后从菲甘栖息的那棵树下离开，到附近的灌木林与坐着休息的母亲玛莉莎会合。他在地上伸懒腰，让玛莉莎为他梳理毛发。这时几乎令人无法察觉的是，戈布林拉着玛莉莎的手，开始轻柔地拨弄着她的手指。他慵懒放松地躺在地上，和玛莉莎逗弄搔痒。菲甘见状极端小心地从树上爬下来溜之大吉，戈布林虽然看见他开溜，却仍然继续玩。

显然菲甘再也不被当成头目了，戈布林也未称王。尽管他可以单挑任何一只年长的雄黑猩猩，但是当雄黑猩猩联手起来对抗时，他却一筹莫展。对才十五岁的戈布林而言，目前这个地位已经是非常了不起了——但是若要当领袖，这显然还不够。显然，戈布林必须继续奋斗下去，直到夺得最高位阶为止。他为此目标努力不懈，经常逮住机会在年长雄黑猩猩面前大展威吓雄风。

那年十一月中旬，发生了"大对决"，把失势将近一年的菲甘再度推上王位。当时已进入食肉旺季，族群内部关系益加紧张，经常发生激烈冲突。有一回并未得到猎肉的戈布林一如往常，冲着菲甘示威。菲甘在盟友环伺之中坚立阵地。一分钟之后，戈布林和菲甘静悄悄地爆发肢体冲突，只听到他们彼此咬牙切齿的声音。突然四面楚歌，所有环伺在侧的年长雄黑猩猩——艾弗雷德、沙坦、乔米欧和汉弗莱，全都加入菲甘的阵营，联手对付戈布林。戈布林寡不敌众，于是尖叫逃跑。但是当他准备逃跑时，菲甘紧追不放，其余雄黑猩猩也来回踱步，大声咆哮尖叫。最后戈布林在这场打斗中身受重伤，大腿有一道很深的伤口，直到停战后一小时仍然流血不止。

此后，复辟成功的菲甘又再度恢复自信心，每当戈布林遇见菲甘时，换成戈布林感到不安害怕。在这场"大对决"之后一个月，菲甘很满意见到戈布林被他的示威行动吓得尖叫逃跑。更妙的是，当戈布林逃到树上紧张不悦地躲藏时，菲甘就神凝气定地在树下守候二十多分钟。情势被逆转过来了。其他年长雄黑猩猩在大对决之后，也恢复自信心，他们比以往更热衷于互相支援，以对抗戈布林。在遭遇这么严重的挫败之后，较小的雄黑猩猩会放弃争夺领袖地位。但是，对挫败感到十分沮丧的戈布林却越挫越勇。

　　伤势痊愈之后，戈布林有一阵子尽量避免和菲甘直接面对面，然后才又开始找其他年长雄黑猩猩挑战。这段时间卡萨克拉族黑猩猩暂时恢复平静，但是不久之后戈布林又展开一再示威的行动。在大对决之后十个月间，戈布林逐渐重新巩固昔日的地位，直到他一如先前能够宰制每一只独行的年长雄黑猩猩。最后，他的目标再次对准复辟成功的菲甘。可怜的菲甘，才刚恢复的自信，一下子又烟消云散，让他变得犹豫不知所措。他最好的盟友汉弗莱不见了，可能是被卡兰德族黑猩猩杀害了。尽管菲甘那时仍能得到乔米欧和艾弗雷德的支持，尽管他们也花相当多的时间和他在一起，但是他仍找不到一个真正值得信赖的朋友。当戈布林出现时，菲甘更加渴求其余年长雄黑猩猩的帮助。

　　戈布林在短短几个月之内就再次制服了他自幼崇拜的英雄。之后不久，菲甘也不见了。也许他也成了族群互相残杀事件下的亡魂；或者他只是因为某种疾病而亡故。我们再也没看到菲甘。菲甘的消逝令我鼻酸，我认识他好多年了，我一直钦佩他的聪明和坚忍不拔的精神。

　　菲甘消失之后，戈布林益发猛烈示威干扰其他黑猩猩。那些年长的雄黑猩猩的回应是：彼此坐得很靠近，非常专心地互相梳理毛发。戈布林越是猛烈示威，他们就越是专心梳理毛发。而他们越是紧密地梳理毛发，彼此就越放心，越能不理会（或假装不理会）戈布林激烈的挑衅行动。这使戈布林变得非常受挫。因为假如对手不肯离去，或回应他的怒目瞪视，戈布林便更难威胁对手。更何况他的对手们正在展示彼此间的友谊，使戈布林更难以容忍。因此，无论如何，戈布林必须打断对手们的梳理毛发之举。

但是这些年长雄黑猩猩假装冷漠，两眼紧贴一小片毛发，专心梳理达十五分钟以上。戈布林一再绕着他们示威。不一会儿又气喘如牛，坐下来瞪视。最后他终于越过警戒的门槛，大胆地攻击其中一只梳理毛发的雄黑猩猩。

这类事件令人看得惊叹。例如有一天，戈布林突然出现在我整个早上都跟随的这群黑猩猩当中，沙坦和乔米欧也在里面。当他一出现，沙坦和乔米欧像往常一样立刻奔向彼此，互相为对方整饰毛发。戈布林毛发竖直，瞪视他们，但是他们毫不理会。几分钟之后，戈布林开始示威。这两只雄黑猩猩继续只顾着梳理毛发，简直专心到狂热的地步。雌黑猩猩和幼小黑猩猩则兴高采烈地边叫嚷，边爬到树上去。但仅仅威吓对手对戈布林来说太无趣。他停了一下，再度示威，且更逼近这两只雄黑猩猩。而他们仍继续梳理毛发，甚至更痴狂地梳理着。情况就这样继续下去。

戈布林猛烈示威七次，直到他陷入火爆怒吼的地步。第八次示威时，他便攻击沙坦。他跳到树上去，再从树上冲下来踩踏他们的头部，迫使他们做出回应。沙坦和乔米欧大吼大叫围攻戈布林，狂暴地挥舞拳头。尽管他们分别重达一百零八磅和一百零三磅，而戈布林只有八十磅，但是戈布林仍坚守阵地，单挑这两个劲敌。不到几分钟，他们揪成一团，互相殴揍，接着令我惊讶的是，沙坦和乔米欧居然逃跑，戈布林紧追在后，猛扔石头。那时戈布林仿佛在强调他的声明似的，再次攻击沙坦。之后戈布林掉头就走，仿佛整个紧张压力对他而言太大了似的。

后来又发生了一次类似的对峙情况，但这一次是针对沙坦和艾弗雷德。最后三方不分胜负，戈布林径自离开。这次希拉里尾随着他。一小时之后，他遇见菲菲，马上猛烈攻击菲菲，接着又乘胜追击菲鲁德和菲罗多。最后戈布林依然一路张牙舞爪和威吼地离去，继续他孤单的旅程。在他离开菲菲四十五分钟之后，他又平白无故地激烈袭击另一只雌黑猩猩。事实上，我们可以想象得到戈布林踏过森林时，仍满含着受挫的怒气，他把对沙坦和艾弗雷德的愤怒发泄在每一只他所遇见的黑猩猩身上。

许多次当高阶雄黑猩猩之间气氛紧张时，戈布林总会突然挑衅攻击旁观的无辜者。这些替罪羔羊经常是青少年黑猩猩或雌黑猩猩，当然也包括我。每当我预料戈布林会发动攻击时，我总是立刻站起来，跑去紧紧地抱着一棵树。这样戈布林若真的出手攻击，我不太容易被推倒在地。我无法想象万一我倒在地上，任一只黑猩猩猛踏的惨状。戈布林通常只是在经过我身旁时，揍我几下而已。其中只有三次的攻击非常猛烈严重。有一次他将我拉离开树干，一把推倒我，然后猛踢我。另一次他拖着我跟他一起冲下坡，我真怕失足跌滚到他身上。天晓得结局有多惨！第三次他按照惯常的招数，抓住我紧贴的小树，跳到树上用脚猛踏我的背。但是接着他在树间晃荡，跳上来面对着我，猛踢我的胸部。这时他张大嘴巴，露出四根闪闪发光的锐利犬齿，与我的脸相距只三英寸①。偶尔戈布林也会殴揍在田野间进行研究的其他同仁。我想，所有人和黑猩猩都殷切

---

① 译者注：1英寸=2.54厘米。

期盼他能很快心满意足，如愿跃上主宰的地位。

大约自那时起，戈布林逐渐专找乔米欧恐吓。尽管乔米欧显然已经非常顺服他，但是戈布林仍不放过每个可以威吓、攻击乔米欧的机会——不论是在大伙团聚的时候，或是其他兴奋的社交场合。事实上，戈布林逼迫得太凶猛了，迫使乔米欧若不是跟其他年长的雄黑猩猩在一块，便会在大老远听到戈布林的叫声时，就悄悄地离开团体躲起来。戈布林在逼使这只冈比重量级雄黑猩猩自惭形秽、落魄狼狈之后，又转而怀柔于他。戈布林突然不时为乔米欧梳理毛发，比他为其他黑猩猩梳理毛发的次数更频繁，并且分食物给他吃，在他沮丧的时候给他慰藉。他们俩经常共游、共食。换句话说，他们变成朋友——戈布林自从五年前与菲甘决裂之后，第一次拥有盟友。乔米欧也许不是非常健硕的盟友，但是至少每当与他在一起时，戈布林都能非常放松地享受雄性黑猩猩之间的情谊。

大约在菲甘死后一年，其他雄黑猩猩似乎放弃抗争。他们厌倦了戈布林的一再示威，所以都让他。因此戈布林便以十七岁的年纪，毫无争议地当上头目，几乎掌控社群中的所有状况。尽管他仍经常示威，但是威力已不那么猛，也较少演变成攻击事件。最后，整个族群渐渐恢复平静。

回溯戈布林这段令人惊叹的故事，显而易见，无论是先天或是后天因素，戈布林都和先前的黑猩猩领袖迈克、戈利亚特及菲甘一样，充满勇气和毅力，不管受到什么挫折，他们都坚决奋斗到底，并且坚守王位。我们能否论定，母亲玛莉莎早期的教养促使戈布林发展出这些特质？她的确是一个非常细心照顾孩子、支持孩子的母亲，毫不娇宠子女。戈布林刚学走路和攀爬的时候，玛莉莎经常让他自己学习从困难中走出来，即使他已经哀鸣求救了，玛莉莎仍不会帮他，除非他真的陷入危险，她才会立刻伸出援手。通常玛莉莎不会去援救他，但也不会过度娇宠他。她不是一个严母，也不会老是要求子女立刻遵从她的意思——戈布林因此早早就学会：假如他不断尝试的话，他有可能如愿。但是他并没有被宠坏，遇到真的非常烦扰他的事情，例如断奶，她还是会坚决要求儿子听话。总而言之，玛莉莎显然是一个非常好的母亲，她教养子女的方式值得尊敬；就戈布林得自遗传的行为而言，玛莉莎毫无疑问是个好母亲，毕竟戈布林有一半的基因遗传自她。

第十四章　乔米欧

　　乔米欧坐在那里，眼睁睁看着其他雄黑猩猩将他猎来的猴子抢走。他们全都兴奋极了，大声尖叫，乔米欧却显得出奇的安静。他并没有加入雌黑猩猩与小黑猩猩乞食零碎的行列，他只想一走了之。舔了舔下方沾着猴子血液的树叶后，乔米欧头也不回地离去。我看了好想哭。

　　乔米欧的个性与戈布林非常不一样。戈布林自幼即热衷追求和巩固很高的社会地位；而乔米欧自青春期开始就几乎完全缺乏社交雄心。他是我们所知道的冈比黑猩猩中，体重最重的，约有一百一十磅，因此对邻邦的黑猩猩构成极大的威胁。但是他一直尽量避免与自己族里的雄黑猩猩发生冲突。乔米欧独特的个性和生命史非常神秘。

　　我们对他的幼年毫无所悉，因为当我在六十年代初第一次见到他时，他已届青春期。我鲜少看到他和母亲芙卡（Vodka）等家人在一起，芙卡非常害羞，且身边还有两个幼子薛里和奎恩佐（Quantro），她大部分的时间都待在卡萨克拉族的南部。乔米欧则成为经常造访研究中心的游客。他是很正常的青少年，但是有个怪癖，当他与一两只成年雄黑猩猩到我们营房时，他就像其他年轻的黑猩猩一样经常抢不到香蕉吃。因此他也像其他小黑猩猩一样，经常独自来到营房外，这样便能独享我们给他的香蕉。怪的是每当他一看到香蕉就大声尖叫，这种兴奋之情是可以理解的，但是他未免叫得太大声了，且持续好几分钟。其他碰巧在附近的任何黑猩猩听见了，自然会跑过来看个究竟，然后抢走他的香蕉。至少有六个月他一直都是这样。最后他才学会不大呼小叫。

他九岁开始向族内的雌黑猩猩挑衅，表现出典型的青春期行为特征：毛发竖立，在树丛间摆荡示威。初时这类行径非常猛烈、精彩、旁若无人。有一次他甚至敢与派逊争食一根香蕉。当这只最高阶、最具攻击性的雌黑猩猩非常自信地包揽了所有的水果时，乔米欧怒发冲冠，身体鼓胀得比原来体积大一倍，他站起来到她面前晃荡，挥舞双臂，双唇紧闭，满脸怒容。派逊可能被他的蛮勇吓到（因为对她而言，乔米欧不过是个小娃儿），她交出所有香蕉，等乔米欧结束示威离去，派逊才将散了一地的香蕉拾回来。但是乔米欧暂时走开只是为了预备更好的战力，他抓了一根巨大的枯树枝回来，并且开始更猛烈地摆荡、挥舞这手中的武器。派逊紧抱着捡回来的香蕉，对乔米欧拥有其余香蕉的权利不敢表示什么。

看来那时乔米欧已经稳稳地爬上社会高层的阶梯，日后势必成为地位很高的黑猩猩，然而事情并没有那么顺利。一九六六年某日，也就是在他成功制服派逊之后几个月，乔米欧身受重伤，跛行到研究中心。最严重的是，他右脚底盘有一道很大的伤口，好几个礼拜才痊愈，此后他的脚趾头便永远往下蜷曲。我们从不知道是谁或什么东西弄伤了乔米欧，但是无论如何这件事似乎影响乔米欧往后的一生。他向雌黑猩猩，甚至较低阶雌黑猩猩呵叱示威之举突告中辍。一年后，我看到了表征乔米欧社会地位的事情。有一回派逊的小婴孩波进食时，太靠近乔米欧。于是乔米欧殴打她，警告她保持距离，但是波无动于衷，只回头看她母亲，再回眸望一望乔米欧，并且小声表示违抗。派逊立即冲撞过来，乔米欧显然与一年前的表现大不相同，他马上惊恐尖叫，逃到一棵棕榈树上去躲。当派逊开始攀爬他栖息的那棵棕榈树时，他叫得更大声，立刻跳到另一棵树上，结果却跌到地上，慌张狼狈地逃跑。

那时，乔米欧已成为冈比体重最重的黑猩猩，但是他胆小懦弱的行为模式却成了众研究人员的笑柄。即使他到了十四岁，体重已一百多磅，派逊有时仍吓得他尖叫飞快地窜逃。要不是他弟弟薛里，乔米欧可能一辈子都将这样胆小下去。自从他们的母亲于一九六七年消失之后，这两兄弟便形影不离。他们的母亲究竟是死了，或是决定一直留在社区边缘的狩猎地带，不得而知：反正她和她的小女婴再也不复出没于研究中心附近。此后乔米欧便兄代母职，不曾离开过薛里。当薛里挑衅雌黑猩猩，反而招惹反击时，就像其他所有年轻的雄黑猩猩一样，乔米欧会像母亲芙卡在的时候一样，趋前保护他。当薛里逐渐向更高阶的雌黑猩猩挑战时，乔米欧的帮助愈加显得重要。乔米欧在这种不得不背水一战的情况下，变得不好惹。就算他保护弟弟的技巧并非总是绝佳的，但至少他比薛里所面对的雌黑猩猩重二十磅，随便拳打脚踢也会使雌黑猩猩受伤。尤其当他将对手高高举起，再重重摔下时，真是让人看得触目惊心，而他也常耍这一招。最后雌黑猩猩不得不开始尊敬，甚至害怕乔米欧，派逊欺负乔米欧的日子再也不复见。

雄黑猩猩示威的频率当然是决定他日后在雄黑猩猩群中地位高低的关键。乔米欧伤愈之后六年间，几乎再也不曾示威。但是此刻，由于有了新的自信，他又开始经常示威。可怜的乔米欧，有时我在想，他一大清早蓄意引起旁观者害怕的那些示威行动，是否反而让黑猩猩和研究人员看笑话？因为他的示威技术太差了。例如，有一次他试图快速滚动一块巨石往下坡冲。但是无论他怎么用力推，那块笨重的巨石依然牢牢地定在地里。换做是其他任何一只雄黑猩猩，早就不费力气地拔起那块石头往前滚了。乔米欧却不。他先完全放弃，再度转回头继续猛推、猛拉那块顽固不听使唤的巨石。最后他撬动了牢牢陷在地里的巨石，可是仍然没多大用处。那块石头太大了，懒洋洋地滚了几下之后，就戛然而止。乔米欧的示威行动完全毁在这块石头上，他只好漫不经心地撇开石头，径自往前走。

还有一次乔米欧正要向一群雌黑猩猩和小黑猩猩挑衅时，一不小心跌倒在树根旁，四脚朝天。雌黑猩猩并未如乔米欧之愿尖叫着逃跑，反而静悄悄地爬到附近的树上，等乔米欧爬起来时，那群雌黑猩猩全都已经在安全的枝头瞪着他。

最好笑的一次（从人的观点来看）是"顽强的小树"事件。那棵枝叶茂密的小树假如由虚张声势的雄黑猩猩来示威，必定很有看头。但是当乔米欧一面跑过去，一面抓住这棵小树时，他并没有啪一声就扯断树枝，或者连根拔起。因此手里握着圆石的乔米欧，只好暂时中断示威行动，与这根难缠的小树奋战。大约三十秒之后，他终于将这棵小树连根拔起。那时我已经清楚发现这棵树太大了，无法当作有效的示威道具。但是好不容易赢得这棵树的乔米欧却坚决要拿它做示威道具。他紧紧抓住这棵小树不放，把它拖在身后——至少他是试着这么做。但是由于这棵小树的小枝丫太多，一再绊到路边的其他树木。绊到三次之后，乔米欧终于决定放弃，只好回头，双手用力将这棵令他懊恼的小树抛出去。

　　然而日复一日，乔米欧的示威举动渐渐有了进步，他发展出非常有力、风格独具、令人印象深刻的示威技巧。

　　乔米欧在打猎方面的表现也出现同样的情形：刚开始，尽管他十分热衷打猎，但总是搞砸。例如有一次他试图猎一只成年青长尾猴，当双方狂奔时，那只猴子奋不顾身一个大跳跃，跳到隔壁的树上。乔米欧紧随在后，也一个纵身往前跳。但是他从来没跳准过。观察记录这件事的大卫·毕戈特（David Bygott）后来告诉我们："乔米欧跳到半空中，就没冲力了。"可怜的乔米欧掉到三十英尺以下的地面。对体重那么重的乔米欧而言，这不啻是惨跌。有好一会儿，他在地上一动也不动，毫无疑问，他一定感到一阵昏眩或疼痛。当他爬起来时，只能眼睁睁看着差点到手的猴子肉飞快地跑掉了，他只好摘树上的无花果来吃。

　　冈比的黑猩猩打猎时，大部分都会追杀婴猴或少年猴子；他们要是猎杀成年猴子，准会导致大灾难。因此当乔米欧追杀一只成年疣猴时，自然是艰辛备尝，经过了一番猛咬、狂舞大树叶和剧烈袭击，才令这只猎物跛脚并倒毙在一根树枝上。但是乔米欧还来不及享受这顿美食，猴子肉就被其他年长的雄黑猩猩掠夺而去。我记得观察到这一幕的李查·万汉，诉说这故事接下来的情节：

　　"乔米欧坐在那里，眼睁睁看着其他雄黑猩猩将他猎来的猴子肉抢走。他们全都兴奋极了，大声尖叫，乔米欧却显得出奇的安静。他并没加入雌黑猩猩与小黑猩猩乞食零碎的行列，他只想一走了之。舔了舔下方沾着疣猴血液的树叶后，乔米欧头也不回地离去。我看了好想哭。"

　　此后我们又听见若干有关乔米欧的猎物被高阶雄黑猩猩抢走的

事——甚至有一次是被吉吉所夺！我们替乔米欧感到难过。但是我们开始怀疑，乔米欧是否曾经也有几次试图趁大伙乱成一团不注意的时候，夺回一些猎肉溜走。有一天他猎杀了一只幼小的猴子，结果被菲甘夺去，乔米欧一如往常立刻不见踪影。大约两小时之后，有人发现乔米欧独自坐在地上，肚子胀得鼓鼓的，身旁散了一堆羚鹿的骨头。显然我们并不需要老是替乔米欧感到难过嘛！

尽管乔米欧有许多新成就——诸如他对雌黑猩猩的挑衅行动所向披靡，他的示威之举迭有进步，打猎技巧也不断增进——但是他仍不时遭受一些小羞辱。当然，这些丢脸的事令我们更加疼爱乔米欧。例如有一回，我看他好像非常专心，缓缓地一小步一小步地爬到树上。那天整个上午都在下着雨，树木仿佛被磨光的黑檀木，非常滑。乔米欧终于爬到最低层树枝的地方，距离地面二十五英尺。一切似乎触手可及，但是他一伸手想抓那树枝，便往下滑。咻！一下子就滑到快接近地面的地方，他想要抓住树干，但树干太不牢靠了，一切都是徒劳。这只冈比山谷最重的黑猩猩砰的一声，跌到地上，连续好几分钟，一动也不动，瞪着他眼前的树干发呆。他再往上瞄一眼树枝，然后慢慢地直起身子，毅然决然重新开始爬树。就算是马戏团的猩猩，也没有像他这样死不放弃爬一根滑溜溜竿子的。然而这次他居然成功了。接下来一个小时，他就待在树上吃嫩绿的叶子，等他准备下来时，整棵树已在午后烈日的曝晒下干了，他非常有面子地"抵达"地面。

那时候发生了疣猴事件。通常成年雄疣猴都会奋勇地保卫母猴和小猴子，即使黑猩猩展开群猎，雄疣猴仍会毫无畏惧地抵死猛攻黑猩猩，这种驱敌行动也经常成功。这也许是因为，尽管疣猴体积比较小，但是他们拥有又长又锐利的犬齿，且他们几乎总是想要咬雄黑猩猩的命根子。因此常可看到两只以上的黑猩猩被一群长疣猴追得大呼小叫，四处窜逃。但是乔米欧那天的遭遇却十分奇特。那时他安坐在地上吃水果，忙自己的事，突然有一只成年雄疣猴突袭他。这只疣猴从上方的枝头俯冲到乔米欧头顶上，猛敲他的头，一面高声威吼。乔米欧被这突如其来之举吓得不知所措，惊叫一声，随即逃之夭夭。

李查有天晚上笑着说道："除了乔米欧之外，还会有哪一只黑猩猩可能在看见三只幼小豪猪吵吵闹闹走过干草堆时，吓得魂飞九霄似地逃命？"

原本甚至颇具悲剧色彩的事件，却意外把乔米欧塑造成最佳喜剧演员。有一次他不小心伤了左眼，约有两星期之久他的左眼紧闭，泪水直流，显然很痛。我们在给他的香蕉中掺了抗生素，最后他的伤口痊愈了，但是他的视力已经受损，且因为疤痕使左眼有一半翻白。这使他看起来有点凶恶——事实上他有时看起来的确如此，尤其是当他在幽暗的森林里，从厚厚的阔叶片后面往外偷窥时，看起来更像个浪子。可怜的乔米欧——不只他的性格，包括他此刻的长相都像个小丑。

尽管乔米欧最后还是征服了所有的成年雌黑猩猩，但是他几乎从来没有兴趣向其他雄黑猩猩挑战，以获取更高的社会地位。他与沙坦的敌对关系维持不久。沙坦大约与他同年，我们第一次看见他们俩打架是一九七一年。当时他们都已届青春期末期，刚开始他们偶尔会在一大群黑猩猩共同进食或团聚时，冲着对方，怒发冲冠地在枝头大肆摆荡。那时他们的社会地位看来差不多，彼此的对峙最后经常以互相拥抱大笑收场。几年之后，沙坦已经赢过一些打斗，所以比体型较大的乔米欧更具有支配力量，除非有薛里在一旁支持哥哥乔米欧——在此情势之下，沙坦往往知趣地离开。

当薛里开始向较低阶雄黑猩猩挑衅时，他的示威行动转趋狂暴、大胆、令人印象深刻。他会突然出现，出乎众黑猩猩意料之外地从树丛中丢出巨大的石头，癫狂地挥舞阔叶片。许多年长的雄黑猩猩纷纷走避。这使薛里信心大增，因此越来越常找雄黑猩猩挑战。每当薛里鲁莽狂妄的挑战行动招惹麻烦时，乔米欧只要在附近，都会即时一起猛烈示威，替弟弟助阵。看来薛里满心想往高处爬，许多人都预料，不久薛里必能推翻当时的首领菲甘。

但是，薛里却在一场关键性的斗殴中落败。沙坦被年轻的薛里一长串烦扰的示威行动激怒了，于是起身痛殴他，在他身上烙下不少伤口。乔米欧一如往常赶来助阵，尽管他实际上并未出手攻击沙坦，但是他在一旁激烈地示威，曾促使沙坦转身击退他。这样，薛里当然可以免受更重的伤。

那是一场历史性的打斗，因为薛里往上爬的奋斗从此画上了句点。此后尽管他有时会与年长的雄黑猩猩斗殴，但这经常是在大伙觅食或与雌黑猩猩交配时——换句话说，这类打斗有时会得到实时的物质报偿。但是薛里在往后几年的生涯中，再也不曾为了争取社会地位而打斗。可见薛里对逆境的反应，有点像哥哥乔米欧十年前面对空前打击时的反应。这两兄弟跟其他野心勃勃的雄黑猩猩如迈克、菲甘、戈布林是多么不一样啊——迈克他们不惜付出任何代价，英勇奋斗到底，最后都爬到了社会最高的地位。

至于乔米欧在追求异性方面的探险经历又如何呢？假如一只雄

黑猩猩能确保他的基因在以后的族群中遗传下去，那么他纵有其他缺点，也能绰绰有余地弥补。大致而言，乔米欧在这方面也同样很失败，他甚至可能一个种也没留下来。他缺乏勇气，不敢在众雄黑猩猩集体兴奋求偶时，气势汹汹地与其他情敌争夺雌黑猩猩；他也不曾想到逮住突然浮现的好机会，像其他较低阶雄黑猩猩一样赶快暗度陈仓；他更缺乏必要的社交技巧，能说服或威逼心仪的雌黑猩猩跟他"偷情"。事实上，乔米欧在这方面的记录是非常寂寞苦闷的。他经常试图带雌黑猩猩走，但是每次都以失败告终。就我们所知，他在十五年的求偶期间，总共只有十五次带走雌黑猩猩，准备到隐秘之地建立家庭伴侣关系，但是每一次几乎都在最后那几天的关键时刻，他的雌黑猩猩便逃跑了。而且最糟的是，其中有七只雌黑猩猩在乔米欧带她们走的时候，就已经怀了别的雄黑猩猩的孩子。可怜的乔米欧！

然而，尽管乔米欧的特质与众不同且连连失败——或者可能正因为这些原因——他最后仍变成受其他黑猩猩尊敬的长者。他对挑战高阶雄黑猩猩一点兴趣都没有，因此对那些位高权重的雄黑猩猩而言，乔米欧不具任何威胁。因此他先是被菲甘挑为最佳盟友（在汉弗莱死后），接着成为戈布林的盟友。尽管这两只极具支配欲的雄黑猩猩最后发现，有必要威吓乔米欧，以迫使他接纳他们的友谊，但是乔米欧一旦令他们相信他已经完全臣服，他便成为这位领袖的新助手，能分得一杯羹——包括受到其他高阶雄黑猩猩的保护，以及在觅食和求偶时，获得一定程度的特权。

乔米欧也成为年轻雄黑猩猩的安全依靠。年轻的雄黑猩猩经常在刚开始离开母亲时，跑来与乔米欧做朋友，尝尝他仁慈宽容的气度。有一次，我跟着乔米欧从一个觅食地点到另一个觅食地点，他后面有五只年轻的雄黑猩猩跟着。在那五个小时的漫游当中，我不曾看见乔米欧威喝过他们——即使他们在吃东西时太靠近他，他也非常包容。有一次，乔米欧站得直挺挺的，去拉扯盘绕在头上树枝上的一大串多汁葡萄。他才刚将树枝拉下来，摘了其中一串葡萄——这个葡萄枝的末端分叉成两串——正要开始嚼，贝多芬就过来抢食。就算乔米欧很喜欢贝多芬，我还是很惊讶这只大黑猩猩竟然一点也不抗议。

对于乔米欧迷人的个性和缺乏任何支配欲，我常感到好奇。假如他青春期没有受重创，他会不会继续奋斗到成为头目？也许不，毕竟他弟弟薛里也显露出同样无力面对逆境的个性。这会是基因遗传的特质吗？固然不无可能，但是我仍觉得这更可能源自他们的母亲芙卡的个性和子女教养方式。很遗憾，我对芙卡了解不多，她太害羞了。我们所知道的芙卡非常不善于交际，大部分时间她都在社区边缘地带单独行动，顶多只和家人在一起。同样不善于交际的派逊，她所生的儿子普洛夫，也未曾出现试图支配其他同侪的迹象。而最后成为首领、向来拒绝失败的菲甘和戈布林，他们的母亲——菲洛和玛莉莎——则不只具有支配欲，更善于交际。

第十五章　玛莉莎

第二天，我看着玛莉莎咽下最后一口气，四周的枝桠摇曳，飒飒作响。年轻的黑猩猩们在底下玩耍，年长的正在吃美味的果实。"生命之中，隐含死亡。"这句话是玛莉莎逝世光景的最佳写照，它刻画了大自然必然的生命循环。我深深为之动容，而我的泪已干。

光是身为冈比最具活力之首领的母亲这一点，就足以让人特别注意玛莉莎。何况她一生在其他方面也很突出。例如她一九七七年生下一对双胞胎，这是冈比已知历史中唯一的一对双胞胎。我永远忘不了第一次看到这两个异卵双胞胎吉尔（Gyre）和金波的情景。那时正值黄昏，玛莉莎坐着紧紧抱住两个幼子，以致我们几乎看不见这对小双胞胎。其中一个正在吃奶，另一个在睡觉。当玛莉莎起身走动时，她的小女儿葛瑞琳跟在后面，我也跟着他们一直到晚上。我非常佩服玛莉莎担得起那么重的母职。大部分的黑猩猩婴孩在两三个星期大时，不需要母亲的支撑就会自己抓住妈妈很长一段时间。这两个双胞胎也抓得不错。但是他们常抓错了，抓到对方，于是双手一放，害得彼此双双落地尖声哭叫。玛莉莎必须时时撑持他们，将他们紧紧抱在一只胳膊里，或者双腿极度弯曲地走路，以便用大腿支撑他们俩兄弟的背。某日午后玛莉莎第一次尝试这么做时，这两兄弟其中一个却掉下来，头部锵然着地，哇哇大哭，另一个也跟着大哭，两兄弟哭了好几分钟，玛莉莎一直哄着他们。玛莉莎搭窝也有困难。我看不清楚她搭窝的状况，因为她总是在茂密的阔叶林中搭窝，我只听到两个小家伙不时大哭的声音。

有天晚上，我和德里克与希拉里、艾斯罗和哈米什围着营火聊天。哈米什描述他第一次观察这对双胞胎只有几天大的情形。玛莉莎走得很慢，一次只走几码路，便坐下来摇摇这两兄弟一两分钟再上路。她看来精疲力竭，早早就搭了窝。接下来那天早上，艾斯罗爬到隔壁的高树上，想看清楚玛莉莎搭的窝。葛瑞琳·七点钟左右便起床，到附近觅食了。但是玛莉莎又继续睡了一个半钟头，才起床梳理自己的毛发，偶尔也帮这对双胞胎梳理毛发。十分钟之后，她站起来准备出发，这两兄弟却立刻低声呜咽。所以玛莉莎只好又坐下来，失望地看着他们好一会儿，然后躺下来。十五分钟之后，她再次试图起身。才刚要出发，这两个小家伙又哭了，因此玛莉莎又摇又哄之后，只好再次躺下来。同样的事情重复许多次，直到将近两小时之后，她才成功地出发。她死紧地抓住这对双胞胎，完全不管他们癫狂的尖叫，迅速地从树上爬下来，直到母子三个安然抵达地面，她才停下来哄哄他们。

这对双胞胎刚出生的头三个月，我们每天紧盯着玛莉莎，因为我们担心派逊和波母女会再度猎食幼小黑猩猩，我们甚至计划万一这对母女真的袭击玛莉莎母子的话，我们将出面干预。玛莉莎心里显然也还记得她先前那一胎惨遭派逊母女猎食的教训，因此尽管带着两个小娃儿走路很困难，但是在孩子出生的头一个月期间，她仍旧尽可能地整天与一两只雄黑猩猩在一起。当这对双胞胎约一个月大的时候，我更加清楚看出玛莉莎紧跟着雄黑猩猩以求保护的动机。那天我跟着玛莉莎、葛瑞琳和沙坦，爬到山脊最高处被称为

"睡牛"的地方。那是十一月一个灰蒙蒙的风寒料峭的午后，南部不时传来隆隆雷声。稍早下过一场大雨，睡牛山脊在阴沉沉的云朵之下，依旧潮湿寒冷。我直打哆嗦地看着玛莉莎在我上方的棕榈树上吃棕榈果。突然有一根树枝断裂，我猛一回头，惊恐地看见派逊和波来了，她们蹑手蹑脚几乎不声不响地走在软绵绵、湿答答的森林地上。这时她们一动也不动地站立，盯着玛莉莎母子看。在树上的玛莉莎母子根本没看见派逊母女。波开始爬向玛莉莎。派逊当时已有多月的身孕，也慢慢地往上爬，但是她立刻停了下来，从较低的树枝往上看。波安静地越爬越靠近玛莉莎，我正要大声示警时，玛莉莎也看到波母女了。她立刻开始急迫大声地尖叫，在惊慌中不顾一切后果跨一大步，跳到附近的树枝上，这对双胞胎只靠她的大腿撑住。我的心怦怦直跳，所幸母子三个均安然跳开了，这时玛莉莎火速坐到沙坦旁边——沙坦停止吃东西，瞪大眼睛看着波。玛莉莎一只手搭在沙坦肩膀上，对波狠狠大吠。派逊母女的猎婴行动终告失败。但是假如沙坦不在场，这铁定又会是一场可怕的高地鏖战，而我一点也帮不了忙。

这事之后不久，这对双胞胎的肚子和大腿内侧长了好多疹子，而玛莉莎的鼠蹊部也掉了许多毛发。这是因为他们三个经常沾到肮脏的大小便。通常幼小黑猩猩的排泄物会干净利落地从坐着的母亲的两腿之间落地，万一失误，母黑猩猩也会马上用树叶将自己弄干净。但是玛莉莎穷于应付这两个双胞胎。更有甚者，吉尔的脚好像受伤了。每次只要玛莉莎一走动，他就大声尖叫，显然很痛的样子，他的声调既奇怪又高亢，仿佛受到重挫的海鸟。可怜的玛莉莎——每当其中一个有问题的孩子哭叫时，另一个也经常一起哭，很可能是被对方惨烈的哭叫声吓着了。有时当他们尖叫，玛莉莎便会坐下来，摇一摇他们，直到他们不再哭闹。但是有些时候，玛莉莎却抓紧他们，快速奔跑，一边发出类似人类咳嗽的声音，仿佛在威喝这两兄弟别吵。这时他们通常会哭得更大声，几分钟之后，玛莉莎显然是完全昏头了或者受够了（或者两者皆是），她迅速爬到一棵树上，很快地搭了一个窝。整个过程中，两个小家伙的哭叫声有增无减，大老远都可以听见。但是玛莉莎一把他们安置在窝里，他们便都安静了下来。

这时玛莉莎再也跟不上任何一只雄黑猩猩的步伐了，于是她和葛瑞琳大部分的时间都消磨在研究中心的营房附近。幸运的是，当时派逊身孕已经很重，没有兴趣再垂涎其他雌黑猩猩的婴孩。而尽管波几乎可以毫不费功夫地攫取双胞胎中的一只，但是没有母亲的支持，她也没什么勇气猎婴。虽然派逊母女同类相残的事已经逐渐成为过去，但是我们仍担心这类悲剧再度上演。玛莉莎整天忙着带两个幼子四处走动，并不时哄他们安静，越来越没有时间觅食。有几天，她甚至只有一个小时在吃东西——一般成年黑猩猩每天得花六到八个小时进食。我们提供额外的香蕉给玛莉莎，男同胞也会到森林中采当季的果子给她吃。

一星期之后，我决定掺抗生素给玛莉莎吃。我希望抗生素能进入她的奶水中，帮助吉尔清理脚部感染的伤口。有五天之久，我们带着一些香蕉与玛莉莎同行，按时给她一根掺了抗生素的香蕉。我不知道这样做有没有效果，但是吉尔的脚确实逐渐康复，玛莉莎很快又可以照常过日子，不再像先前那么困难。

吉尔的伤口似乎变成一个障碍，使他的身体不曾真正康复过，从那时起，金波的发展显然比他更快——当然，金波的发展与其他幼小黑猩猩比起来已经算慢了。大部分的小黑猩猩六个月大的时候便开始学走路了，但金波才开始试着待在妈妈身上的其他部位。一旦金波开始做此尝试，便马上学会趴在玛莉莎的背上。因此，当玛莉莎走动时，他常骑在母亲背上，或者在母亲坐下来吃东西的时候，把头伸过妈妈的肩膀。有时他连睡姿也是如此。也许他喜欢离开母亲有点拥挤的怀抱。一直到十个月大，金波才第一次不黏着妈妈，下来蹒跚学走路，并且第一次爬到小树枝上。但是，吉尔却一直未曾尝试走路或爬树。他继续留在妈妈的膝盖上，经常闭着双眼。

一九七八年，旱季干旱情况非常严重，到了八月间，冈比的食物比平常都少。即使在旱季之前，玛莉莎的奶水便已不够这对双胞胎吃，现在更加明显，两兄弟似乎永远饥渴——几乎每一分钟不是两个都饿，便是一个饿得猴急地吸吮着玛莉莎的奶头。比较强壮且主动的金波自然享受到超过半数的奶水，因此吉尔变得越来越无精打采。后来他得了流行性感冒，由于体质虚弱，难以应付感冒，最后转为肝炎。有一天玛莉莎带着吉尔到研究中心的营房来，小吉尔软趴趴地挂在玛莉莎的一只手臂上。他虚弱得无力抓住妈妈，呼吸显得困难，双眼一直紧闭。当玛莉莎爬树时，只用大腿撑住吉尔，所以他砰的一声掉到十英尺下的地上。玛莉莎赶快下去将他抱起来，抚摸他。当她走动时，吉尔还有呼吸，但是她仿佛认为孩子已经断了气似的，将他挂在自己肩膀上，并且以下巴顶住他。吉尔又摔下去好几次，一动也不动，直到玛莉莎将他抱起来。第二天早上，他就死了。

吉尔死的时候，我非常难过，很失望没有机会可以再在田野间观察这对双胞胎的发展，并研究这两兄弟的关系。但是我又不得不承认，他的死对玛莉莎和金波都是好事。此后，金波的身心发展确实开始追赶上来。尽管他的年纪还小，但是他马上开始在树丛间表演空中特技，也与其他黑猩猩玩耍。他变得越来越活泼，不停地到处跳跃，尝试小小的示威踏地行动、翻筋斗，并且经常狂野地逗弄落叶。有时他用手将落叶扫成高高的一堆，再回头将落叶散在脑后。或者在阔叶后面推，越往前走，就拦下越多树叶。他也常在树叶堆上打滚，有一次他将满手的树叶往上抛，然后用落下来的叶子刷脸。

　　玛莉莎仍有一些难处，但是此刻的难处益加麻烦。金波经常拒绝跟着她动身往前走。她老是得拉着他走，或者耐心等他。有一次她试图拉金波跟着走时，金波两手紧紧抓住一棵树，巴着那棵树好几分钟，任她怎么撬也撬不开。最后她把金波拉到背上，走了没几步，金波又跳下来径自跑去玩耍。玛莉莎立刻把他抓回来，拉着他往前走。可是金波马上脱逃，自个儿跑去玩。玛莉莎在后头追，但是他躲开妈妈，藏到一棵树后面，玛莉莎等他跑出来嬉戏时，一把抓住他——结果却被他跑掉了。金波又开始玩耍。玛莉莎观察了一会儿，然后小心翼翼地挨近他，揪住他的小手，将他从地上拉起来往前走。但金波却咬妈妈的手，但只是好玩地假咬，妈妈也报以搔痒，逗得他哈哈大笑。她再次将金波扛在背上，这次金波终于乖乖地待在妈妈背上。

　　在金波整个婴儿期，葛瑞琳一直是这个家中不可或缺的一分子。在冈比黑猩猩社会中，再也没有任何亲密关系胜过母亲和长大的女儿。雌黑猩猩在十岁以前，鲜少离开母亲，即使只是离开几个小时的情形也很少见——十岁以后，她们变得性感了才会离开母亲。年轻的雌黑猩猩待在母亲身边有很多好处。例如，她经常可以打败年纪比她大的雌黑猩猩，因为假如情况变糟，她的母亲通常都会出面干预。母黑猩猩也常会与女儿联手对付其他年轻雄黑猩猩的挑战，但是情况不见得总是那么美好。年轻的雌黑猩猩必须为获得母亲这样的保护和支持付出代价：她母亲会明显地控制她，像维多利亚女王一样显露各样极权式的手段。诸如选择游走的方向、决定要走快一点或是慢一点、优先选择觅食地点和食物等，均由妈妈主控。葛瑞琳就像其他小雌黑猩猩一样，很快就发现自己陷于这类困境。

例如当母女俩在钓白蚁时，玛莉莎一再地敦促葛瑞琳离开她正在钓白蚁的地方，或者跑过去抢走葛瑞琳的钓具。起初葛瑞琳经常大发脾气。我记得有一次当玛莉莎想抢走葛瑞琳刚做好的又精致又长的钓具时，葛瑞琳紧紧抓住钓具不放，同时低声呜咽，然后小声尖叫。这时玛莉莎转而拥抱她，直到她不哭了——然后还是把葛瑞琳的钓具拿走！这样日复一日，葛瑞琳变得越来越有爱心和智慧；当母亲抢夺或排挤她时，有时她会呜咽一下，但是不久之后她就跑去找新的地点钓白蚁，或者去捡另一根树枝做钓具。有时玛莉莎只需用要求的眼神看一下葛瑞琳，葛瑞琳便会放弃她钓得正起劲的白蚁洞，或者是结满果子的枝头。当葛瑞琳跑到她母亲前面的树林，往上一望，忖度能吃的水果有限时，她会离开玛莉莎，径自爬到树上去吃果子。本来就当如此，玛莉莎已经跟葛瑞琳抢食好几年了——现在该是葛瑞琳占据最富饶食物的时候，以便她可以贮存自己的体力，日后供养小孩。葛瑞琳因为只需要照顾自己的身体健康，因此不但营养需求很低，且精力充沛。更有甚者，她可以在细弱的小树枝上觅食，体重较重的玛莉莎则没有办法。

　　当然，只要葛瑞琳愿意，她也可以自由离开独裁专制的母亲——然而一旦离开妈妈，她就会被其他所有的雌黑猩猩摆布。若有玛莉莎在，这些雌黑猩猩还会敬畏三分。尽管玛莉莎在与食物有关的事情上，表现得很自私，但是她在其他方面却极支持葛瑞琳。最令人赞叹的是，有一次当沙坦攻击葛瑞琳时，玛莉莎一听到女儿的尖叫声，立刻跳到这只壮硕的雄黑猩猩身上，猛打猛咬。玛莉莎在这次行动中，伤势不轻。因此葛瑞琳就像大部分做女儿的一样，选择继续坚守与母亲的脐带关系。

　　毫无疑问，这段母女关系对做母亲的也有很大的好处。葛瑞琳也非常忠心、英勇地保护玛莉莎。葛瑞琳甚至在还小的时候，就曾试图解救妈妈不受沙坦的攻击。她太小太轻，没法提供什么实质性的帮助，但这并未削减她的勇气。她一直冲撞沙坦，然后跑去待在附近的戈布林，她一面拉着戈布林的手，一面反复看着他，再看看受困的母亲，显然是在向戈布林求救。但那时戈布林与沙坦的关系非常紧张，他显然没有兴趣挑起战端，所以只是懒洋洋地坐着观战。这时葛瑞琳再度跑回去猛撞沙坦，就算没什么用，但至少非常英勇。她加入混战，跟着玛莉莎大声嘶吼抵抗沙坦，最后沙坦终于离开。

　　当玛莉莎试图从派逊和波手中拯救她的婴儿吉尼（Genie）时，葛瑞琳也表现出同样英勇的行动。她跳到这两个猎婴凶手身上，用小拳头猛打她们。甚至跑来研究中心向我们求救。她站在我们男同胞前面，先看着他们的眼睛，然后回眸看玛莉莎为抢救吉尼而战的地方，再回头看看这几个男人。他们知道她想要他们帮忙，他们也的确想干预，但是这场打斗又快又猛，他们感觉没什么希望，所以什么忙也没帮。葛瑞琳立刻跑回去，在波已经抢走吉尼时，冲撞这两个攻击母亲的猎婴者。葛瑞琳的干预非常猛烈，以致玛莉莎一度有机会抢回吉尼——可惜后来再度失手，并且永远失去了吉尼。

当金波逐渐长大，葛瑞琳也越来越是母亲在其他方面的好帮手——分担照顾小弟弟的任务。假如在吉尔还活着的时候，玛莉莎就让葛瑞琳帮她带这对双胞胎的话，也许可以减轻不少负担。然而，或许是因为同时带两个婴儿的重担，把她搞糊涂了，她过度保护幼子，强迫葛瑞琳保持距离。金波三岁时，葛瑞琳若没有带他，他也很少跟着葛瑞琳；但是当全家安详地进食时，金波常稍稍靠近姐姐，而非靠近妈妈。假如金波遇到麻烦，葛瑞琳一听到他呜咽或沮丧的叫声，总是赶快跑去把他带在身边。有一次，青春期雄黑猩猩阿特拉斯与葛瑞琳交媾，金波跑来想把他们拉开，阿特拉斯愤而殴打金波。葛瑞琳马上停止做爱，转身攻击阿特拉斯。

葛瑞琳对金波的关爱不仅止于回应他的求助，她也十分留意危险状况，是个好姐姐。因此当金波与年轻的狒狒玩耍时，葛瑞琳经常紧盯着，假如他们之间的游戏开始变得不愉快、粗暴，早在金波受伤之前，葛瑞琳便已将他拉开。有一次她一面把金波拉到她背上，一面摇晃树枝直到一条蛇被赶走为止。另一次，金波像往常一样巴在葛瑞琳背上，葛瑞琳突然在穿越长草丛之前的山径上停步。玛莉莎继续往前走，当金波跳到地上，准备跟着妈妈去时，葛瑞琳阻止他。她将弟弟推到背后，并且连打面前的草丛几次，才和金波一同走进草堆。我以为她又发现草丛里有蛇，结果却是几百只小虮子。

葛瑞琳对这个小弟弟非常包容。时值钓白蚁季节，婴儿期小黑猩猩经常逮住黑猩猩跑去找新钓具的空档机会，顽皮地伸东西进白蚁洞刺探。等到钓白蚁的黑猩猩回来时，总会轻柔而坚决地推走小黑猩猩，但是葛瑞琳有时会等上五分钟，甚至更久，看着小金波试验各种被弃置的钓具，直到他放弃之后，葛瑞琳才回头再钓。金波稍大一些以后，有一回，当葛瑞琳钓得正起劲时，金波试图霸占姐姐的白蚁洞。葛瑞琳轻轻拦阻他，他便大胆威胁姐姐，还举起手来，发出稚嫩的吆喝声。葛瑞琳没理会他这般不尊重、无礼之举，只是把他推开，继续钓她的。

　　毫无疑问，葛瑞琳生第一个孩子杰帝（Getty）时，就是个称职的好母亲，她从一开始照顾杰帝时，便显露出无比的信心和高效率。杰帝和祖母玛莉莎之间的关系出奇的好。杰帝才刚出世一天，玛莉莎便关爱地盯着他看——和其他雌黑猩猩一样，葛瑞琳会跑去隐秘的地方生产。当玛莉莎第一次走近时，葛瑞琳紧张害怕地后退几步，也许她怕支配性很强的母亲会将她这个新的、宝贝的财产据为己有。然而，玛莉莎却只是安然坐在附近，不时抬眼看看这个小孙子。葛瑞琳马上放松心情。直到杰帝十个月大，我们才看见玛莉莎碰她的孙子——她只是在与葛瑞琳团聚时，为杰帝梳理毛发。

　　不久之后，我看见一件非常微妙的事。玛莉莎正在为葛瑞琳梳理背部毛发时，杰帝跑来夹在她们中间。玛莉莎俯视杰帝，然后将他抱到大腿上，开始为他梳理毛发——仿佛那是自己的孩子一般。葛瑞琳看了一下，态度立刻转硬。她非常缓慢地转身站起来，小心翼翼地看着母亲的脸色，然后轻柔地向杰帝发出要求声。杰帝立刻回应，爬到她的膀臂间。葛瑞琳马上带着孩子移到五码外的地方休息。很显然，葛瑞琳又在害怕玛莉莎可能会抢走她心爱的儿子。

　　随着时间的推移，玛莉莎对杰帝的感情越来越深，祖孙关系也越来越好。当玛莉莎和葛瑞琳互相整饰毛发时，杰帝一再干扰，从上头的树枝上跳到祖母的身上——从不曾和自己亲生子女玩过的玛莉莎，这时会停止梳理毛发，开始逗弄杰帝。这样的嬉戏有时会持续十五分钟，葛瑞琳通常都坐在一边看。事实上，有些嬉戏是玛莉莎先挑起的——有时当杰帝跟其他小黑猩猩玩的时候，她甚至跟在杰帝后面，将他拉开，以便自己跟他玩。杰帝并不总是喜欢和祖母玩，因为他是个有主见的小家伙，要是不喜欢，他就会奋力挣脱奶奶，跑回去和他选择的玩伴继续玩。

就我所认识的冈比所有婴儿黑猩猩中，杰帝是最惹人疼的。他很可爱，很敢冒险，总是渴望加入任何社交活动。他也很能自得其乐。有一次葛瑞琳结束钓白蚁，杰帝跑去玩白蚁洞里的沙子，玩了十几分钟。他仰卧在地上，嘴巴张得好大，手里抓了一大把沙土，高举双手让沙土流下来，撒满他的身体和嘴巴。

当金波六岁大时，玛莉莎的经期再度恢复。这导致一连串不寻常的事；那时已经十九岁的戈布林突然对他母亲玛莉莎产生乱伦的性趣。玛莉莎先前潮红时，戈布林和其他身为儿子的成年雄黑猩猩一样，对母亲完全不感性趣。但是这次不同。有一天玛莉莎的潮红期正到一半，戈布林向玛莉莎求欢，他猛烈地摇晃树枝召唤她。刚开始玛莉莎不理他，他继续坚持，玛莉莎便威吓他。戈布林反而被激怒，他满脸不悦，愤而跳到母亲身上。玛莉莎立刻逃跑，戈布林在后头追逐，踏她的背。玛莉莎极其愤怒，当戈布林跑开去示威时，她在儿子后面直跺脚，并且一直尖叫到几乎哽住。最后戈布林走了。但是第二天他又来向玛莉莎求偶，当她避开，他便怒发冲冠地威胁她。接着令我非常惊讶的是，玛莉莎居然蹲在儿子面前，与他交媾。但是他们并未完成——玛莉莎半途紧急刹车，大声尖叫，抽身而退。戈布林再次跳到她身上，猛踏她的背。天啊！自己的妈妈耶！我不由得怒火中烧——玛莉莎显然也怒不可抑，她在转身逃跑之前，痛殴了戈布林一顿。她尽可能逃到离戈布林远远的高树上。戈布林守在树下，盯着上面看，愤怒地摇撼树枝，但是她仍继续待在树上，不久戈布林只好放弃。

那件事发生之后，我们每天跟着玛莉莎，直到她潮红退了。那段期间戈布林又有几次漫不经心地向玛莉莎求欢，但是母子俩并未再进一步起冲突。一个月后玛莉莎再度潮红时，戈布林也不再那么具有侵略性——他还是数度向玛莉莎求欢，但是他都不等对方动怒就跑开了。

戈布林不寻常的行为使得他和母亲之间的关系大大改变。以前他们非常亲近，常在觅食、游走或休息时，花许多时候做伴，也经常互相为对方整饰仪容。无论是玛莉莎颐指气使地与其他雌黑猩猩交往，或是被乳臭未干的雄黑猩猩挑战时，戈布林常常急着替妈妈解围。但是在戈布林多番向她求欢之后，彼此的关系变得非常紧张。他们不只不再腻在一起，玛莉莎显然被儿子吓坏了。无论如何她在那次潮红后怀孕了，此后她便与其他较年长的雌黑猩猩一样再也没有发情期，因此她和戈布林之间的关系渐渐又恢复正常。而即使在先前关系紧张时，我看得出这对母子深厚的情谊依旧存在。

那时玛莉莎和另外六只雌黑猩猩正在兴奋的众雄黑猩猩当中，招摇着她们具挑逗性的潮红臀部。卡萨克拉族所有的雄黑猩猩全都在场，也有其他族群的黑猩猩。他们喧嚣、吵闹地在山谷间互相呼应，一时充满嘉年华会似的气氛。成年雄黑猩猩个个大展示威身手，少年黑猩猩和幼小黑猩猩在树林间喧闹地玩耍、追逐。"啊——"突然一声惨烈的尖叫，破坏了兴奋的气氛，并且引发一场斗殴。这类欢愉聚会偶尔会变成剧烈的打斗。其中一起激战发生在我头顶的树枝上——受害者是玛莉莎。她安坐在树枝上为金波梳理毛发，那时因向其中一只雌黑猩猩求欢而遭沙坦威胁的艾弗雷德突然愤而跳到她身上。她尖叫着想要逃跑，但是艾弗雷德的尖牙却刺入她潮红的臀部，使她立刻血流如注。这时我听到背后有声响，是戈布林，他火速走过我身边，爬到树上去。一直殴揍艾弗雷德未曾稍停。这三只黑猩猩就在距离我只六英尺的上方扭打成一团。我不敢移动，因为山坡陡峭崎岖，我赶紧在原地靠紧那棵树，以免失去平衡摔跤，并且祈祷上面的枝桠不要断裂掉下来才好，他们激愤的尖叫斗殴最好只留在树上。幸好打斗终于结束，他们仍留在树上——只有艾弗雷德逃到地面上尖叫着逃跑。戈布林继续留了一阵子，观看玛莉莎摘树叶轻拍自己的伤口。直到完全恢复平静，他才爬下来离去。

第二天，玛莉莎的潮红便退了——这是雌黑猩猩受伤时典型的生理反应——她也不再对高阶雄黑猩猩感到有性趣。但是她却成为乔米欧的情妇。我巧遇他们俩和金波在卡萨克拉山谷间游荡。可怜的玛莉莎——她的臀部依然疼痛，更糟的是她还在拉肚子，并且佝偻着背走路，仿佛胃部严重痉挛。可是她却无法休息，被乔米欧强迫着往北方去。他们俩简直再相配也不过了，因为乔米欧当时情况比玛莉莎更糟，他整个左脸从下颚到眼睛全部肿胀，左半脸一大片紧绷的皮肤红得很难看，加上其中一只眼睛半翻白，看起来真是像鬼魅一样。更悲惨的是，金波那时正值断奶期。他满脸不悦一直嘟着嘴巴，死黏着妈妈。

当我遇到他们时，金波正黏着玛莉莎，乔米欧则在几码远的前方。他必定是有一颗上白齿长脓疮，我猜当我看到他的时候，正好化脓，因为他突然开始用手指去压牙龈，再舔一舔手指，一直反复又压又舔。金波非常好奇，当这只成年大黑猩猩处理他的口腔问题时，金波仔细地瞧。

此刻乔米欧动身往前走，距离玛莉莎更远，他回头看，摇晃若干树枝。玛莉莎完全不予理会，乔米欧于是开始摆荡、摇晃，直到毛发竖立，我感觉玛莉莎一定会挨揍。但是最后她顺服了，温顺地叫了几声，急忙跟上前去，让乔米欧为自己梳理毛发，她则蹲伏下来亲吻乔米欧的大腿窝。十分钟之后，乔米欧再度出发，这样走走停停的情形一再重复，直到玛莉莎老大不愿意地往前走了几码。

那一整天我都跟着他们。我们并未走远——玛莉莎控制得很好。在乔米欧试图不断往前迈进的过程中，他们三个时而停下来进食，但更常只是静静地坐下来。乔米欧还是不时轻压他的牙龈。玛莉莎或蹲或佝偻着身躯，仿佛那里痛，她也不时摘树叶轻按臀部的伤口。金波则一再烦扰妈妈，要求吃奶。当他满脸不高兴地呜咽、哭泣时，玛莉莎可能因为身体实在是太疲累、太不舒服了，以致并未抵挡他太久。她一让步，金波便钻进母亲怀里吃奶。当我离开他们时，玛莉莎正闭着双眼躺在地上，一只手臂搭着紧咬奶头不放的金波。乔米欧则在附近等候，一面轻压口腔内的脓疮。

玛莉莎在这次分娩前两个月，就已经病得非常严重，我们估算这一胎应该是沙坦的孩子。她的症状——严重咳嗽、吐脓痰、发高烧——显然是肺炎，我们担心她会丧命。有好几天她无法爬树，更糟时连走路都有困难。她只吃几口东西，拒绝关心她的研究人员递过来的食物。奇妙的是，她居然康复了，尽管她的声带从此不曾复原，声音永远变得沙哑难听。不过在她身体好转之前，她就流产了。

三个月之后，玛莉莎再度红着屁股在山谷间招摇。这回她很快又怀孕了——最后一次。要是她不怀孕该有多好！因为最后这次怀孕耗尽了她的元气，当小葛劳乔（Groucho）诞生时，玛莉莎似乎非常虚弱，且看起来比她原来的年纪（三十五岁）更老。而葛劳乔一出生便非常瘦小、没体力。他才九个月大，玛莉莎就强迫他断奶，开始吃固体食物，且偶与金波一起玩，但不久他的健康开始恶化。到一岁的时候，葛劳乔经常一动也不动地挂在妈妈的腿弯里。金波偶尔试图逗这个小弟弟玩，但是葛劳乔经常只能满脸贪玩相地干望着哥哥，毫无力气玩他那个年纪的正常幼小黑猩猩所玩的狂野、跌跌撞撞的游戏。

那时我几乎已有心理准备等着听到葛劳乔的死讯——不料我从基戈马打来的电话中获知的消息却是，杰帝失踪了。我永远也忘不了一星期之后，当我返抵冈比时那种震惊与愤怒之情，我听说杰帝的尸首最后在森林中被找到，他被分尸，令人毛骨悚然——他的头被砍下来，且不见了。我们永远追查不出整件事的详情，但是我们怀疑是当地瓦哈族人进行古老的巫术。这类事情以前从未发生过——那之后也不曾发生。这真是一大打击，因为杰帝是我们最喜欢的一只小黑猩猩。我相信在众黑猩猩当中，不只杰帝的家庭成员会想念他。这只既爱冒险又可爱的小黑猩猩，深获我们众人的心。

葛瑞琳连着几周心绪涣散。杰帝死后两个月，葛瑞琳再度恢复经期，她开始花更多时间与雄黑猩猩在一起，比较少陪母亲玛莉莎。金波也常离开玛莉莎。戈布林这时与老母亲的关系已经恢复，所以会定期与母亲同行，但时间都不长。有一天，我跟着这对母子穿过森林时，听到沙坦和艾弗雷德从对面山谷传来呼朋引伴的叫声。尽管戈布林已是族群的首领，但是他和体型大得多的沙坦经常关系紧张。他朝声音出处张望，毛发竖立，然后转向老母亲，脸上浮现一丝害怕的干笑，伸出双臂搂着玛莉莎。她立刻回应，轻触他的手指，戈布林马上镇静下来，一如他婴儿期每次搂着妈妈就有安全感一样。然后戈布林转身，往前迈进准备迎接任何挑战。玛莉莎跟了一会儿，但不久便停下来休息。

几个月后，当我沿着凯科姆贝山谷散步时，我看见金波带着一个很大的东西爬到树上去。那是小葛劳乔已死的身躯。当玛莉莎和葛瑞琳在地上互相为对方梳理毛发时，金波将已死的葛劳乔放在大腿上摇，并且小心翼翼地为他梳理毛发。当妈妈和姐姐往前走时，金波从树上爬下来，尾随在后，这时他将葛劳乔的尸体挂在自己的肩膀上。后来葛劳乔的尸体不小心掉到地上，金波便用一只手拖着他走。当这一家子再度停下来时，玛莉莎将葛劳乔软趴趴的尸体接过去扛在背上。她陆续扛了两天，最后将葛劳乔的尸体弃置在深远的森林里。

葛劳乔死后，玛莉莎似乎也丧失了生存的意志。她以前一直就很瘦，现在因为几乎食不下咽，变得十分憔悴。她每天早上不到十点以后，不会离开她的窝，有时下午四点就上床睡觉。至于白天，她经常一整天待在窝巢里，无神地望着上方的树叶，一望就是几个钟头。有时金波会陪她，但是金波觉得不耐烦，而且肚子饿，因此他越来越常与成年雄黑猩猩在一起。葛瑞琳也没前来安慰母亲，因为她在葛劳乔去世当天的傍晚，便被沙坦召去度蜜月了。

玛莉莎在葛劳乔死后十天，使尽最后的所有力气，爬到枝叶茂密、四周长满了像黑刺李的紫色果子的异槟榔青（Mgwiza）树上，搭了一个很大的窝——这是她最后所能搭成的窝了。那一整天她一直躺在窝内，鲜少移动，其他黑猩猩受这里累累的多汁果实吸引前来觅食，近一小时才离开。金波那天大部分时间都在她附近，有时他会为母亲梳理毛发。但是下午他又走了。

傍晚时，玛莉莎形单影只。她一只脚伸出窝巢悬荡着，脚趾头不时在动。我一直坐在这只日薄西山的雌黑猩猩下方的森林地上。偶尔我会开口说话。我不知道她是否知晓我在旁边，也许她知不知晓都没什么差别。但是我想陪她到天黑，我不希望她完全孤单。当我坐在那里，热带的黄昏很快便转为黑夜。越来越多星星浮现在森林上方的穹苍，比以往更明亮地闪烁着。对面山谷传来黑猩猩的呼叫声，但是玛莉莎依然静默。我再也听不到她长吼的呼叫声，再也不能跟着她，按着森林里各样植物生长的季节，走过一个又一个觅食点，停下来等她休息或与子女互相梳理毛发。星光突然暗淡，我为一个老朋友即将逝去而落泪。

第二天我看着玛莉莎咽下最后一口气：她的身体抖了一下，然后归于安息。在这最后几个小时，四周的枝桠摇曳，飒飒作响，年轻的黑猩猩们在底下玩耍，年长的黑猩猩正在吃美味的果实。"生命之中，隐含死亡。"这句话是玛莉莎逝世光景的最佳写照，它刻画了大自然必然的生命循环。我深深为之动容，而我的泪已干。玛莉莎深刻体会什么叫作苦难的一生，她经历过许多不幸，但大部分

时间，她都能尽情享受生命。她一直保有很高的地位。最重要的
是，她留下坚强的后代：金波虽然还小，但是非常有毅力；葛瑞琳
刚强健康，她将会再怀孕生产，将玛莉莎的基因遗传下去；而戈布
林则是卡萨克拉族黑猩猩的头目。

第十六章　吉吉

　　蒂姐在吉吉身边跳来跳去，然后用一根叶片茂密的树枝戏打吉吉。于是吉吉带着一脸玩耍的兴味，揪住树枝末端，展开一场树枝拔河战。接着吉吉向蒂姐搔痒，蒂姐立即回应，往吉吉怕痒的脖子咬下去，她们俩笑成一团。

吉吉不像玛莉莎，她没有小孩。但是吉吉这只体形硕大、未有后代的雌黑猩猩，对卡萨克拉族黑猩猩生活的影响，尤其是对雄黑猩猩的影响，很难述说得尽。自从一九六五年后，吉吉的性象征已趋成熟，每三十天左右有月经来潮。因此大约有二十多年，她一直是卡萨克拉族雄黑猩猩追求的对象。那段期间她过度操劳的臀部皮肤涨缩不下两百五十次。相对的，菲菲自初经以后二十年间，臀部只涨红三十次。吉吉臀部的潮红一再反复、不寻常扩张的结果，使得她臀部皮肤翻红的部分与冈比山谷的其他雌黑猩猩比较起来，显得非常大。

吉吉自初经开始便散发着无比的性感魅力。她经常是众黑猩猩兴奋的大聚会的核心要角，卡萨克拉族的雄黑猩猩绝大部分都拜倒在她的裙下。一旦雄黑猩猩因受一只魅力十足的雌黑猩猩吸引聚集在一起时，他们便不可能远走到族群活动范围的边陲地带去巡防边界。因此，吉吉的潮红期经常成为召聚众雄黑猩猩的旗号，鼓舞他们执行保卫疆界和扩张领土的英勇任务。

　　某方面而言，吉吉的性感魅力令人难以理解，因为她经常在尚未完成交媾时，便抽身离开她的伴侣。二十多年来一直如此。我猜想，雄黑猩猩们一定会为她这样的行径感到愤怒、挫折，但是这却从未使他们倒尽胃口。有许多次吉吉极不愿意顺从雄黑猩猩的求欢，这时追求她的雄黑猩猩会非常有耐心地等候她。我记得菲甘追她的情形。当时吉吉斜倚在地上，潮红的臀部深具挑逗性，但是她完全不理会菲甘为求欢而猛烈摇晃树枝的举动。几分钟之后，菲甘怒发冲冠，站直起来，在她上方狂暴地摇动树枝。吉吉只是看了他一眼，然后翻身仰卧，直盯着穹苍。菲甘僵住了，只好也坐下，偶尔仍猛烈、愤怒地摇晃较小的枝桠，仿佛除此之外不知道还能怎么办。渐渐的，他挥舞树枝的动作又越来越狂暴，全身更多毛发竖直，眼露凶光。我想，要是吉吉再继续这般不知好歹，恐怕就要遭殃了。吉吉显然跟我的想法一样，她突然站起来，走向菲甘，蹲伏在他面前。但是菲甘才刚开始与她做爱，她便抽身尖叫着逃跑。

　　接着吉吉在距离菲甘约十码的地方再度躺下来，菲甘则愣在原地。这时他也躺下来，彼此相安无事过了一小时。然后他走向吉吉——而她再度完全不理会菲甘的追求。直到他又狂野地在她四周耍动树枝，吉吉才站起身，走到他面前蹲伏——但是同样的，当菲甘正与她交媾时，她又一溜烟跑掉了。这次菲甘紧闭双唇，满脸愠怒，追着吉吉。显然，他的求欢之举已变成暴力威胁。吉吉立刻回应他的求爱，但是情形仍然一样，她到最后还是半途脱逃。大受挑逗的菲甘只落得徒然遗精在地。

　　再没有其他卡萨克拉族的雌黑猩猩像吉吉一样溜掉那么多次的交媾。她也曾多次老大不愿意地与不同的雄黑猩猩到社区边缘的地方度蜜月。过去二十年来，就我们所知，她共有过四十三次蜜月，实际次数可能更多。就进化生物学而言，这些带吉吉去度蜜月的雄黑猩猩只是在"浪费时间"，因为他们都未能促使吉吉怀上他们的孩子。然而，雄黑猩猩们并不知情，他们仍死心塌地地为吉吉争风吃醋。而且，我觉得，即使他们知道吉吉是这个样子，他们仍会非常渴望吉吉继续留在他们当中。

另一方面，吉吉也为同族的雄黑猩猩有些贡献：她协助婴儿黑猩猩和少年黑猩猩学习性生活的应对进退。雄黑猩猩在性方面非常早熟。从他们会蹒跚走路开始，便对雌黑猩猩的潮红臀部大感性趣，他们自幼便热切展开与发情期雌黑猩猩的"交媾"。当然，这都只算是"练习"——雄黑猩猩得等到十三岁、十五岁，才可能当父亲。但是有时候吉吉看来似乎比较喜欢幼小黑猩猩和少年黑猩猩的求欢，而不喜欢大黑猩猩较暴烈的要求。她经常在小黑猩猩有所求时，马上蹲伏在他们面前。事实上，她有时会主动挑逗少年黑猩猩的性欲。例如有一次，她突然走向玩得正疯的普洛夫和威奇，一把抓住普洛夫的手肘，将他带开威奇身边，然后蹲伏在仍被她紧紧抓住的普洛夫面前。直到普洛夫顺她的意，与她交媾之后，才放了他。

另几次，她则完全不理会这些乳臭未干的毛头小子。无论如何，这些幼小的雄黑猩猩遇到这种情形，会非常单纯地继续央求半个小时以上。我记得有一回跟踪吉吉很长一段路，那时吉吉正值全然潮红期，有三只毛躁的少年雄黑猩猩跟在她后面追求她。他们静悄悄地轮流跟在她性感的屁股后面，喃喃低吟。每当她一驻足，他们三个便趋前，对着她摇晃树枝。吉吉理都不理他们。

一九七六年，不知道是什么原因，吉吉的月经越来越不准时，这时她受雄黑猩猩欢迎的程度也大不如前。很可能是她的荷尔蒙分泌产生了大变化——而雄黑猩猩对她的反应仿佛与对待怀孕期雌黑猩猩一样。大约两年后，有一天我碰巧遇见吉吉撒下一泡半流质、带血、像果冻一样的排泄物。我将它保存在威士忌酒里（那是当时我唯一能找到的酒类），然后寄给一位生殖生物学家化验。他说：那可能是子宫分泌的，人类的女性偶尔也会（极痛地）排出这样的分泌物。至于这对吉吉代表什么，不得而知，但是后来她又变得比较受雄黑猩猩欢迎了——只要周围没有其他雌黑猩猩与她竞争的话。

过了几年之后，吉吉对与年少雄黑猩猩的交媾越来越感到愤怒，情绪无可预料。她多半仍会回应年少雄黑猩猩的求欢，但是当他们开始办事的时候，她常会转身离去，或者殴打、攻击他们。有一次，她在树上蹲伏在普洛夫跟前，当普洛夫正与她交媾时，她将普洛夫一推，用力过猛，害普洛夫跌到二十英尺以下、石头遍布的土地上。普洛夫一动也不动地坐了一阵子，他大发一顿脾气，但是没有黑猩猩理他，当然吉吉更是不看他一眼。这类事情越来越常发生在吉吉身上，年少的雄黑猩猩越来越少向这只暴躁的雌黑猩猩求欢。但是令人困惑的是，吉吉又会主动倒追年少的雄黑猩猩。她一再走向年少的雄黑猩猩，挑动情欲。假如他想违抗，吉吉就会紧跟在他后面，再试一次。例如有一回，吉吉完全潮红时，遇到婴儿雄黑猩猩贝多芬和姐姐哈曼妮（Harmony）在树上吃果子。吉吉立刻爬到贝多芬身边，但是贝多芬躲避她。几分钟之后，吉吉再次挨近，但是贝多芬跳到另一棵树上去。吉吉跟着跳过去第二棵树、第三棵树。然后停下来，开始吃果子，我以为她放弃了。焉知全非那回事。十分钟之后，她再度爬向贝多芬，贝多芬再次躲开。吉吉追了一小段路，然后又吃起果子——直到这两姐弟下到地面互相梳理毛发，吉吉立刻紧追过去，贝多芬吓得躲到姐姐背后。接着他火速爬到高树上，吉吉则待在树下偶尔抬头望望他——极其渴望地看着——约有半小时之久。当他爬下来时，吉吉再次趋前，蹲伏下来将性感的臀部靠向贝多芬。这次她坚忍不拔的精神终于得到回馈——距离她展开倒追已有一小时又二十五分钟。吉吉只有这次未攻击或威胁她的性伴侣！

不只婴幼儿雄黑猩猩有时会受到吉吉恐吓，甚至连青少年雄黑猩猩也常感到紧张。因为吉吉变成非常强壮、具攻击性，力气大到可以推倒大部分的青少年雄黑猩猩。尽管雄黑猩猩比雌黑猩猩更常发动攻击，但是这并不意味着雌黑猩猩就不具攻击性格。事实上许多青春期雌黑猩猩都经历过一段非常好战的时期，但那是在她们怀孕生产之前。雌黑猩猩一旦面临乳养小黑猩猩的阶段，便没有必要再示威摆荡和打斗——这样她的婴孩将陷于无母亲照顾的危险境地。因此大部分的雌黑猩猩到了成熟年龄之后，攻击性就不太明显了。

然而对吉吉而言，情况迥异，因为她从未生下任何小黑猩猩打断她天生专断、支配欲强的个性。她有许多行径都像雄黑猩猩。她常精力充沛地耀武扬威，当吉吉站着示威时，大部分的雌黑猩猩都赶快走避，以免卷入争端。她的表现对一心想要支配社群里雌黑猩猩的年轻雄黑猩猩而言，是一个终极的挑战。有时她也陪着雄黑猩猩一同在边界巡逻，一般雌黑猩猩只有在潮红期才会到那里去，否则她们通常都是在雄黑猩猩走过的山径上走动。吉吉经常扮演积极的巡逻角色，她还与雄黑猩猩一同捣毁别族黑猩猩的窝巢，攻击邻族的雌黑猩猩。她甚至参加过几次与卡哈马族黑猩猩的残酷争战。

　　吉吉也有相当出色的打猎记录。她比其他雌黑猩猩更常打猎，且成功抓到猎物。她甚至有办法在面对成年雄黑猩猩围过来抢食猎物时，依然保有她的猎物。例如有一次，她猎到一只年少的疣猴，尽管连遭沙坦和薛里等三次猛烈的攻击，她仍能紧抓着猎物不放。在这三次遇袭中，她顶多倒在地上挣扎，与沙坦扭打成一团，但她终能脱身，紧抓着猎物冲到另一棵树上去。接着当薛里双手抓到她的猎物，且猛力拉扯时，吉吉还是能保住这可口的野味。甚至当沙坦激烈地在四周示威，吉吉仍可躲过这两只雄黑猩猩的抢夺。最后，薛里撕走这只疣猴的臀肉和后腿肉，吉吉终得安静享受美味。因为沙坦不再继续烦扰她，而跑去和薛里争食其余部分。

　　我想，雄黑猩猩们必定非常尊敬这只固执、天不怕地不怕的雌黑猩猩，她一直是他们社会中不可或缺的一员。因此，尽管吉吉有一些古怪的性癖好，但她与众雄黑猩猩的关系非常和谐，且是他们喜欢与之共同梳理毛发的伙伴。就像雄黑猩猩一样，吉吉花许多时间参加众黑猩猩喧嚣吵闹的聚会。大部分的雌黑猩猩除非是在潮红期，平常都比较喜欢过安静的日子。她们宁可一次花好几天的时间与自家人做伴，偶尔参加较大的聚会只为了找刺激。吉吉也像雄黑猩猩一样花很多时间独处，其他雌黑猩猩则在生了第一胎（假如他幸存下来的话）之后，便不再拥有真正的孤独。她们往后一生总常与一两个子女在一起。身为母亲，我深知即使是一个小婴孩，也能让母亲觉得真正有伴。

吉吉在许多方面显得很孤单。因为她尽管有许多个性像雄黑猩猩，但毕竟不是雄黑猩猩；她从来不曾、未来也不可能融入雄黑猩猩的同伴关系社会中。她无法像其他雌黑猩猩一样在家庭中找到伴儿和安慰。当然，她也曾是一个家庭中的一分子，但那是很久以前的事了。在我认识她的时候，她已经八岁，她唯一的亲戚似乎只有威利·瓦里。但是当卡萨克拉族闹分裂时，威利·瓦里后来迁移到南方，加入卡哈马族雄黑猩猩群中。

吉吉没有生育，所以没有给自己创造机会去结交一群特别亲密的朋友或家庭成员，不过吉吉却与许多婴孩黑猩猩发展出非常特殊的关系。当幼小黑猩猩到了一岁或一岁半的时候，总会非常受吉吉吸引——黑猩猩到了这个年纪，通常都会获得母亲许可，稍微有点自由可以和家庭以外的黑猩猩来往。当吉吉与某个家庭在一起时，只要母亲首肯，吉吉会为幼小黑猩猩梳理毛发、跟他们玩耍或帮忙带他们。她也协助保护这些小黑猩猩——尤其当较大的幼年黑猩猩玩得太过火，快要打起来时，吉吉尤其会热心地制止。事实上，吉吉带过一个又一个婴孩黑猩猩，她所扮演的正是人类传统上的保姆角色。

但是这类关系都维持不久，因为幼小的黑猩猩大约一岁半、两岁时会越来越吵闹、有自己的主见，吉吉便对他们失去兴趣。不过最近她倒是与其中几个幼年黑猩猩发展出较长久的关系——除了与小黑猩猩兄妹关系密切，也与他们的母亲帕蒂要好。吉吉和帕蒂常在一起，在帕蒂生产之前和之后，因为帕蒂不太会照顾小婴孩，吉吉第一次能真正显著地协助扶养小黑猩猩。

帕蒂在七十年代早期迁入卡萨克拉族，因此我们对她早期的生命史并不清楚。一九七七年她第一次怀孕结果很凄惨，可能是死胎，或是出生几天后死亡。那时派逊和波仍在猎食幼小黑猩猩，因此帕蒂的婴儿很可能成为派逊母女手下的牺牲品。大约一年后，帕蒂又生了一只健康的小雄黑猩猩，但却因帕蒂不善母职而夭折，帕蒂真的一点也不知道要如何照顾小黑猩猩。她行走时的确会用单手撑持小婴儿，但是有时她会将他的小屁股压到她的肚子上，结果让小婴儿的头碰碰碰地一再撞到地面。还有一次，她用单腿拖着小家伙走。有时，她坐着喂奶，后来却站起来摘果子吃，结果孩子便从母亲怀里和双腿间掉下去，吓得尖声大哭。所以她的婴儿出生不到一个星期便死亡，一点也不稀奇。

　　一年后帕蒂再度临盆，生了一只小雄黑猩猩，我们叫他塔皮特（Tapit）。尽管这次帕蒂已经比较称职母职（这非常不容易）。但是我相信，她的婴孩能存活下来，大半是因为孩子本身不屈不挠和坚强的意志力，而不是因为帕蒂在照顾孩子方面略有进步。有许多次显然帕蒂对他不知所措。例如，她经常没有抱好，于是当她坐下来梳理毛发或吃东西时，塔皮特便栽到地上去。帕蒂就让他跌坐在地上，直到他呜咽，才会跑去将他抱起来。另一次，帕蒂从一棵树跳到另一棵树，结果塔皮特变成倒栽葱，头朝帕蒂的臀部。在帕蒂跳跃时，他吓得大声尖叫，当帕蒂抵达定点之后，似乎很关切地坐下来摇摇儿子——而他仍是倒栽葱的姿势，两只脚挂在她的下巴间，头在鼠蹊部。这类事情在塔皮特初生那几个月真是司空见惯，每当帕蒂在树丛间跳跃时，塔皮特经常吓得大声尖叫。

　　由于帕蒂抱塔皮特的姿势不当，塔皮特经常触及不到妈妈的奶头。连他这最基本的需求，妈妈都没有办法帮助他。当他吸错地方时，他会呜咽，接着尖叫着大哭，尽管这时帕蒂会低头目不转睛地看着他，但是却从来不曾将他的位置调整过来，方便他吸奶。即使当他最后已经吸到奶头，开始吸奶了，十之八九帕蒂会突然乱动，让塔皮特好不容易吸到的奶头又溜掉。

到了六个月大的时候，塔皮特终于学会轻易地吸取母亲的奶。但是他又遭遇了新的困难。有一次我跟着这对母子到森林里的树荫处。帕蒂四肢摊在地上休息，塔皮特立刻吸她的奶。原先几分钟情况非常良好——但是后来帕蒂突然咯咯地笑了起来。我惊讶好奇地看，帕蒂越笑越大声，将奶头从塔皮特嘴里抽出来，然后用奶头上上下下搔他的头和脸。但是塔皮特只想吃奶，不想玩。最后他一面呜咽地哭，一面又重新抓住妈妈的奶头继续吸奶——但却还是被一直笑的母亲一把推开。接下来几分钟，塔皮特仍试图强行吸奶，过了一会儿才放弃。等他下次再吸到奶已是大约一个小时以后的事了，帕蒂似乎无意干扰他，但是她在往后许多次喂奶时，仍露出同样奇怪的玩笑态度。有一次当塔皮特想吃奶时，帕蒂一面搔他痒，一面咯咯地笑，塔皮特奋斗了七分多钟，不停地哭。为什么帕蒂会出现这么奇怪的行径，令人费解。这是有些母黑猩猩在给孩子断奶时所用的计谋——当孩子想吸奶或要她们背的时候，她们便疯狂地与小娃儿玩耍，以便转移他们的注意力。但那是在幼小黑猩猩约四岁大时的事。帕蒂显然搞错时间了。或者也许是因为塔皮特的双唇一碰她的乳头，就令她觉得痒，因此刺激她做出这样奇怪的反应。

塔皮特只有四个月大——约略会走路的时候，帕蒂便让他离开自己身边。从那时起她经常让他自处，而自己则跑到附近去梳理毛发或进食。有时遇到必须爬坡或者跟着妈妈从这棵树跳到另一棵树，想要妈妈背时，塔皮特会开始呜咽，但是帕蒂完全不理他。即使他因跟不上而尖声哭叫，她通常也只是往他那方向看一眼而已。她对塔皮特的社交发展，也同样漠不关心。大部分的母黑猩猩都会在幼小黑猩猩头几个月大的时候，小心翼翼地避免让他和其他成年黑猩猩接触。帕蒂一点也不是这样。当塔皮特只有五个月大的时候，她便趁众黑猩猩互相梳理毛发的机会，爬到沙坦的身上。塔皮特似乎搞不清楚状况，于是呜咽起来，但是帕蒂不理会他。塔皮特一边哭，一边爬越过沙坦的身体，然后尖叫。只有到这时候，帕蒂才去将他抱回来。另一次当塔皮特蹒跚地离开帕蒂，爬了一小段路到一棵小树上，然后边哭边走向葛瑞琳。葛瑞琳立刻拥抱他，但是他却一把将葛瑞琳推开，结果自己反而跌倒在地上，向着吉吉号啕大哭。但是吉吉跟他一点血缘关系都没有，所以也没理他。最后他越哭越大声，帕蒂轻轻嘀咕两声，才跑过去抱他。

当塔皮特九个月的时候，他又受苦于母亲的另一个怪癖。当我第一次看到那个情形时，我再次感到惊讶。那时帕蒂正在钓白蚁，塔皮特则在一旁的小树上玩耍。当她准备离开而站起来时，她不是按正常的方法用手臂勾住塔皮特，将他揽进怀里，而只是拉着他的一个脚踝。这当然使塔皮特难以正常活动。当她继续拉扯时，塔皮特更死紧地抓住树枝不放，并且马上开始尖叫。这时她唯一的反应却是更用力拉他，直到他被迫放手不抓树枝——然后帕蒂将他倒栽葱式的夹在胸腹间。这样的事情在接下来的几个月中不断发生。

等到塔皮特一岁的时候，老帕蒂偶尔会抛开他自行出游。例如有一次，她渐行渐远离开塔皮特身边，走到较低山坡的灌木林里，摘食盂夏山径沿途盛产的黄色甜果。她丝毫未注意到塔皮特在后头轻声呜咽地奋力跟上她。过了一会儿，几乎已经看不见妈妈的踪影了，塔皮特放声大哭。只有在这个时候，帕蒂才会回眸观望，再走回去陪着儿子。四个月之后，当塔皮特自己在地上玩得正专心的时候，她会悄悄地丢下他，爬到树上去吃果子。五分钟后，塔皮特试图跟上妈妈，但是他爬不上树，于是放声大哭。帕蒂毫无反应。即使他越哭越大声，母亲也只是低头看看他而已。最后塔皮特终于大发脾气，使尽力气哭得六亲不认，故意跌到地上猛扯自己的毛发。只有在这个时候，帕蒂才十分不情愿地停止吃食，下来抱他。

这样没有母爱的行为，越来越使得帕蒂经常不和塔皮特在一起。有一次我遇见帕蒂和一群雄黑猩猩共游，但是未见塔皮特。当他们停下来觅食，帕蒂相当恬静自适地与他们一同进食。五十分钟后，帕蒂突然"想起"，她身边应该有个婴儿在才对！于是停止进食，四下张望，并且开始哭泣，然后回头往先前走过的路去找她儿子。她大声嚎哭。我几乎跟不上她快速的脚步，但是稍后我便看到她安然与塔皮特团聚。另一次当我跟着玛莉莎一家子时，我们听到一只迷失的小黑猩猩六亲不认的哭声。玛莉莎立刻往哭声冲过去，发现（当然）是幼小的塔皮特，于是拥抱他，留下来陪他，有时还背着他，直到他找到妈妈为止。

当塔皮特刚满周岁时，吉吉开始向他伸出友谊的双手。我清楚记得我第一次遇见这情形时的境况。塔皮特一如既往地落在母亲后面约十码远的地方，独自蹒跚地走着。那时天色已晚，大部分的婴儿黑猩猩都倦了，即使比塔皮特更大的小黑猩猩也会坚持要骑在妈妈背上。塔皮特也不例外，他开始呜咽。帕蒂跟往常一样毫不理会儿子，但是一整个下午都与他们母子在一起的吉吉立刻回头，蹲下来伸出双手欢迎他爬到自己的背上。塔皮特反而退缩，充满困惑，躺在地上号啕大哭。吉吉先是离开，但是当塔皮特站起来时，还在哭泣，吉吉又蹲到他身边。这次塔皮特终于跳到她背上，吉吉便背着他到帕蒂那里去。

这是吉吉和塔皮特亲近关系的开始，此后吉吉在塔皮特早期发展中扮演了关键性的角色。只要吉吉臀部未值潮红，她便经常与塔皮特共游，她非常慷慨地将她没有发挥余地的母爱给予塔皮特。她背着他四处走动，为他梳理毛发，和他玩，她也尽力保护塔皮特。有一次塔皮特毛发竖直、不停蹦跳、精力充沛地向一只青春期狒狒大耍威风，这只狒狒被惹得不耐烦了，揪住塔皮特，把他推倒，害他在地上连滚了好几圈，然后又拖着他走了一小段路。那时塔皮特才刚满周岁，当然吓坏了，大声尖叫。帕蒂只是瞧了一下，可是吉吉却马上飞奔过去将塔皮特抱在怀里。有这么一位靠山，塔皮特胆子变大了，一把将吉吉推开，再度毛发竖直，又跳又踏向那只狒狒示威。吉吉在一旁慈祥地看着。还有一次，吉吉拎着塔皮特火速爬到树上，以避免他遭到戈布林的攻击。又有一次，沙坦攻击帕蒂，吓得趴在帕蒂背上的塔皮特号啕大哭，于是吉吉猛烈示威，并且将沙坦赶跑。

事实上，吉吉非常像是个阿姨，她和塔皮特经常形影不离，有时他们会待在帕蒂进食地点以外三十码的地方。有一天，大热天正午，我与他们坐在一起，那时塔皮特已在吉吉大腿上睡了一个半小时了，而他母亲则在不远的一棵树上吃东西。对帕蒂而言，有这样的保姆似乎令她相当满意。有一回，塔皮特已经和吉吉一同走了大

约一百码路，而帕蒂仍与其他一些成年雄黑猩猩没完没了地梳理毛
发。她的儿子早已不见踪影了，但是即使当这群雄黑猩猩受到惊
吓，火速冲到树上警戒时，她也似乎完全不担心塔皮特的安危。
三十分钟之后，塔皮特才出现，他骑在吉吉宽敞的背上。

　　塔皮特三岁那年，帕蒂对待他的某些方式更漫不经心。塔皮特
在旅游中，为了奋力跟上母亲，经常被迫尝试对他来说极其困难的
树丛间跳跃。即使他吓得尖叫，帕蒂也鲜少回头去协助他。有许多
次尽管他已经尽力了，但是仍无法跨越两棵距离太远的树木，只能
呜咽、哭泣好一会儿，最后还是得自行从树上爬下来，再奔跑到帕
蒂已安享美食的那棵树下，爬上去与母亲会合。即使已经四岁、甚
至五岁的小黑猩猩都会巴在妈妈的背上，以便横越湍急的溪流，但
是帕蒂有好几次都将塔皮特抛在遥远的岸上，迫使他不得不借助晃
过溪流上方的枝桠自己渡河。要是吉吉在场背他或给他安慰鼓励，
一切倒还好。事实上，吉吉一直是塔皮特整个婴儿期的友伴、玩伴
和保护者。

　　毫无疑问，吉吉所付出的关怀、安慰、鼓励、照顾与爱心，使
塔皮特的生活品质产生了很大的改变。他的教养非常特殊，五岁断
奶后，一如所料变成相当引人注意的年轻黑猩猩。他非常独立、有
主见，但是很容易在遇到挫折时，突然变得非常沮丧。在帕蒂生下
一胎之前，塔皮特死于某种不明原因的疾病。这是多么讽刺的事
啊，塔皮特好不容易奋勇度过危机四伏的婴儿期，尽管母亲的笨拙
疏忽，他依然存活过来了，却在濒临独立的关头去世。

　　但是塔皮特的一生并没有白过，因为他让帕蒂学到了很多如
何当个好母亲的功课。令我高兴的是，帕蒂生了她的女儿蒂姐

（Tita）之后，变成一个非常好的母亲，再也没有先前发生在塔皮特身上的那些怪异的行为举止。因此塔皮特一生不屈不挠的精神将使他未曾谋面的手足受益，并且巩固帕蒂在冈比黑猩猩群中的一脉相传的世系。

早在蒂妲未满一岁以前，吉吉已开始当起保姆，这也许是因为那时帕蒂已接纳吉吉为她们家的一员。也因为这么早就展开这样的关系，促使吉吉和蒂妲之间的感情甚至比吉吉与塔皮特的感情更亲密。而这两只成年雌黑猩猩的关系也越来越好。事实上，在旅游或觅食途中，假如偶尔与帕蒂母女失去联系，有时会令吉吉感到相当沮丧。

例如有一天，吉吉爬到距离帕蒂和蒂妲十五码以外的一棵树上觅食。大约四十分钟后，吉吉下来，爬到她们母女待的那棵树上去找她们，但是却不见她们的踪影——原来她们早几分钟之前便离开了，静悄悄地穿过这片灌木林。吉吉张大眼睛四下观望，接着像个找不到妈妈的迷路小孩一样，开始呜咽、哭泣。几分钟之后，她发出一连串的招呼声，最后非常大声地吆喝，听起来仿佛在叫："你们到底跑到哪儿去了？"几分钟之后，帕蒂母女终于出现。两只成年雌黑猩猩互相梳理毛发一阵子，然后吉吉迈向蒂妲，示意蒂妲爬到她背上然后出发。帕蒂毫无选择余地，只有跟着走！

我清楚记得又有一天，我与她们在一起时的情形。那天过了炎热的正午，帕蒂爬到树上吃果子，吉吉四肢摊开躺在地上休息，蒂妲在吉吉身边跳来跳去，然后用一根叶片茂密的树枝殴打吉吉。于是吉吉带着一脸的玩耍的兴味，揪住树枝末端，展开一场树枝拔河战。接着吉吉向蒂妲搔痒，蒂妲立即回应，往吉吉怕痒的脖子咬下去，她们俩大声笑成一团。十分钟后，蒂妲玩够了，便爬到树上自己玩，在葡萄树上晃来晃去。气氛一片祥和。帕蒂进食的树枝上不时传来沙沙的声音和知了的合唱。吉吉闭上眼睛睡觉。突然，一阵吵闹声传来。附近一群狒狒在打群架，扰攘声破坏了午后的宁静。蒂妲吓了一跳，开始尖叫，吉吉立刻拔腿飞奔到树上，将蒂妲拥入怀里。她背着蒂妲爬下来，然后为她梳理毛发，直到蒂妲显然很安心地闭起眼睛。等帕蒂吃完东西，三只黑猩猩才继续往前走。一路上蒂妲一直无忧无虑、自信满满地骑在吉吉阿姨强壮的背上。

第十七章　爱

　　菲林特太依赖老母亲了，以致一失去母亲，便似乎缺乏求生的斗志。那个空窝巢是菲洛死前不久，曾与菲林特短暂共度的地方，当菲林特瞪着这个空窝巢时，他想起什么？他内心是否夹杂着那些已经逝去的快乐回忆和怅然若失之感？我们永远无法知道。

可怜的吉吉，由于无法生育，一直无法找到类似母黑猩猩与小黑猩猩之间的那种安心的关系。她极力寻求与一些婴孩黑猩猩建立关系，但是这些小黑猩猩一个个长大之后，便离开她。他们只与自己的亲生母亲继续维持关系——这层关系是最稳固、最有意义的。除了婴儿期和早年之外，黑猩猩一生中再也不会备受呵护、照顾与养育。当小黑猩猩逐渐长大之后，他们与母亲的关系会强化为亲密、互相支持的友谊，且延续一生之久。而雄黑猩猩则可能会与其亲兄弟，甚至没有血缘的同族其他雄黑猩猩建立类似友谊的关系。但是雌黑猩猩一旦失去母亲（无论是因为死亡，或者因为做女儿的迁移到别的社区），她将无法再次体验那样的关系，除非等到自己的子女长大。

彼此情谊越巩固的黑猩猩，越容易在情谊遭受威胁时，感觉沮丧。由于母亲是专为婴儿而活，是婴儿黑猩猩生命的全部，因此断奶期无疑令小黑猩猩感到非常沮丧——这是他们一生中第一次遭母亲的悍然拒绝。断奶期之初那几个月，小黑猩猩可能因强烈坚持，最后常常如愿又吸到母奶。但是再下去，母亲就会越来越频繁、越猛力地阻止孩子吸吮或再爬到背上去。小黑猩猩于是变得越来越频繁地轻泣呜咽，甚至转为挫折发怒地尖声大哭。这时母黑猩猩带孩子的任务更加艰难，有时候显然母黑猩猩与婴儿都同样感到十分沮丧，特别是当母黑猩猩给第一胎断奶时，更是困难。因为缺乏经验，尤其第一胎若是雄黑猩猩，他一发飙比小雌黑猩猩更加暴力。当他歇斯底里地尖声大哭时，还会从妈妈身边猛往外冲，故意倒在地上，猛撞地面，猛扯毛发。这时母黑猩猩怎么办呢？通常她会咧着嘴面带害怕神色地跟上前去，抓住他，我猜是想安抚他。但是由于正在发脾气，痛恨母亲的拒绝，小黑猩猩必然会一把推开妈妈。然而即使被小黑猩猩踢打或嘴咬，母黑猩猩仍旧会抓住他，直到他不哭闹为止。小雌黑猩猩则用更微妙的方法遂其所愿，她会趁为妈妈梳理毛发时，悄悄靠近妈妈的乳房，然后逮着机会就快速偷吸妈妈的奶。

　　断奶高峰期所发生的另一件事情，对小黑猩猩而言，又是另一个伤及他与母亲关系的威胁，就是母黑猩猩这时会恢复潮红。此后每逢发情期，母黑猩猩都忙着与求欢的雄黑猩猩交配，并且所有参加这类聚集的雄黑猩猩都扰攘不安。母黑猩猩断奶后那几次发情期最难适应，因为这情势对她的孩子而言，即新鲜又陌生，且令他感到害怕。诚如我们先前所见，小雄黑猩猩倾向于干预在他附近发生的任何交媾行为。通常他都相当冷静，只是跑过来推开正在交媾的雄黑猩猩。但是当交媾的雌黑猩猩是他的母亲时，小雄黑猩猩的干预就会非常激烈，他可能攻击这只求欢的雄黑猩猩，并且沮丧地咧嘴唧唧叫。小雌黑猩猩在母亲与其他雄黑猩猩交媾时，经常更加沮丧，尽管平常当她遇见其他雌黑猩猩在交媾时，通常都视而不见。

我们尚不清楚母黑猩猩的奶水逐渐消退，和婴儿黑猩猩吸奶频率，以及母黑猩猩怀下一胎前后的荷尔蒙改变，这之间有什么关系。有些婴儿黑猩猩在母亲怀下一胎的整个怀孕过程中，一直都在吃母乳。另一些婴儿黑猩猩则在母亲怀孕前或怀孕头几个月便断奶了。很可能对小黑猩猩而言，母黑猩猩生下一胎象征着另一个新纪元的开始，毋怪乎有些小黑猩猩会感到备受威胁。因为他再也不会受到妈妈全神贯注的关爱，且再也不能爬到妈妈背上，或者晚上挤进妈妈温暖的窝巢。他的婴儿期已经宣告结束。尽管母亲再也不能那么全心爱护较大的小黑猩猩，但是她依然在孩子身边给予安慰和保护。只要他要求，母亲还是会分食物给他。她花在为较大的小黑猩猩梳理毛发的时间，也比为梳理新生小黑猩猩的时间更多。因此少年黑猩猩尽管一开始会感到沮丧，但是他的心情很快就会恢复平衡，并且对这个新添的小娃儿感到非常好奇。

只有两只少年黑猩猩并未按此模式迈向独立，那就是菲林特和麦可马斯（Michaelmas）。在母亲生产之后，他们依然在情感上非常黏着母亲，不过他们有非常特殊的理由。就菲林特的例子而言，他母亲菲洛年纪老迈是最大的原因，对一直是她那一世代最佳母亲典范的菲洛而言，最后一胎是个败笔。我想，假如她不怀最后一胎的话，菲林特可能会发展得很好。但是怀最后一胎使老迈的菲洛耗尽许多精力和元气，以至于她无力给菲林特断奶。与个性果决、社会地位高的许多家庭成员比起来，菲林特变成被宠坏、难驾驭的孩子，当菲洛试图阻止他吸奶或骑到背上时，菲林特便大大发飙，闹得六亲不认。菲洛一再姑息他，以致菲林特在妹妹菲勒姆出生之后，还在吃奶。由于事属必要，尽管菲林特一再哭闹发脾气，菲洛后来还是给菲林特断了奶，但是她显然无法阻止儿子晚上挤到窝巢内或骑到背上。事实上，有时菲林特甚至坚持要菲洛像抱婴儿一样把他抱在怀里，完全没把菲勒姆放在眼里。同时菲林特也变得越来越沮丧，他会玩，但是玩得不多，大部分时间都坐在菲洛旁边为她梳理毛发。在菲勒姆短短六个月的生命期间，菲林特一直都是如此。那时菲洛罹患类似肺炎的疾病，身体虚弱到根本无法爬到树上去搭窝过夜。有一天我们发现她躺在地上，而菲勒姆却从此不见。后来菲洛康复了，但是她的身体和心理依旧沉溺在得照顾小婴儿的负担之中，所以她也懒得阻止菲林特挤到窝里，或骑到背上。菲林特后来终于不再骑妈妈的背，但那是直到他八岁的时候，菲洛衰老的身体再也负荷不了他的重量。

麦可马斯的故事相当不一样。他的母亲蜜芙恢复潮红时，他只有五岁。发情期的蜜芙非常受欢迎，经常有一大堆雄黑猩猩围绕着她。在这些群众聚会中，气氛非常狂热且经常充满攻击性，蜜芙自己有时也遭到攻击。麦可马斯和母亲患难与共，他不只站在追求者和母亲之间干扰好事，甚至在蜜芙遭受攻击时，尽力保护她。在其中一次纷扰中，麦可马斯的臀部脱臼，因此受伤跛脚，再也无法跟得上家族游走的脚步，而在那次意外之前，蜜芙已悍然给麦可马斯断奶，但发生意外之后，蜜芙慈祥地允许他继续骑在背上。即使在抵达目的地之后，蜜芙经常仍旧抱着他。有时若她忽视麦可马斯的呜咽，他的姐姐摩耶莎也会来背他。也许因为他身体欠佳，蜜芙一直未曾拒绝他挤进自己搭的窝。因此麦可马斯就像婴儿一样一直黏着妈妈，一直到七岁他才自己搭窝，即使如此，他偶尔仍会爬到母亲和小姐姐的床上睡觉。

当少年黑猩猩渐渐独立之后，他们与母亲的关系即有所改变。尽管彼此关系依然亲密，母亲也仍充满亲情之爱和支持，但是维系亲密性的责任慢慢移转到逐渐长大的黑猩猩身上。当黑猩猩还很幼小的时候，无论母黑猩猩走到哪里，即使她准备继续往前走，仍会等待孩子——要是母黑猩猩不耐烦了，会拉着他一道走——较大的黑猩猩就得自己注意妈妈的行踪了。这并不意味着母黑猩猩经常不等孩子，便径自出发——事实并非如此。但这意味着黑猩猩母子（女）俩时常会突然分道扬镳。这时小黑猩猩总是变得非常懊丧。迷失的小黑猩猩经常一边歇斯底里地大声哭叫、一边低泣。当母黑猩猩听到这样的声音时，总会驻足等候，但不知道为什么她们就是不会给予迷失者引吭回应。因此年少的黑猩猩学到两件功课：第一，他必须注意避免再度发生类似的事情；第二，暂时与母亲分离并不是世界末日——他们迟早会找到妈妈。因此渐渐的，小黑猩猩终于开始故意暂时离开母亲，而小雄黑猩猩比小雌黑猩猩更早开始这样做。

尽管如此，少年黑猩猩偶尔与母亲分道扬镳时，还是会相当懊丧。而且有些时候，当他和母亲想走的方向不同时，他可能会非常努力地劝妈妈跟他一道走，假如妈妈肯，至少可以避免暂时分离。一九八二年某日，我跟着菲菲一家子：菲鲁德、菲罗多和一岁的菲妮。他们休息了一个小时左右之后，十一岁的菲鲁德坐起身，看看菲菲，然后抱起菲妮往北方走。正在为菲罗多梳理毛发、照料子女的菲菲只好起身跟在后面。这时菲妮挣开哥哥，跑回去找妈妈，于是菲菲再度坐下来，换成菲鲁德回头跟她。五分钟后，菲菲站起来，非常缓慢地往南走，好让菲妮跟得上她的脚步。菲鲁德立刻逮着机会，趋前抱起小妹妹菲妮，又往北而去。菲菲停下来望着他们，只好转身跟菲鲁德往北走。过不多久，菲妮又挣脱菲鲁德，往菲菲那边走了几步，却又被菲鲁德拉了回去，并且轻轻地推她，要求她跟着往前走。因此他们走了几码路，然后，菲妮再度试图脱逃，菲鲁德一把抓住她的脚踝，将她拉回身边，为她梳理毛发，直到感到放松。菲菲只是在一旁观看。几分钟之后，菲鲁德起身抓住菲妮的一只胳臂，菲菲则闪电似地抓住菲妮的另一只手臂，轻轻地拉回菲妮。菲鲁德立刻放弃，于是菲菲将菲妮牢牢抱在怀里，往南方走。菲鲁德看着菲菲好一阵子，先是充满渴望地往北方去，不久又转身跟着菲菲和弟弟妹妹。过了一阵子，当他们全家正在进食时，听到从东方传来黑猩猩兴奋的呼叫声。菲鲁德立即往声音出处冲，但是菲菲继续在原地吃东西。菲鲁德转回头抓着菲妮一起跑。菲菲立刻跟上去。大约走了二十码路，菲妮跳下来，跑回妈妈身边，不过这次菲菲跟定菲鲁德，于是全家就都往众黑猩猩那儿去。

以上这些情况——小黑猩猩值断奶期、婴孩黑猩猩的诞生、母子暂时分离等——这些时刻也许会令他们一家感到难受，但是与遭遇母黑猩猩过世，关系永远断绝比较起来，这一点算不得什么。年龄还不到三岁且仍相当依赖母亲的婴儿黑猩猩，一旦遇到母亲遽逝，当然无法生存。但即使是已可独立觅食的少年黑猩猩，也可能因丧母而哀伤至极，终致悲恸而死。例如菲林特八岁半的时候，母亲菲洛遽逝，不能再照顾他。但是菲林特太倚赖老母亲了，以致一旦失去母亲，似乎便缺乏求生的斗志。菲林特一生全绕着菲洛转，菲洛走后，他的生命变得空洞、无意义。我犹记得菲洛死后第三天，我看见菲林特缓慢地爬到一条小溪附近的高树上，在树枝间走来走去然后驻足，一动也不动地盯着菲洛留下的空窝巢。大约两分钟后，转身离开，"老态龙钟"地爬下来，走了几步，然后躺下来，张大两眼瞪视上方。那个空窝巢是菲洛死前不久，曾与菲林特短暂共度的地方。当菲林特瞪着这个空窝巢时，他想起什么？他内心是否夹杂着那些已经逝去的快乐回忆和怅然若失之惑？我们永远无法知道。

很不幸在菲洛刚过世那几天，菲菲已往更远方而去。要是她在，从一开始便给予菲林特安慰，事情也许便会改观。菲林特已与菲甘共游了一阵子，有哥哥在，他似乎比较不那么懊恼。但这时菲林特突然离开大家，跑回菲洛丧生之处，搞得他心绪更往下沉。等菲菲出现时，菲林特已经病恹恹的了。尽管菲菲为他梳理毛发，等着他跟上来一起走，但是菲林特已毫无体力和意志力跟从。

菲林特越来越虚弱，拒绝大部分的食物，因此免疫系统大受影响，开始生病。我最后一次看到他生前的光景是，他两眼无神、形容枯槁地趴在菲洛丧生地点附近的树枝上。当然我们试着救助他。菲洛死后，不巧我必须马上离开冈比一阵子，但是仍有一两位学生和研究助理每天都陪着菲林特，与他做伴，劝诱他吃点东西。然而却没有任何东西可以弥补他失去菲洛之痛。最后他每走几步路便喘息一下，缓慢地走到菲洛陈尸之处，在那里待了好几个小时，不时瞪着溪水看。他奋力往前再走几步，然后蜷曲着身体，再也不动，就此与世长辞。

其他丧母的少年黑猩猩都由其兄姐代为照料。这类扶养例子有许多相当感人的故事，并流露出少年黑猩猩、青春期黑猩猩对弟妹的关爱之情和保护。此时年轻的雄黑猩猩显露出照顾弟妹的能力不输雌黑猩猩。他们也相当有耐心和感情。这个情形首先可在派逊的家中明显看出。

派逊过世的时候，她的儿子派克斯只有四岁。派逊死前病了好几星期，动作越来越迟缓，越来越憔悴，不时趴在地上，仿佛什么地方疼痛。尽管四年前派逊带着女儿一同猎食同族黑猩猩的婴孩时，我非常痛恨她，但是看着她日薄西山，着实让人感到难过。最后一天晚上，她非常羸弱，稍微一动便跌倒。她爬到较低的树枝上，搭了一个很小的窝，然后精疲力竭地躺在窝巢里。第二天黎明不停下着寒雨，天色一直灰蒙蒙的。派逊这时候过世。她半夜里便已经掉下来，挂在树枝上，一只手搁搭在葡萄枝子上。她生前最后几星期一直随侍在侧的三个子女，此刻都在她身边。波和普洛夫大部分时间，只是坐着瞪视派逊的遗体。但是派克斯却一再挨近派逊，试图吸吮她尚未干涸的奶水。派克斯越来越沮丧，越叫越大声，最后开始拉扯派逊悬荡在树枝上的头。在派克斯这般沮丧疯狂的拉扯下，派逊的遗体终于松动。当派逊毫无生命气息地落到泥泞的地上时，波姐弟数度检视她的遗体。他们偶尔到前边不远的地方进食，然后赶回母亲遗体旁边。随着时间分分秒秒的过去，派克斯越来越镇静，不再试图吸吮母亲的奶水，但是他显然十分沮丧，常轻轻低泣，偶尔还会拉着派逊没有生气的手。最后在天黑之前，波姐弟们才一同离开。

接下来几星期，派克斯出现许多沮丧的迹象。他无精打采，一点也不想玩耍，就像其他孤儿小黑猩猩一样，他的肚子马上变得跟茶壶一样鼓鼓的。但是他恢复得很快。大约一年之内，这三姐弟几乎形影不离。当普洛夫冒险与其他成年雄黑猩猩共游时，派克斯通常与姐姐在一起。然而，是尽管他们姐弟经常在一起，且尽管派克斯终究会跑去找波保护，但是不知道什么原因，派克斯就是不会骑到波背上，即使他们跟着脚步非常快速的一群黑猩猩走，派克斯时常落在后头低泣。甚至当波赶去救他，要求他爬到背上时，他仍旧不肯。刚开始波的母爱情怀被激发了，试图强迫派克斯爬到自己背上，但是派克斯反而跑去牢牢抱住一棵树，并且歇斯底里大叫，直到她不再强迫为止。普洛夫也曾试图要背他的小弟弟，但是派克斯仍然用这种令人费解的方式加以拒绝。同样的，普洛夫和波邀请派克斯晚上到他们的窝巢共寝，他也死都不肯。所以他们只好看着派克斯一面伤心的地呜咽，一面自己在附近搭了一个小窝。

派逊死后一年，波迁移到北方，加入米屯巴族。她这么做很可能是因为社会地位颇高的派逊过世后，波只能任卡萨克拉族的雌黑猩猩摆布。毫无疑问，她们仍对她充满敌意：黑猩猩有很长的记忆力。但是即使在波迁移之前，派克斯已经变得像跟屁虫一样黏着哥哥，无论哥哥走到哪里，他就跟到哪里。普洛夫与派克斯的感情甚笃，普洛夫打从派克斯一出生开始便对他感到十分好奇，经常背着他到处玩。我记得有一次雨季，派克斯重感冒，大打喷嚏。普洛夫赶紧跑过去，关心地看着派克斯鼻水直流的鼻子，然后捡起一堆树叶，小心翼翼地为他擦鼻涕。

派逊死后一年，普洛夫在许多方面兄代母职，在路途中等候他、保护他。派克斯在六岁时，只要偶尔不见哥哥踪影，都会变得非常懊丧，而普洛夫也同样担忧。例如在他们丧母两年后，有一次这两兄弟跟随觅食的众黑猩猩分两路散去，这两兄弟也跟着分道扬镳。当派克斯注意到普洛夫不在他那群黑猩猩当中时，他立刻呜咽哭泣，不时爬到高高的树上，放声大叫，四下张望。但是那时普洛夫已走得不见踪影，听不到弟弟的呼叫声，因此派克斯只好靠近乔米欧，在这只大黑猩猩旁边搭窝。即使如此，一整夜他仍旧断断续续地号啕大哭。普洛夫则在发现弟弟没跟上之后，立刻离开众黑猩猩，到处找派克斯。我没有看见他们是怎么团圆的，不过第二天中午两兄弟又在一起了。

有一件事情我永远记得。这两兄弟与一小群黑猩猩走在一起，其中包括正值潮红的蜜芙，以及仗着首领身份吃醋，不准别的雄黑猩猩亲近蜜芙的戈布林。当派克斯向蜜芙求欢时，戈布林毫不在意——因为这只小黑猩猩并不构成威胁。但是蜜芙却对这只乳臭未干的追求者感到愤怒，当他坚持求欢时，蜜芙从他背后踢他，害得他连翻带滚，滚到后面的树下。可怜的派克斯！结果他大发雷霆，我从未见过那样的暴怒之举。他撕扯自己的毛发，故意摔到地上，尖声大哭，越哭越大声。戈布林显然被这哭声惹烦了，怒发冲冠地瞪着派克斯。那时普洛夫正在不远处进食，立刻赶来看看究竟发生什么事。他站了一会儿查看到底怎么回事，了解派克斯正面临受处罚的危险之后，他立刻抓住还在哭闹的弟弟的手腕，拖着弟弟快速离开！直到他们至少跑了二十码以外，远离危险以后，普洛夫才放开派克斯，那时派克斯已停止大哭大叫，同意与哥哥一道走。

玛莉莎过世的时候，她的幺儿金波只有八岁，尽管金波年纪还小，但是已能照顾自己。即使如此，他仍因丧母而感到沮丧、惶惑，他转而向兄姐寻求安慰。后来他大部分时候都找戈布林，跟着戈布林到处跑。他们经常肩并肩在同一棵树上吃东西，并且相挨着搭窝而眠。最重要的是，从金波的观点看，假如他受到其他黑猩猩的威胁或攻击，戈布林经常会为他助阵。因此身为首领、年纪比金波大十三岁的戈布林，在许多方面都取代了母亲玛莉莎的地位。

当文柯过世的时候，她的儿子渥飞（Wolfi）即由姐姐文姐扶养，九岁小姐姐扶养三岁小弟弟的故事实在非常感人。渥飞年纪虽然很小，但是他比其他孤儿黑猩猩更少露出沮丧之情，而这显然是因为早在文柯过世之前，他们姐弟俩感情便非常亲密。文姐经常在全家共游时，背着渥飞，不只因为像其他做姐姐的雌黑猩猩对弟妹充满好奇一样，也因为打从渥飞开始会走路以后，他便一直喜欢黏着文姐到处跑。文姐经常走自个儿的路，但是在听到小弟弟为了奋力跟上她而伤心哭叫时，她会回头带上弟弟一起走。渥飞与姐姐的亲近关系不应当看成是文柯不称母职的反照，因为文柯是个非常会照顾孩子、很有感情且有高效率的母亲，文姐无疑从母亲那里学到了许多照料孩子的功课。文柯死后，文姐自然肩负起照顾弟弟的责任。但是令人惊讶的是，尚未到成熟年龄的文姐也可能分泌奶水供弟弟吸食！渥飞每隔几小时，便吸姐姐的奶几分钟，假如文姐拒绝，他会感到非常沮丧。但是即使我们挨得非常近盯着看这对姐弟，我们仍然不确定渥飞是否真的吸到了姐姐的奶水？也许渥飞只是觉得这样很有安全感罢了。

史可莎（Skosha）是头胎孩子，她的母亲过世之后，史可莎并没有任何手足可以代母亲照料她。这只五岁的黑猩猩孤儿在母亲死后头两个月，大部分时间都与一两只雄黑猩猩在一起。但是后来她经常跟着雌黑猩猩帕乐丝，帕乐丝的头胎婴儿几个月前刚夭折。帕乐丝与史可莎的母亲生前是非常要好的友伴。我们经常猜疑，这两只成年雌黑猩猩会不会是亲姐妹——若果真如此，那么帕乐丝便是史可莎的姨妈。无论如何，总之她们已变得形影不离。帕乐丝是个非常好的养母，到哪儿都会带着史可莎同行，等候她，分食物给她吃，且对这个一不顺心便大发脾气的小娃儿非常有耐心。一年之内帕乐丝又生了第二胎，几乎可以确定，这新生儿马上成为派逊母女手下的牺牲品。第二年帕乐丝再度临盆时，史可莎已经成为帕乐丝家不可或缺的一员了。对帕乐丝而言，这也是个非常愉快的家庭，虽然她不是一个很会社交的雌黑猩猩，但是她很有感情，很会与孩子玩，而小克丽丝妲（Kristal）外向、爱冒险、个性坚强，成为我们的新宠。但是命运多舛，帕乐丝后来生病，在克丽丝妲五岁的时候过世。于是史可莎不但失去亲生母亲，也失去了养母。

这事之后，我又回到冈比继续进行研究计划。看见这两只黑猩猩孤儿着实令人心疼。史可莎尽力照顾克丽丝妲，但是克丽丝妲却仍十分沮丧、无精打采，史可莎这时已经十岁了，看来非常孤单、不知所措。她显然发现很难决定要做什么，接下来该怎么办呢，该吃什么，什么时候搭窝。克丽丝妲紧紧跟着史可莎，她们就像是在森林里迷路的两只小黑猩猩一样，漫无目标地走着。我们真盼望克丽丝妲能存活下来，但是她一直散散漫漫，不曾从先前的抑郁心情中康复过来。在帕乐丝死后九个月，克丽丝妲也接着过世。

一九八七年，整个冈比所有黑猩猩中流行一种类似肺炎的传染病。卡萨克拉族的许多黑猩猩被传染了，尽管有些黑猩猩如艾弗雷德、菲菲和葛瑞琳，后来都奇妙地康复了，但是有九只黑猩猩死亡，包括我所熟悉的老朋友乔米欧、沙坦和小毕。另一个染病过世的是蜜芙。自从一九六四年她正值少年期的时候，我便认识她。在她过世之前几年，她已建立了一个兴旺的家庭。但先是她的儿子麦可马斯（他的跛脚后来已快要好了）因肠内长了许多寄生虫而病故，接着是少年期的莫（Mo）也病了很久，然后去世。再后来蜜芙自己也走了，遗下三岁的小儿子梅尔，他也在生病。梅尔是世界上最孤单的黑猩猩——蜜芙的大女儿摩耶莎依然健在，但是她三年前已迁入米屯巴族。

当我回美国进行一年一度的春季班教学课程时，接到冈比寄来的一封信，说梅尔身心非常羸弱。他一直周旋在不同的黑猩猩之间，其中经常是跟随着一两只成年雄黑猩猩，尽管他们都对梅尔非常有耐心，但是却未特别关心梅尔。我从未期待再看到梅尔。因为在蜜芙过世之前，他就已经瘦得皮包骨了，且大腹便便，无精打采。我将他的粪便采样拿去化验，结果显示，他肠内已长满寄生虫，情况并不乐观。但那时我又收到一封冈比来的电报说，雄黑猩猩斯宾德（Spindle）收养了梅尔。我非常惊讶，因为就我们所知，斯布奥（Sprout）的十二岁儿子斯宾德与蜜芙一点血缘关系也没有。这样的扶养关系自然不可能长久维持！

但是在我回冈比后，梅尔依然活着，且仍与斯宾德在一起。看着梅尔这只小孤儿鼓鼓的肚子、瘦削的四肢、稀稀疏疏的毛发，我真好奇是什么样的求生斗志促使他克服万难，存活下来的。我也对他的认养者斯宾德所付出的关心和感情啧啧称奇。斯宾德本身也是个孤儿，因为在肺炎夺走蜜芙和许多黑猩猩的性命时，斯宾德的母亲斯布奥也染病致死。当然斯宾德非常会照顾自己，但他是否因为感到怅然若失和孤单，才与无血缘关系但同样丧母的梅尔建立那样不可能的关系？无论是什么理由，斯宾德都是个非常好的照顾者，他搭窝与梅尔共寝，也分食物给他吃，尽力保护他，当成年雄黑猩猩在群体中被惹毛时，斯宾德会赶紧把梅尔带开。当梅尔在游途中低泣时，斯宾德会等他，并允许他骑到他背上，或甚至在下雨和寒冷时，让梅尔躲到他的怀里。事实上，由于斯宾德太常背梅尔，而梅尔总是用双脚紧抓住斯宾德的毛发，以致斯宾德腰部有两大片毛皮光秃秃的！

除了丧母之痛、体内大量的寄生虫和抑郁的心情之外，梅尔尚须应付的主要问题在于：那年斯宾德跟着成年雄黑猩猩到处游走，所以他们每天都必须走一段很长的路，寻找落下来的班图李果子吃。他们在这些觅食之旅中，经常走到社群的北部边界，好几次当他们听到强盛的邻邦雄黑猩猩的叫声时，只敢静悄悄地快速走回社群的核心地带。这些对小梅尔来说，是非常艰难的事，因为斯宾德再怎么有耐心，也不可能永远都等他。梅尔必须学会自己照顾自己。

大部分的黑猩猩，特别是成年雄黑猩猩对孤儿黑猩猩的温柔和包容程度，令人惊叹。孤儿黑猩猩大可毫无惧怕地挨近任何黑猩猩，乞求分享食物——甚至当众黑猩猩为争食猎物而气氛紧张时，孤儿黑猩猩也可以强行介入分得肉食。梅尔的僭越充其量只是一个小威胁罢了——若得不到食物，他必然暴跳如雷！不过他经常会成功分得肉食。

七月底，斯宾德和梅尔分道扬镳。梅尔为此感到非常沮丧。接连几天，他都紧跟着另外一两只雄黑猩猩，甚至一兴奋便忘情地跳到陌生雄黑猩猩的背上。这样他多少算是找到了斯宾德的暂时替身。后来的发展真令人难以置信，居然是派克斯接手照顾梅尔。

那时距离派逊死亡已有五年，派克斯已经十岁。但是就像其他所有幼年丧母后仍存活下来的孤儿黑猩猩一样，派克斯的个子非常小。他仍与普洛夫形影不离，两兄弟的关系甚至比以往更加亲密。我永远忘不了那年夏天，我跟着这两兄弟和小梅尔的日子。普洛夫几乎总是带头走，派克斯则背着梅尔，蹒跚地跟在哥哥后面，穿越林间山径、渡过溪河。派克斯甚至背着梅尔爬到高大的树上去。派克斯这样照顾梅尔之后不久，他的鼠蹊部两边都有一大片毛发秃光了。就像斯宾德一样，派克斯分窝和食物给梅尔。普洛夫有时也会分食物给这两个小家伙！尽管这三只雄黑猩猩看来关系亲密，但是几星期之后，梅尔便与斯宾德重逢，于是他又跟着斯宾德好几个月。

梅尔丧母一年之后，身体硬朗许多：他的四肢已不再那么僵直，肚子也没那么鼓胀，毛发也渐渐又多又亮。同时少了很多沮丧感和退缩之心，偶尔还会和其他的小黑猩猩玩耍。尽管他的健康改善部分原因是因为我们给他吃了一些打寄生虫的药，但是毫无疑问，梅尔能存活下来，是因为获得了斯宾德的照顾。到了四岁的时候，梅尔便越来越少黏着斯宾德，且接下来那年，他们的关系渐渐淡下来。

这时梅尔开始越来越常和吉吉共游。经常与他们一起走的还有另一只孤儿雌黑猩猩妲毕，妲毕的母亲小毕在蜜芙罹患传染病死亡那阵子，也染病而死。妲毕有个哥哥，我原以为他会照料她，尽管他们在母亲死后那几个星期形影不离，但是两兄妹关系不曾真正亲密过。妲毕反而是先后与两只青春期黑猩猩、一只雄黑猩猩和一只雌黑猩猩关系密切，之后才跟着吉吉。日复一日，经常可见没有子嗣的吉吉带着两只没有妈妈的小孤儿妲毕和梅尔到处走。

吉吉与这些孤儿黑猩猩的关系，和她先前与少年黑猩猩的关系大异其趣。过去渴望与其他小黑猩猩建立亲近关系的吉吉不仅必须努力吸引小黑猩猩对她的好感，且必须在某个程度上讨好小黑猩猩的母亲。但是现在，梅尔和妲毕都毫无选择地自动跟着吉吉。吉吉对他们鲜少表露关怀，他们之间的友善关系常常只限于偶尔互相梳理毛发。但是当他们在不友善的丛林世界中遇到麻烦时，吉吉会伸出援手。要是任何喧闹的少年黑猩猩或青春期黑猩猩的粗暴行为惹得妲毕或梅尔尖叫，吉吉便会出面喝退他们。当这些孤儿黑猩猩与吉吉在一起，他们可以获得某种程度的放松，因为他们知道吉吉会决定该往何处去、该睡哪里之类的事。但是当吉吉因潮红而与雄黑猩猩共游时，梅尔和妲毕不一定仍老跟着她，这时他们比较喜欢独处，远离兴奋的大群黑猩猩扰攘求偶的圈子。

　　这两只孤儿黑猩猩都幸存下来了，但是丧母之痛所带来的伤痕却从未远离他们的内心。假如你仔细凝视他们的眼睛，就可以很清楚地看出，他们的眼神缺乏同年龄黑猩猩所拥有的光芒和好奇神色。他们在许多方面的行为表现也显得早熟，例如，他们的行踪十分审慎，花许多时间休息和梳理毛发。他们鲜少玩耍，即使玩耍也不会像一般同年黑猩猩那样精力充沛，玩得狂野喧闹，而是安静、沉着，他们脆弱而敏感，即使没有任何玩伴有意伤害他们。孤儿黑猩猩和那些早年遭受类似心理创伤的其他黑猩猩的行为模式，为什么会像只成年黑猩猩？我们只有耐心地等待，再等待，仔细观察和记录，方能分晓。当我初抵冈比的那个年代，从没听说过有田野研究延续一年之久的。那时国际知名人类学家利基即预言，人类尚得花十年工夫才能了解黑猩猩。多么令人欣慰啊，现在利基可以看见他智慧之言所指的研究已迈入第四个十年。

第十八章　弥合鸿沟

我们在灵长类的遗产中，也同样根深蒂固地遗传了爱和怜恤之情，就这方面而言，人类的感性层次比黑猩猩更高。人类的爱情最是发挥得淋漓尽致，两人身心完美的结合后引发的狂喜，导引出爱怜、温柔和了解，这是黑猩猩无法经历的。

　　人类学大师路易士·利基派我到冈比，就是希望借由更深入了解人类近亲黑猩猩的行为模式，揭开古人类之谜。利基搜集了相当丰富的证据，使他可以列出非洲古人类的体质特征，并且说明从非洲考古遗址出土的古人类各种工具、手工制品的用途。但是灵长类动物的行为模式并不像化石那般僵硬。利基对人猿的好奇乃是因为他深信，现代人和现代黑猩猩共同的行为模式，很可能存在于双方的共同祖先身上，因此也可能出现在早期古人类身上。就今天科学界发现人类和黑猩猩的基因只有百分之一的差别而言，利基的理论更具有价值。

　　黑猩猩和人类的行为模式有许多相像之处——家庭成员之间的感情、支持力量和持久关系、很长的孩提依赖时间、学习的重要性、非口语的沟通方式、制作和使用工具、共同合作打猎、老练的操纵社会的能力、抢占地盘领土、各项互助行为，以及其他林林总总。黑猩猩和人类脑部中央神经系统结构的相似，促使双方流露出相似的智力、感性和情绪。有关黑猩猩自然生命史的资料一直非常有助于对早期古人类的研究，人类学教科书即一再引用冈比黑猩猩的行为模式。当然，有关古人类行为模式的理论全都只是臆测的——没有时间机器可以将我们推回古人类出现的时代，去观察人类祖先的行为，追踪他们的发展历史。若要进一步了解这些事情，我们就必须尽力利用浮光掠影般的稀少证据。迄今就我所知，认为早期人类乃是使用树枝钓昆虫、用树叶擦拭身体的理论，似乎非常合理。有关人类祖先乃是以相吻或拥抱打招呼、寻求安慰，合作保卫疆土或打猎，互相分享食物等理论，也很吸引人。在石器时代，人类家庭成员间具有亲密的关系，兄弟互相帮忙，十来岁的儿子迫切想保护他们的老母亲，十来岁的女儿关心她们生的婴儿，诸如此类的推论，使这些古人类化石遗骸变得生动起来。

但是在冈比的研究则更进一步提出具体证据，支持先前对史前人类的推论。打开人类近亲这扇窗户，不只使我们更加了解黑猩猩在自然界的地位，且更加了解人类在自然界的地位。明了黑猩猩如何运用一度被认为只有人类才有的认知能力，明了黑猩猩及其他不会说话的动物也能做理性思考，也有感情，并且知道痛苦和害怕，会使我们变得谦卑。人类并非我们原先所想象的那样，与其他动物的世界有着不能沟通的隔阂和鸿沟。但是我们也不要瞬间即忘：即使我们与猿猴没有太大的不同，只是程度上的不同而已，但不同的程度仍旧非常大。了解黑猩猩的行为模式有助于凸显人类的某些行为模式是独特的，确实与其他灵长类动物不同。最重要的是，人类发展出来的智力远足以睥睨灵长类中最有天赋的黑猩猩。那是因为人类脑部和黑猩猩的脑部的差异极大，以致古生物学家多年来一直在致力寻找半猿半人的骨骸化石，看能不能借此弥合人类和非人灵长类动物之间的进化鸿沟。事实上，人类学上这个一直未找到的"失落的环节"（missing link）包括不止一个进化物种的脑部，而其中每一个物种的脑部都得比先前的物种更加复杂（才能证明人类是由猿猴进化而来的）。除了依照已出土的化石，重建该化石物种的脑部结构之外，科学界一直找不到脑部结构复杂到足以弥合此进化鸿沟的物种（也就是颅内结构一个比一个更迂回、更错综复杂的脑袋），且这些物种之间有一连串的精彩故事，可以明显指证，其体质结构一个比一个更接近现代人。

体质上非常接近人类的所有灵长类动物，其特征与人类最大的不同点，我认为，就是人类能用极为精巧复杂的语言作为沟通方式。人类的祖先有了语言这个有力的沟通工具之后，便能讨论曾经发生过的事情，拟订近期和远期计划。同时在教导子女时不用展示实物，就能将事或物解释清楚。语言使人类的思想意念具体化，若没有语言表达，则这些思想意念可能永远不见天日，且毫无用武之地。这样的心灵沟通，扩大了人类的思想，且使人类的观念更加犀利。有时当我看着黑猩猩时，我总感觉，他们是因为没有像人类那样的语言，所以才有许多限制。他们的呼叫声、姿势和手势，合起来形成一套复杂而细致的沟通方式。但这些全都是非语言的沟通方式。要是黑猩猩会说话，他们可能达成什么样的成就呢？他们确实能借由学习，使用手势或一些人类使用的符号。而且黑猩猩有认知能力，能将一些符号组合成有意义的句子。至少黑猩猩在心智上已站在能学会语言的门槛。但是那些促使人类（祖先）开始说话的因素，似乎对黑猩猩的语言发展没有太大的帮助。

黑猩猩同时也站在另一个人类独特行为——战争——的门槛

上。人类的战争被定义为"族群和族群之间组织化的武装冲突",这些战争对人类历史具有极大的影响。只要有人类存在,似乎总会发生战争。由此看来,最远古的人类祖先很可能也发生过最原始的战争,这类激烈冲突在人类进化史上扮演了非常重要的角色。因为战争可能在人类发展智力和更密切合作关系上,施加了相当大的物竞天择压力。于是产生进化,一个族群越有智力、越合作、越勇敢,就能挑战敌人。达尔文是第一个主张战争可能对人类脑部发展产生重大影响的科学家之一。其他科学家也认为,战争很可能是促使人类脑部发展与其他灵长类近亲——人猿大相径庭的重要原因:人猿脑部比较不发达,无法打赢战争,所以后来惨遭灭种。

因此我们很诧异且震惊地看见,黑猩猩居然也有显示敌意和攻占领土的行为模式,这与原始人类某种形式的战争无异。例如,正如研究全球人类侵略行为的智人学家艾贝斯裴德(Renke Eibl Eibesfeldt)所写的,有些人类部落会在突袭敌人时"蹑手蹑脚地接近敌人,回想打猎的战术,以之攻击敌人"。早在人类演化出精密的战争方式之前,人类的远祖(指人猿或猿人)很可能已显示出类似于或相同于今天黑猩猩的原始适应性特征,诸如合作的群居生活、合作拥有领土、合作打猎,以及使用武器等。另一项必要的原始适应特征包括天生害怕或憎恶陌生人,有时甚至会攻击陌生人。但是攻击同族成年者是非常危险的事,人类社会在历史进程中便一再领悟到,有必要教导其战士明白若干文化意义,诸如战士的光荣角色,谴责懦夫行径,提供高报酬犒赏骁勇善战之士,强调自幼展现"男子气概"的价值意义。但是黑猩猩,尤其是刚成年的年轻黑猩猩显然发现,同族之内的冲突,尽管危险,却非常吸引他们。假如刚成年的年轻人猿（或猿人）对这类冲突也感到非常刺激，这将提供生物学的基础因素，足以证明为什么人类这么会以战士和战争为荣。

就人类而言，某一族群的人可能会认为他们自己与另一族群的人相当不一样，因此他们对待族人和异族人的态度也不一样。事实上，异族人甚至可能遭到"不人道"的待遇，或被视为不同种的动物。一旦遇到这种情形，人类往往会超脱自己族群的内在禁忌和社会制裁，用不见容于本族人的手段对付异族人。诸如此类的事情常导致战争暴行。黑猩猩同样也会对同族和异族施行差别待遇。黑猩猩对族群的认同感很强，他们显然知道哪些黑猩猩属于他们同族的，哪些则不是——不同族的黑猩猩很可能遭到猛烈殴打，以致伤重而死。这类事情已不只是单纯的"害怕陌生者"而已。例如，卡萨克拉族的黑猩猩非常熟识卡哈马族的黑猩猩（同族分枝出去的新族），但是他们仍然极其残暴地击杀卡哈马族的黑猩猩。仿佛卡哈马族脱离母族，就等于是放弃被卡萨克拉族视为同族的"权利"。更有甚者，对付异族黑猩猩的某类攻击模式，诸如扭断四肢、剥皮、饮敌手之血等手段，从未曾见于同族黑猩猩的斗殴中。因此受害者显然是遭到对手蓄意的"不人道"待遇，因为这类攻击模式只见于黑猩猩击杀成年猎物——其他种动物。

黑猩猩对待同种异族的这种不寻常的敌意和暴烈的攻击手段，显然已经接近人类毁灭异族、残暴和有计划的族群冲突的门槛。假如黑猩猩有语言发展，那么他们会不会跨越这道门槛，比人类更善于挑起战端呢？

这个问题的反面答案是什么？也就是说，黑猩猩在表达爱意、疼惜和利他主义上，与人类有何相关之处？由于黑猩猩的暴力和酷行模式非常明显、引人瞩目，因此我们很容易产生一个印象，以为黑猩猩比实际上更具有攻击性。事实上，黑猩猩关系和睦的时候比他们发动攻击的时候多；温和的威胁比暴烈的威胁多；虚张声势威胁的次数比出手攻击的次数多；造成严重受伤的冲突少于短暂轻微的冲突。而且黑猩猩拥有极其丰富的行为模式，足以维系或恢复社会和谐关系，促进族群内部的团结。相拥、亲吻、轻拍和握手，是重逢时的打招呼方式，也是黑猩猩首领在发动攻击之后，安慰其部属的方法。长时间和谐而放松心情地互相梳理毛发、分享食物、关切伤病患、不惜冒生命或残废危险协助遇患难的同伴等，这些和谐、友善、互助的行为模式毫无疑问非常接近人类的怜惜、爱心和自我牺牲精神。

冈比的黑猩猩并不常照顾非亲非故生病的同族黑猩猩。事实上，当黑猩猩受了重伤，有时非其家属的黑猩猩会走避。有一次菲菲头部有一道很大的伤口，她不断央求同族其他黑猩猩为她梳理毛发，但是他们却只是看一看菲菲的伤口（都长蛆了），然后匆忙离去。只有菲菲的婴儿期儿子小心翼翼地为她梳理伤口周围的毛发，有时还舔一舔那伤口。当雌黑猩猩毕太太因为遭到卡萨克拉族雄黑猩猩攻击而奄奄一息躺在地上时，她的女儿甜心毕每天都花好几个小时为她梳理毛发，并且替她赶苍蝇，以免苍蝇叮她的伤口。而被抓到饲养笼子内的黑猩猩们，若从小一起长大，或在原野中一如亲人那样亲近，便会热心地互相为对方挤伤口的脓包，剔除皮肤碎屑，或为对方清除眼睛里的小沙子。年轻的雌黑猩猩习惯用小树枝为同伴清理牙齿。尤其当年轻黑猩猩正值换乳牙的时候，雌黑猩猩特别对同伴摇摇欲坠的牙齿感兴趣，她甚至会为对方拔掉几个快要掉的乳牙。这类行为大部分只是因为行为本身好玩，与具有社交意义的梳理毛发并不相同。伴着亲属这时经常显露的关怀之情，这类行为的结果有时倒是造福受惠者。这也为解释人类富有同情心的医疗保健制度的产生提供了生物学基础。

在原野间的非人灵长类动物中，尽管动物妈妈会分食物给她的儿女，但是成兽之间鲜少互相分享食物。不过在黑猩猩的社会中，即使是非亲非故的成年黑猩猩也经常互相分享食物，要是黑猩猩彼此具有血缘关系，或者是非常要好的朋友的话，分享食物的概率更高。在冈比，黑猩猩抓到猎物时，经常可见成年黑猩猩互相分享这些肉类美食，猎到美味的黑猩猩会给予伸手要求分食的其他黑猩猩——他可能会分一小部分猎肉给乞食者，或者撕下一部分给对方。有些黑猩猩这方面的个性比其他黑猩猩慷慨。有时黑猩猩也乐意分享其他类较短缺的食物——诸如香蕉。有许多分享食物的例子发生在被关在笼子里的黑猩猩身上。沃尔夫冈·柯勒有一次"为科学研究之故"，将年轻的雄黑猩猩苏坦（Sultan）关在笼子里，没给他晚餐，同时却给笼子外的雌黑猩猩兹葛（Tschego）一些食物。当兹葛坐下来进餐时，苏坦对这些食物垂涎欲滴，所以疯狂地呜咽、尖叫、伸长手臂，甚至丢稻草央求她施舍一点食物。最后兹葛（大概是已经差不多饱了）收集了一堆食物，推进笼子里给他吃。

许多科学家认为，黑猩猩愿意分享食物，只不过因为那是平息对方啰哩啰唆央求的最佳方法罢了。这种解释有时对极了，因为央求者确实可能啰唆死了。但是拥有食物的黑猩猩所显露的耐心和容忍也是相当令人赞叹的。例如，当老菲洛央求迈克分给她正在嚼得起劲的猎物时，她双手包住迈克的鼻子约有一分钟之久，然后又张大嘴，逐渐凑近迈克，直到双方嘴巴距离不到一英寸。迈克终于允许，直接从嘴里吐出一些（已经嚼烂的）肉食赏到菲洛嘴巴里。兹葛对央求食物的苏坦，感觉又是如何呢？当然，她可能被苏坦啰唆吵闹的声音激怒——但是她大可走到远远的角落去不理睬。动物学家劳勃·耶基斯曾述说一只雌黑猩猩在笼子里接获一杯果汁的故事。她把果汁倒满自己的嘴巴之后，便回应隔壁笼子里的同伴的央求，走过去将杯子递到这位同伴的嘴巴里。然后自己再喝一口，再让同伴喝一口，直到整杯果汁喝光为止。

雌黑猩猩毕太太日薄西山时，正值冈比旱季，众黑猩猩必须远行才能找到食物来源。毕太太又老又病，有时在旅途中，好不容易抵达目的地了，但是却疲累得无力爬到树上去摘食物。她的两个女儿轻快地叫着，立刻冲到树上去吃果子，但是她却只能精疲力竭地躺在地上。她较大的女儿小毕在树上吃了十分钟的果子之后，便嘴里含着食物，一只手里也带着食物下来给她吃。这时母女俩肩并肩坐下来，一起吃。小毕这样的行为不只是完全自发性的施予举动，而且显示她知道老母亲的需要。缺乏这类了解，黑猩猩便不可能有同理心和爱怜之情。黑猩猩和人类都有这样的气质，导引出利他和自我牺牲的行为。

在黑猩猩的社会中，尽管大部分冒险患难的事都是为家庭成员做的，但是也有许多例子显示黑猩猩就算不是冒着生命危险，也是冒着受伤的危险，救助非亲非故的黑猩猩。艾弗雷德有一次就冒着激起成年雄狒狒公愤的危险，救青少年黑猩猩马斯塔脱离一群狒狒的追击。另外一个例子是，当菲鲁德在丛林猎野猪时，被一只激愤的母猪追杀，吉吉冒着生命危险救了他。这只母猪从背后逮着菲鲁德，菲鲁德吓得放掉他手上的小野猪，尖叫挣扎着要脱逃，这时吉吉赶来，毛发竖立。母猪立刻转而攻击吉吉，已经血流如注的菲鲁德才得以逃到树上去。

在有些动物园里，黑猩猩被放到人造的小岛上，岛的四周围着壕沟。在那样的环境中，也曾传出黑猩猩的英勇事迹。黑猩猩不会游泳，除非被救起来，否则一旦掉到深水里，必定溺死。尽管如此，有时这些动物园里的黑猩猩仍奋勇下水救助同伴，且有时还会成功将同伴救起来。有一次，一只婴儿黑猩猩掉到壕沟里，他那个无能母亲也跟着落水，结果有一只雄黑猩猩跳下水去救小黑猩猩，不幸被溺毙。

所有那些母兽必须花很长时间和心力照顾其子女的动物，都会抵死救护其幼兽。至于非亲非故的成兽也会帮助其他同伴，这就有些罕见了。毕竟，救助有血缘关系者，最后还是有利于你自己这一脉香火的存续，即使你本身在救助过程可能受伤。人类和动物便是从这些基本上是自私的行为中，衍生出微妙罕见的利他主义——互相协助，即使这对自己或亲属一点利益也没有。

当黑猩猩祖先的脑部结构越进化越复杂时（人类亦复如此），幼小黑猩猩的依赖期也越来越长，母黑猩猩被迫得花更多时间和心力扶养其子女。母系关系也变得更加巩固持久。最会照顾、支持子女的成功母黑猩猩，其子女日后都发展得很好，其女儿日后也会变成懂得照顾幼小黑猩猩的好母亲，且儿女成群。幼小的黑猩猩越没受到适当的照料，就不容易存活；这样的黑猩猩即使存活了，日后也会成为差劲的母亲，并且不大可能衍生出成员众多的大家庭。因此就基因观点而言，爱与教养的特质显然已成功地胜过自私的行为。经过数十亿年的演化之后，原先只是为了成功扶养幼小黑猩猩，后来衍生出来的互助和保护的性格倾向，遂渐渐渗透为黑猩猩的天生基因特质。今天我们观察黑猩猩即一再发现，非亲非故的黑猩猩一旦遇难时，常会引起其他黑猩猩的关切，甚至帮扶的热情。

爱怜和自我牺牲是西方文明社会最看重的两项德行。就某方面而言——例如当有人冒生命危险救助另一人——这种利他的行为很可能和黑猩猩一样，是受某种天生本性所激发的。但是当我们就文化因素来看这个问题时，却又有数不清的例子显示，事情仿佛不一定能做此解释。例如假若我们知道某人，尤其是近亲或朋友正遭受苦难时，我们自己的情绪也会备受煎熬，有时甚至感到痛苦。唯有借由协助对方（或试图去协助对方），我们才能缓解自己内心的痛苦。这是否意味着，我们的利他行为只不过是为了求自己良心平安？分析到最后，好像我们的协助之举不过是自私地渴望让自己心里好过而已？每个人都可以继续举出许多例子，不断怀疑人类为什么要协助其他人。为什么我们要送那么多钱去拯救第三世界国家的饥童？因为这样可以赢得其他人的掌声，且有助于提高我们的名誉吗？或者因为饥饿的儿童让我们于心不忍，产生怜悯？假如我们的动机是为了提升我们的社会地位，或甚至是为了缓和我们自己内心的不安，则这种行为本身不是自私的吗？也许是的，但是我强烈地感觉，我们不应该让这类太过简化的贬谪之论看轻了人类许多利他行为的天性，这种天性非常具有激励性。看到从未谋面的人受苦，我们心里也感觉难过，这个事实已足以说明一切。

事实上，人类是个复杂、令人好奇不已的物种。我们带着从远古的祖先传下来的基因，具有根深蒂固的侵略倾向。我们的侵略模式与黑猩猩没什么太大的不同。但是，黑猩猩在某种程度上知道他们的侵略会带给其他同伴什么样的痛苦，我相信只有人类才会做出真正残酷的行径——尽管人类知道，甚至正因为深知对方会遭受什么样不堪的痛苦，而故意造成其他生灵的身心伤害，搞得生灵涂炭。只有人类会虐待他人，当然，也只有人类懂得邪恶之道。

但是我们也不要忘了，我们在灵长类遗产中，也同样根深蒂固地遗传了爱和怜恤之情，就这方面而言，人类的感性层次也比黑猩猩更高。人类的爱情最是发挥得淋漓尽致，两人身心完美的结合后引发的狂喜，导引出爱怜、温柔和了解，这是黑猩猩无法经历的。事实上，黑猩猩固然甘冒生命危险，回应遇难同伴的实时需要，但是只有人类能够在完全知道可能必须付出什么代价的情况下——不只是当时的代价，且包括未来的代价——甘心自我牺牲。黑猩猩没有为某种理想充当烈士的认知能力。

因此尽管人类的劣根性的确很坏，无可斗量地坏透了，比体质与人最相近的灵长类还要坏，但是我们仍可心安理得，因为人类的善良面也不是其他动物能够相比的。何况人类已发展出非常复杂的机制——头脑——使我们若愿意的话，就可以控制天生的侵略倾向。不幸的是，我们在这方面非常失败。不过我们也别忘了，在这个地球上，只有人类能够借着有意识的选择，克服我们天生本性的霸道专断。至少我相信是这样。

至于黑猩猩又如何呢？他们是否已到了进化的最后阶段？或者寄居森林的压力可能促使他们更进一步迈向进化为史前人类祖先的那条路，亦即变成更像人类的猿人？这似乎是不可能的事。进化本身经常不可能重复。^①也许黑猩猩变得比以前更不一样——例如他们很可能右脑进化，左脑退化。

但是，这个问题依旧是纯学术的问题。即使现在已经可以清楚看出非洲森林的结局，但是这个问题非得等上数千年才能得到答案。就算黑猩猩本身能自由地在森林中存活下去，他们也将只是散居在面积逐渐减缩、各自孤立的森林里，以致不同黑猩猩族群之间交配互换基因的机会，变得非常有限或者根本不可能。除非我们马上采取行动，否则我们这个体质上的近亲很可能只存活于笼子里，注定要成为被人类捆绑的物种。

---

① 译者注：即不可能又进化为猿人，同时又留着些仍是黑猩猩。

第十九章　人类之耻

假如一只黑猩猩——尤其是曾经受过人类虐待的黑猩猩——都能够跨越物种障碍，伸手援救遇难的人类朋友，那么，更具有同情心和理解能力的人类，难道不能伸出援手，协助目前正迫切需要我们帮助的黑猩猩吗？

即使是冈比的黑猩猩，也受到了人类开疆拓土的无情威胁。最近当我随着一大群黑猩猩漫游到开阔的断崖绝壁顶端，鸟瞰一大片广袤的绿地时，我一直思考这个问题。当我们抵达目的地——大片亮叶柱根茶（Muhandehande）树林时，我简直喘不过气来；而这群黑猩猩则愉快地大声呼叫，开始爬到果实累累的树上，摘食黄色多汁香甜可口的果子。我坐在一块大石头上，低处矮树的影荫投射在石头上，周遭仍留有昨夜的沁凉。在清晨苍白的天色之下，我们来到几乎是黑猩猩世界的最高处。此刻我们往下坡直奔，底下的地面一会儿陡、一会儿平，直延伸到灰蓝色的坦噶尼喀湖。自黄棕色的圆丘和干旱的山脊一路往下，一畦一畦的绿茵越来越浓密，衔接着一条条遍布峡谷和沟壑的迷宫似的山径，而后汇聚到林木茂密的山谷。山峦自北而南重叠起伏，山谷间有溪流自山巅上游一路向西汇流入坦噶尼喀湖。

冈比国家公园地势狭长崎岖，沿坦噶尼喀湖岸绵延十几英里长，最宽处达两英里——在我看来，对于住在那里的三族黑猩猩而言，这真是小得可怜的一个据点。尽管他们仍然逍遥自在往来于山谷间，但是他们的活动空间实际上与监牢无异——他们的聚居地三面被人类村落和开垦的土地围绕，第四面则是住有上千名渔夫的湖岸。不过这一百六十多只黑猩猩却活得比非洲其他地区的黑猩猩来得安全——除了少数居住在中非洲偏远地区的黑猩猩之外；至少冈比的黑猩猩不会遭人偷猎。

我坐在那里，迎着沁凉的微风，望着一再缩小的黑猩猩聚居地。我一九六〇年初抵冈比时，还可以爬到断崖顶端往东远眺一望无际的黑猩猩分布区。野生动物寄居的森林和林地，自坦噶尼喀湖北岸起几乎毫无间断地绵延到坦桑尼亚西南边界以外的地方。那时坦桑尼亚大约有一万多只黑猩猩，现在可能只剩不到二千五百只。但是至少有许多仍然幸存的黑猩猩被保护在两个国家公园之内，也就是冈比和面积更大的、一直绵延到南方的马哈尔（Mahale）山脉。也有一些森林保留地供黑猩猩安全地游荡。坦桑尼亚人并不猎食黑猩猩，也不流行非法贩卖黑猩猩出境。可是，居住在非洲其他国家内的黑猩猩，其生存境况大多极为艰困。

直到二十世纪初，人们才在非洲二十五个国家发现成千上万只黑猩猩。但是现在有四个国家境内的黑猩猩已经绝迹；另外五个国家的黑猩猩越来越少，以至于整个族群很难再长久存活下去；还有七个国家的黑猩猩总数不出五千只；即使是在仍为黑猩猩聚居大本营的四个国家中，也因这些国家的人口不断增加，需求跟着增加，以致黑猩猩的地盘逐渐遭到侵占。森林被人类夷为平地做住宅和耕种之用。人类的伐木和采矿活动更深地渗透到了黑猩猩的自然栖息地，人类的疾病也跟着传染给黑猩猩。更糟的是，黑猩猩的数量越来越少，越来越分散，以致不可能再进行不同族群之间的基因交换。就许多方面而言，这一小群一小群幸存的黑猩猩再也不能自己求生存。甚至西非和中非若干国家的人，还喜欢猎食黑猩猩的肉。即使在不会猎食黑猩猩的国家中，雌黑猩猩也常遭人射杀、掉进猎人设的陷阱、被成群的猎犬追逐，甚至被毒死，以便抓走幼小黑猩猩卖钱，这些小黑猩猩通常都是被卖给国际马戏团从业者和制药研究机构，或宠物饲主。

在最靠近我的树枝上，传来一阵轻柔的笑声。菲菲的两个女儿菲妮和菲洛西填饱了肚皮之后，开始玩耍。当我往上看时，菲菲最近刚生的小黑猩猩小菲斯蒂诺（Faustino）正伸手去碰触菲菲嘴里在嚼的一粒黄色果子，然后舔一舔自己的手指头。一些已经吃饱的黑猩猩爬下来，躺在地上休息。葛瑞琳和她的婴儿贾拉哈德离我非常近，当我看着他们时，贾拉哈德非常轻松自在地让妈妈的手指为他梳理毛发，然后渐渐进入梦乡。这对母子就坐在距离我约五英尺的地方，他们对我的信赖再次完全征服了我，让我强烈意识到对他们的责任：我绝不能破坏这种信任感。贾拉哈德也许做了梦，突然用手抓住妈妈的毛发。葛瑞琳立刻回应，将他抱紧一点，安抚他，于是贾拉哈德再次放松入睡。看着他们，我又一如往常，想着非洲成千上万只黑猩猩未来命运的问题。母亲遭猎杀的那些幼小黑猩猩，惊惧伤痛地从母亲双臂间被猎人强行抱走，无奈地走进艰辛痛苦的新生活。那是了无生趣、冰冷无情的生活，因为他再也享受不到母黑猩猩双臂的温柔安慰，以及她乳房的喂养和安适。

人类抓幼小黑猩猩的病态行为，不论是出于什么理由，都是残忍、恐怖的无益之举。这些猎人使用的大部分武器都是老旧、不可靠的，害许多逃脱的母黑猩猩受了重伤，不久便殒命。这时，她们

的小黑猩猩必然跟着死亡。母黑猩猩和年幼黑猩猩经常遇袭，伤害
她们的武器常是旧式的燧发枪，子弹里包着大头钉或金属。赶来救
助的其他黑猩猩也常一同遭子弹打伤。

偶尔这些猎人也会受到拦阻，铩羽而归。我听过有关两个猎人
出去寻猎一只小黑猩猩的真实故事。三天之后，这两个猎人射杀了
四只母黑猩猩，其中三只受了伤之后逃跑，另一只母黑猩猩和她的
幼小黑猩猩当场死亡，猎人将他们安置好以后，又去猎杀第五只母
黑猩猩。第五只母黑猩猩倒地殒命之后，她的婴儿黑猩猩仍然活
着。猎人放下猎枪，跑去抓住紧紧巴着母亲恐惧尖叫的幼小黑猩
猩。突然"碰"一声，一只雄黑猩猩怒发冲冠地赶过去，攻击这两
个猎人。他猛力挥拳、抓打，剥了其中一名猎人的皮。又抓起另一
个猎人，狠狠把他摔到石头上，使他断了好几根肋骨。然后带着受
到惊吓的幼小黑猩猩离开，没入森林里。当我初闻这个故事时，我
敢保证那只幼小黑猩猩不久之后必死无疑，但那是在我们观察斯宾
德如何照顾小孤儿黑猩猩梅尔之前发生的事。但愿那只报了仇的雄
黑猩猩能显露类似父爱的关切之情和技巧，让那只孤儿黑猩猩能像
梅尔一样活出不屈不挠的生命力。这两个猎人后来跑到医院去急
救。等他们康复后，双双入狱。

无论如何，这类故事不常发生。对大部分的婴儿黑猩猩而言，
母亲死亡会使他们在森林中的生活突然中断，并导致一连串恐惧、
不幸的遭遇。在这样残忍的与母亲天人相隔之后，幼小黑猩猩必定
得先忍受梦魇般的旅程，被迫到土著的村落或交易者营中。被抓走
的小黑猩猩通常手脚都被绳子或铁线绑起来，并且塞在一个非常小
的盒子或篮子里；或者被丢到快叫他窒息的麻布袋中。每一次痛苦

的抽动挣扎都使这只刚被俘虏的小黑猩猩感到束缚、瘫痪、折磨，那些自由自在、舒服快乐的日子已离他越来越远。我们应当记住，小黑猩猩和人类的小孩受苦时的情绪、心理反应几乎完全一模一样。

许多年幼的黑猩猩根本受不了这样的折腾，半途就死了，因为他沿途并未受到任何关心和照顾。即使能幸存到抵达猎人安置处所，小黑猩猩的遭遇也极其痛苦。许多小黑猩猩都受了伤，且在旅程中虚脱、饥饿、惊吓难愈，他们又不可能得到安慰或放松心情，因为他们所处的那些环境都非常严酷。在等待船只转运到目的地之前，还会有更多小黑猩猩死亡。幸存的小黑猩猩则将面临更长的旅程——到世界各地去。到了机场，经常遇上飞机误点，这时鲜少有人会去喂养、照顾被俘虏的黑猩猩。事实上由于这类出口经常是非法的，因此交易商或受聘偷运者都尽力隐藏黑猩猩，至少也会欺瞒货柜的性质。这些交易者真是邪恶，他们的手流了无数无辜黑猩猩的血，把自己的财富建立在黑猩猩的痛苦上，就像人类数百年前贩卖黑奴一样。

任何小黑猩猩在经过这些折磨，从狭小的货柜出来之后，仍能幸存都令人惊讶，而确实有些黑猩猩是幸存下来了。就像进入纳粹德国第三共和的集中营后还能幸存的人一样，这些小黑猩猩也显示出不屈不挠的生命力。但是他们经常饱受折腾，被迫迂回地绕行许多不必要的路径、地点，才抵达最后的目的地——交易者这么做是为避免让海关查出黑猩猩的来源地。有些国家禁止从非洲进口野生动物，所以交易商运用迂回转运之术，以便瞒天过海改用"人类饲养的黑猩猩所生"的名义，将小黑猩猩运进这些国家谋利。结果一路上有更多幼小的黑猩猩就这样半途被折磨死。那些撑到目的地还活着的小黑猩猩则身心都变得非常赢弱，情绪大受伤害，不可能再恢复健康的心理。根据熟悉此类勾当的人士估计，在他们抵达目的地头一年后，平均每有一只小黑猩猩幸存下来，就有十到二十只的小黑猩猩死亡。

当我正想得出神，我身边这群黑猩猩已经吃饱了，休息够了，动身往山下走。我跟着菲菲一家而感到的欣喜之情，却因自己刚才的思绪转而有些恍然若失。看着菲斯蒂诺那样享受母亲和两个姐姐的照顾，使我在晨间的沉思之后，突然想到那些不幸被俘虏的小黑猩猩，就是从类似菲菲一家那样和乐的情境中，突然被强行带走的。

那些在受尽恐怖俘虏和转运之苦，却仍幸存下来的少数几只孤儿黑猩猩，后来的命运又如何呢？人类能拿什么补偿他们所受的惊吓和痛苦？他们的命运必定更加坎坷、煎熬，与其如此还不如让他们在落入猎人手里的头几个月便死了算了。许多在母黑猩猩被俘虏后才出生的幼小黑猩猩，也面临同样凄惨的命运。他们所能期待的最好命运，就是被送到好的动物园去。但是真正能为黑猩猩提供良好生存环境的动物园，仍然少之又少。因为成年黑猩猩非常善于逃跑，而要为黑猩猩提供够大的适当生存空间，成本非常昂贵。因此无数的黑猩猩都被囚在全世界各地所谓的动物园——水泥地板、铁条笼子里。这些不幸的黑猩猩，有的还有一两只同伴与他同牢；其他的则必须忍受长达五十年了无生趣的监禁。他们变得极度受挫、性情冷漠，最后甚至都有些精神异常。许多非洲国家和第三世界国家的动物园环境尤其恶劣——如果这些国家的人民生活景况也饱受剥削和穷困之苦，动物园环境不佳也不足为奇了。但是，整个欧洲和美国各地仍有许多动物园的环境也同样不佳，这实在没什么道理。

西班牙南部沿海地区和非洲西北岸加那利群岛沿海地区的人，更不应该虐待幼小的黑猩猩。从非洲被非法走私到西班牙的这些幼小黑猩猩，在一群摄影者的手中，过着多年不堪的生活，任由主人将他们穿上人类孩子的衣服，做可爱状在度假季节，供游客一同拍照留念。这类照片令人忆及阳光假期的愉悦，回忆起一个因为有野生动物存在而更添异国风味的国家。毕竟在美国布来顿、英国的黑潭，或法国濒地中海岸的避寒圣地里维耶拉，看不到黑猩猩漫行的踪迹。

休闲度假的游客一点也不知道这些可怜的幼小黑猩猩所经历的痛苦。他们在烈日下被带着到处跑，夜晚又被带到夜总会和舞厅去表演，他们的眼睛饱受迷蒙烟雾的刺激，那些环境的嘈杂声也令他们敏感的耳膜非常不舒服。他们的脚挤进不合适的鞋子里——人类的鞋子根本不合黑猩猩的脚趾头形状。他们还包着尿布（且鲜少更换），穿着塑料质料的裤子，以至于臀部被磨得粗糙刺痛。这些可怜的黑猩猩大部分都被强迫喂食剂量很重的安非他命等毒品。饲主且常以殴打来训练他们听话，有些饲主用炽红的烟屁股威胁要烫黑猩猩。等他们逐渐长大，饲主为了避免小黑猩猩咬伤顾客，常将他们的乳齿，有时连同其他牙齿一并拔掉。到了五六岁之后，他们已经长得太大、太强壮，不适合再做这类工作，饲主不是把他们杀了，就是将他们卖给其他人。

后来有一对住在西班牙的英国夫妇西蒙和佩姬·坦柏勒（Simon and Peggy Templar），为黑猩猩请命。最后西班牙通过立法，规定未经允许而饲养的黑猩猩统统要没收。当这些未经允许而饲养的黑猩猩中的两只幼小的从坦柏勒夫妇的收容所转送到英国收容时，我也在场。

其中一只幼小黑猩猩叫查理（Charlie），在我们抵达之前，他才获救几星期。他已有六七岁大。他的所有牙齿，除了三颗犬齿和正在长的白齿之外，全被拔掉了。他瘦削而憔悴，动作迟缓但很谨慎，像个老态龙钟的老人；他懂得的世事似乎超过他的年纪，且被他所经历的不幸压得死气沉沉的。他的双眸仿佛透露着他内心的痛苦。

协助坦柏勒夫妇多年的英国兽医肯尼斯·帕克（Kenneth Pack）也在场，他以吹管注射镇静剂在这两只黑猩猩身上，好让他们安躺在板条箱内，转运到英国。肯尼斯为查理注射镇静剂时，他非常镇静地看着他手臂上令他刺痛的针剂，然后慢慢将这包绕着一堆红色管线的针剂拔出来，仔细地瞧一瞧。他抽掉针头，然后似乎试着再将它装回去。最后，真令我不敢相信，他想要自己注射。当然他失败了——因为已经没有针头。他走到我身边，把那包液状针剂交给我。但是当我伸手准备接过来时，他又温和地牵着我的手，示意要我为他注射。

坦柏勒夫妇早就告诉我们，有许多小黑猩猩被政府没收，再送到他们的收容所之后那几星期，即出现种种毒瘾发作的情形。看着查理年轻老成、颓丧的脸庞，简直令我愤怒——他正是中了毒瘾，所以试图用注射针筒吸毒。

也有人利用黑猩猩演电影，以及在马戏团表演。当然人类可能用温柔的方式调教黑猩猩，但是那光彩夺目的黑猩猩明星，包括一系列的《人猿泰山》《X计划》等影片中的黑猩猩，几乎全都是被严厉残酷的方式训练出来的动物演员。在实际的影片中，观众鲜少看见黑猩猩训练中的残忍的一面——这种事情是大家无法忍受的。但是在拍片前的训练阶段，这些动物明星全都被打得服服帖帖。驯兽师经常使用一根用报纸包着的铅棒。在驯兽师当着观众的面，要求黑猩猩进行表演时，包着报纸的那根棍棒就是确保黑猩猩听话的象征。

有许多被俘虏的年轻黑猩猩后来都成了人类的宠物，尤其是在非洲。他们大部分都是弯腰驼背、奄奄一息，凄凉地待在市集或路边时，被旅居非洲的外国人搭救。他们的母亲已被射杀，分尸剁成块状当肉食出售；小黑猩猩肉少不值钱，只有当宠物卖，才能卖到比较好的价钱。这类交易一直不曾停歇。

首先，因为这些幼小的黑猩猩在家中很容易照顾。他们包上尿片很像活洋娃娃，很温顺、有感情且可爱。他们可能备受宠爱和呵护，因为有同情心的饲主会救助他们，给予营养的食物、安全感和爱。尽管这样的生活并不自然，但是这些婴儿黑猩猩非常享受。只是他们长大之后将越来越难缠，到了四五岁，他们就变成令人讨厌的家伙，成为饲主的重担。他们身强力壮，又凡事好奇。他们想探知周遭的环境，爬到窗帘上，打破身边的任何东西，侵袭电冰箱，利用钥匙打开食橱。他们越来越需要管教，但他们憎恶处罚；一被处罚就大发脾气，乱咬东西，以致被饲主逐出屋外，关在走廊的笼子里。有一只名叫苏格拉底（Socrates）的黑猩猩，在我遇见他的时候，已经被关了好几个月了。他短短三年的生命中所经历的沧桑，都写在脸上了。

另一只黑猩猩威士忌（Whiskey）则被饲主用铁链拴起来。我从照片上看见他被拴在车库后面，但是我一点也不知道，我在亲眼看到时，会气得怒火中烧。饲主居然把他关在五英尺长六英尺宽的水泥砖屋里，只在摇摇欲坠的屋顶开了个小洞。这个狭小的露天监牢位于亚洲式厕所旁边，这个厕所就只是地上挖出的一个小茅坑，门半开着。威士忌的"家"可能也一度供做茅坑之用。

他的阿拉伯饲主微笑地说："他就像我的亲生儿子一样。"我目瞪口呆地瞪他一眼。他的"儿子"，居然是用两英尺长铁链绑起来，拴在废弃不用的茅坑后面一根铁柱上的。他是人笨蛋还是傲慢无情的父亲？我看着威士忌，与他充满疑问的眼眸相对。这位"父亲"又说："他的铁链到了晚上会被放长，这样他就可以进到车库里面。"是啊，我想，夜晚——当黑猩猩睡觉的时候。我跑到威士忌身边，他双臂环抱着我，回应我给他的拥抱。

当我动身离开时，威士忌直跳脚，不停反抗铁链的束缚，手脚并用地击打墙壁。他冲着我跑过来，丢香蕉皮——这是他在牢里唯一能找到的东西。他的饲主告诉我，他通常都是丢他的粪便，但是当我拜访他时，牢里的东西全被清理干净了。

这些不幸的黑猩猩到了青春期，长得又高大又强壮之后，或者当他们的饲主出国时，还会发生什么不幸的事呢？有些被转送到动物园去。即使这动机出于善意，但是动物园的资金经常短缺，而且饲主有他们自己的家要照顾，所以他们为黑猩猩所做的奉献都只是杯水车薪。假如动物园拒收幼小黑猩猩的话，他们很可能遭到被杀的命运——因为有许多国家禁止合法出口黑猩猩。即使在他们合法居留的国家中，也没有他们立足的天堂。

有许多黑猩猩被美国人收养为宠物。在美国，"有爱心"的饲主遇到不得不放弃黑猩猩时，经常会采取一些步骤，延缓与黑猩猩宠物分离的日期。有些黑猩猩也同样被拔掉牙齿。例如，有一只雌黑猩猩两只大拇指都被剁掉，她的养母认为这样她就不会爬窗帘、破坏窗帘了。但是这些被视如家庭成员的黑猩猩，最后还是得被扫地出门。只是那时，他们已经很难再适应扮演黑猩猩的角色了，因为他们一直都被训练成人模人样。他们会有什么悲哀的结局呢？美国动物园很难收容这类被饲主弃养的黑猩猩，因为他们已经变成社交能力笨拙、可怜，只会繁殖下一代的黑猩猩。他们经常被转卖给交易商，最后流落到路边的小动物园，被关在狭小的笼子里，受尽无知者的嘲弄，或者被卖到医疗研究实验室。

至于被科学家以体质结构像人为由抓去进行实验研究的黑猩猩，命运又如何呢？利用他们当活体实验，以进一步了解人类疾病、毒瘾和心理异常等情形的科学家，怎么对待黑猩猩呢？当然不会把他们当成贵宾。事实上，大部分黑猩猩所受到的待遇，类似以前被抓去当实验的死刑犯。但是这些黑猩猩不但没有罪，而且还替人类受苦受罪。即使是在拥有相当大的户外院子的最好实验室，这些实验黑猩猩仍被饲养在相当小的笼子里，笼子外仅有一小块空地。我拜访过的其中一些实验室，饲养黑猩猩的环境，说得好听一点，是他们根本不了解黑猩猩的需要；说得难听一点，他们简直残忍到令人震惊。

我第一个拜访的实验室位于美国马里兰州洛克菲勒市国会山庄外。我曾经见过有人非法进入该实验室偷拍下来的录影带，即使如此，当我在笑容可掬的白领男子迎接下，我亲眼所见的可怕世界仍然令我猝不及防。当我跟着他们进入实验室时，通往外院的大门一关，所有的阳光全被遮蔽。我们经过灯光微亮的走廊，他们为我介绍每一个房间，房间里层层叠叠堆满了破旧的小笼子，到处都是猴子闯来闯去。其中有一个房间关了些小黑猩猩，大约都只有两三岁，他们两个两个地挤在一个小笼子里。我被告知，那些笼子只有二十二英寸长宽，两英尺高，小黑猩猩挤在里面简直无法动弹。更糟糕的是，当时各项实验只进行到一半，但是他们已经被关了三个多月了。这些笼子外围还包着铁箱，活像个微波炉——或早产儿保育箱——所以每只囚犯黑猩猩只能从一个小小的玻璃孔看到外面。他们又能看见什么呢？洞外全都是墙壁。而这种笼子又有什么东西能提供黑猩猩居所、舒适与激励呢？什么也没有。只有他们自身的粪便，以及偶尔送来的一些食物。

当然，每两只黑猩猩关一个笼子，至少可以令他们互相安慰。但是，这不会维持太久。一旦其中一只黑猩猩感染了肝炎、艾滋病或其他严重的疾病，他们便会被隔离，就像我参观那天所看到的，有些黑猩猩单独被关在一个笼子里。在这些比较大的黑猩猩中，我看见了一只青少年期雌黑猩猩，被关在完全与世隔绝的金属斗室中，她一直从这一边晃到另一边。斗室内昏昏暗暗的，她所能听到的声音只有不停从通气孔传入斗室的空调器声响。当她被其中一名技师带出来时，她坐在他的双臂间，仿佛一个破烂洋娃娃一样，无精打采，面无表情。我脑海里一直萦绕着她的眼神，以及我当天看到的其他所有黑猩猩的眼神。他们的眼神呆滞、空洞，毫无希望。你是否看过一个沮丧得无以复加、放弃希望、在绝望中完全投降的人的眼神？我曾见过一个非洲小男孩，他的全家在布隆迪（Burundi）内战中均遭杀害。他就是以毫无神采和表情的眼睛茫然地看着外面的世界。

除非这些实验室保证长期不断改善环境，这些黑猩猩还能再活三四年。但是这期间，他们将永远饱受情绪和心理的困扰。

这些笼子并不符合有关动物福利的规定。但是即使符合了，情况仍不会有什么改变。我发现，美国许多科学家和实验室工作人员并不认为使用遵照美国法令限制的最小笼子有什么不对，这令我非常难过。上千只黑猩猩个别被关在只有五英尺长、五英尺宽、七英尺高的囚牢似的笼子里。这些原本社交能力很高、非常聪明、情绪反应像极人类的灵长类动物，可能终身被监禁在这个铁笼里，超过五十年。

黑猩猩丰饶的想象力在这样四面八方都是铁栏的牢笼里，完全被摧毁。他们没办法做任何事情，无法排遣漫长无聊的年日；无法与同类做身体的接触。对黑猩猩而言，友善的身体接触极为重要，那些令他们感到释放、久久地互相梳理毛发的社交行为，对他们来说实在太重要了。

我永远忘不了我第一次凝视被拘禁在这类铁笼里的一只成年黑猩猩的双眸。他的笼子里除了他以外，唯一的东西便是挂在上方的废弃轮胎。在那个阴森森的地下室房间里，还关着其他九只黑猩猩。这个房间没有窗户，除了其他囚友之外，没别的东西可以瞧。墙壁全是白色的，还有一扇铁门。当我和一名兽医抵达时，他们打招呼的每个叫声都形成回音，余音不停在空中振荡。他们呼叫、摇晃和拍打铁栏的嘈杂声，大得令人难以忍受。

他们安静下来之后，我凝视乔乔（JoJo）的眼眸。他的眼神里没有半点恨意——这种情境下太容易让黑猩猩含恨了。当我驻足与他对话，打破他一整天的无聊时，他的眼神只透露着困惑和感恩。

那时我想起了冈比的黑猩猩们，他们自由自在地漫游森林，自由地玩耍、互相梳理毛发、在树间搭窝。乔乔伸出温柔的手指，抚摸我的脸颊，我的眼泪夺眶而出，浸湿我进实验室必须戴的面罩。

另一次梦魇般的拜访经验是在奥地利首都维也纳郊外。我们在灿烂阳光下驶过绮丽的乡村之后，抵达目的地。黑猩猩被关在实验室的地下室里。这是新落成的艾滋病研究实验室，任何人进入时都必须披上有很好保护作用的外衣。穿那衣服好像拼命在挤进太空衣一样。他们告诉我，假如我没有将呼吸罩与每个房间的通气孔接好，我会窒息。当我拉下头罩，从后面拉上拉链，感觉双手被关进太空衣时，我就知道接下来的时刻充满惊惧恐怖。向导穿着这衣服在做化学浴，以便消毒，化学浴的药水和雾气把他冲得看不见身影。我排队等了几分钟，我从玻璃罩往外看，然后笨手笨脚跟在他后面轰隆隆地进行消毒浴。

沉重的大门慢慢关上。我被引导到三个小斗室，每个斗室内都有两只黑猩猩被关在五平方英尺大的笼子里。每个笼子中间都隔着塑料玻璃或塑料板，我想，这样可以让同囚的黑猩猩互相对望。我记得，当我们进入时，这些黑猩猩大部分只是瞪着眼睛看我们。有一只雌黑猩猩似乎特别兴奋，或者是害怕——我分辨不出她的情绪。她走到铁栏边，让实验室人员用笨拙、戴着厚重手套的手安抚她。当我们离开时，他们又陷入冷漠死寂——至少当门关上时，再听不见他们的任何声音。

在那些昏暗地下室内短短的一趟参观旅程，让我觉得仿佛置身完全脱离现实的幻想世界一般。我试着想象医院里的艾滋病患——病"人"——在那里，所有进进出出的医生和护士都穿着鬼魅般的白衣，所有的访客也得钻进同样的保护装束里面。当这些黑猩猩第一眼看到这些怪物般的人类、听到从防护罩里面传出来闷闷的，好像坟冢鬼魅般的声音时，会感到多么恐怖！而今他们早已经习惯了。对他们而言，外面的世界，有树有天空的真实世界，以及与其他生物友善接触的正常世界，永不复可见。

在这些黑猩猩囚牢中工作的人，怎能忍受这样的环境？他们难道没有感觉，没有爱怜之情吗？他们完全不了解黑猩猩的处境吗？他们是虐待狂，欣喜于有能力足以控制这样壮硕、危险的生灵吗？我认为，最重要的是，工作人员的态度已深受科学制度影响。新来的研究人员通常看到这些情况比较容易感到难过，而有些相当难忍受这些环境的研究者又帮不上忙。许多继续在那里工作的人最后对这种残忍情境已渐渐习以为常，且相信（或强迫自己相信），这是人类试图借实验以减轻人类疾病之苦的必要过程。有些研究人员甚至在实验工作中，变得越来越冷酷无情，"残忍的行径窒息了人们所有的怜悯心"。

幸运的是，尚有一些具同情心，不苟同于实验室环境的研究者留在这个工作岗位上，因为他们觉得可以为黑猩猩改善一些状况。其中一位就是詹姆士·马哈尼（James Mahoney）博士，他非常关心他辖下的二百五十多只黑猩猩。他介绍我认识黑猩猩乔乔。那天当我蹲在地上忍不住泪水直流时，已走在前面对着其他黑猩猩讲话的詹姆士走回我身边。看见我在难过，他也弯下腰来，双臂环绕着我，说："别这样，珍，我这一生的每天早晨都必须面对这些情景。"

他这样说当然更令我伤心。詹姆士是我所认识的人中最温和、最有爱心的。想到他一生大部分时间都必须忍受这样如地狱般的光景，我对此类事情有了更新的了解。之所以有必要改善实验室的环境，不只是为了黑猩猩——同时也是为了那些有爱心的人着想。当我询问技师，怎么能忍受监督一群被活生生抓走、与母亲分离的婴儿黑猩猩；一群生命才刚开始，尚需母黑猩猩照料的无忧无虑的黑猩猩，却要一辈子关在这笼子里，这些技师眼眶也充满泪水。我知道，我这趟访问已带给工作人员改善环境的新希望和勇气。因此为了他们和黑猩猩，此后我一再回去参观访问。进入这样的环境，对我而言，简直像是入地狱。

很不幸，那些致力于改善黑猩猩生活环境的工作人员遭遇困难，吃力不讨好。其中一个原因是，他们大部分的同事完全不懂"真正的"黑猩猩有什么样的行为模式。他们只认识实验室里的黑猩猩。而实验室里的黑猩猩几乎被剥夺了一切为满足生理安适感和心智激励的需求，所以他们极可能变得脾气暴躁，甚至有暴力倾向。他们可能吐口水、丢大便、抓人、咬人。这类行为部分是出自于受挫折和侵略性，部分是因为他们试图借此与周遭的人建立某种接触关系；另一部分原因则是，除此之外，没别的事可做。这些黑猩猩是代表所有黑猩猩的可怜大使，毋怪乎许多技师和兽医讨厌他们，甚至怕他们。

尽管实验室有如不毛之地，但是许多实验室黑猩猩的身体状况非常健壮。许多人都误以为，只要动物看起来很健康、吃得好睡得饱、能令人满意地繁殖后代，那就表示，这些动物过得很满足——因此他们的居住环境必定很安适，不需要改变。然而这绝非事实——换成人类，也是一样的道理。即使在人类的集中营，也有婴儿诞生，但是我们绝不会因此而相信，集中营的日子很好过。同样，我们也没有理由认为，黑猩猩在这方面与人类有什么不同。

大部分科学家在设计能进行其实验研究的工作环境时，均未考虑到，他们所处理的是一群有感情、有知觉的生灵。他们坚持以传统的方式对待这些被实验的动物。也唯有如此，他们才确信，他们的实验和测试可以产生可靠的结果。他们说，萧瑟、空无一物和局限的环境，对实验黑猩猩而言是有必要的。牢笼必须空无一物，没有床铺或玩具，因为这样，被囚的黑猩猩比较不会传染疾病或长寄生虫。而且这样一来，当然在黑猩猩走了之后，比较好清洗笼子。笼子也必须小小的，否则就会很难处理这些实验动物——很难为他们注射针剂或抽血。黑猩猩必须个别关起来，以免互相传染疾病。

事实上，事情不需要那样，也有一些用比较人道的态度善待黑猩猩的实验室，最后导致环境的改善。笼子可以再大一些，因为黑猩猩经过教导之后，懂得近前去挪高臀部进行注射，或伸出手臂让人抽血；也可以教导他们自己走进较小的笼子，做其他的事。如果想让笼子更容易清理，可以用食物为诱饵劝他们交出玩具或毛毯等东西。甚至有些实验中心提供单独的房间给黑猩猩，不过这是例外，而非成规。最近有一群杰出的欧美免疫学家和病毒学家在一篇文章中指出，动物实验章程中要求将黑猩猩单独关在一处的惯例，其实大部分情况下，可以改为两只黑猩猩同住一处，不会有问题。这意味着，所有那些被用来进行肝炎和艾滋病研究的黑猩猩（占所有实验动物的大多数），不再独居的日子指日可待。任何人若再将黑猩猩单独锁居一处，将必须向一群合格的科学家提出强有力的证据，证明有必要实行这样不人道的待遇——尤其有越来越多的证据显示，让动物独居会造成动物心情沮丧，这不仅很残忍，而且可能损害实验结果。因为沮丧会影响动物的免疫力，从沮丧的实验对象那里搜集到的药效实验数据可能不准确。

不幸的是，我们所有致力于改善实验室环境的人都反对既存的体制；而既存体制下的研究者又都反对改革。既存体制下的研究者认为，实验动物所受的苦不能与人类所受的苦相提并论。他们认为，改革的成本太高了。假如黑猩猩要有较大的笼子、社群、富饶的环境和更细心的照料，将花费更多的研究经费。这样，一些非常重要的实验研究将逐渐停摆。如此一来，人类将付出找不出病因和疗效的代价。这当然并非事实，真正的基础研究和试验绝不会因此停歇。即使给予黑猩猩最好的生活条件，但是从道德上来看，拿黑猩猩当活生生的实验品，究竟应不应该，还很难判定。我们居然还容忍前述那些实验室继续恶劣地对待黑猩猩，实在是对当代道德观念的严重控诉。

事实上，改革之风正在兴起。人们对待动物的态度正在改变，一般大众也越来越注意我们周遭虐待动物的事。

全球某些灵长类研究中心，仍定期讨论有关如何运用、爱护人类近亲动物的课题，并且试图为他们营造更好的生活环境。有些实验室有很大的室外庭院供黑猩猩等实验动物养育其幼儿，让他们成双成对地住在一起，让他们能自由进出外院。越来越多实验室计划改善这些实验动物的生活环境，这不只对黑猩猩有利，对那些看顾他们的员工也有帮助。这类改善计划不见得要花大笔钱——只要给黑猩猩一本杂志、一把梳子或牙刷和镜子，或塞满葡萄干和软糖的一根硬塑胶管，以及若干可以让他们当工具把葡萄干和软糖弄出来的树枝，他们就能打发一天的时光了。更高明的解闷方法，例如教他们玩电动玩具，正在筹划阶段。

当我越来越多地涉入动物保育和动物福利的问题之后，我发现了一项意想不到的收获，那就是，遇见了许许多多热心投入、有爱心和体谅之心的人在为同样的问题奋斗，为改善被囚黑猩猩的生存景况、减少他们的痛苦、建立收容所收留被虐待或孤儿黑猩猩、保留黑猩猩的天然生存环境等事而努力。这些不平凡的动物保护人士奉献时间、金钱——有时甚至不惜他们的健康——协助黑猩猩摆脱目前的凄惨景况。例如葛札·塔勒基（Geza Teleki）在开辟专门供黑猩猩用的国家公园时，染上无药可救的盲眼症。这些原已相当有成就的人经常单枪匹马与势力庞大的反对派对抗，而今仿佛有一位看不见的指挥家突然已经挥棒，这些人便同声唱和。这终将对全球的黑猩猩带来极大的帮助。（若要更详细了解协助黑猩猩的事，请参阅附录Ⅱ。）

至于我所熟识的那批自然、自在、尊贵的非洲黑猩猩，他们的命运又将如何呢？我们所能期望的最佳状况就是能有接二连三的国家公园或黑猩猩保留地，外围有一大片起保护作用的缓冲区，好让黑猩猩和其他森林动物能和平共处在他们的天然环境中。我深信，我们终将达成这个目标。当然有必要说服相关国家的政府：建立野生动物保育区绝对要比开垦天然资源、获得眼前短暂的利益更有价值。野生动物研究计划可以为他们的国家带来外汇，观光业甚至可以带来更多外汇。但是这些计划必须互相连结，才不至于使纷至沓来的观光客干扰研究工作，或者更重要的，不去干扰野生动物。教育计划则可促进当地居民对保护动物的警觉心。雇用动物保育区附近村落的民众充当研究助理，一如我们在冈比所示范的，不但可以改善当地居民的经济状况，而且同样重要的是，还将促使那些参与者对野生动物保护产生热情，而且他的家人亲友也会一同感染这样的热心。这便是冈比的黑猩猩为什么安全无虞，不会遭遇偷猎的其中一个原因。

我们也别忘了，不理会野生动物保育区这回事的当地居民，确实有权利对保育感到憎恶。凭什么要他们让出祖先已经耕种了好几世代的土地？保育、教育和大批观光客涌入所带来的金钱，并不能弥补他们的损失。然而，构想中的与森林保留地和国家公园相关的农林计划——种植可供用作木柴、木炭、建筑木材等用途的树木——不只能保护当地的各种动植物，反而能促使当地居民比以前更善加利用那些土地。有些保护动物人士似乎忘了人也是动物！

在结束本章之前，我还要与大家分享一则故事。对我而言，这个故事具有真正的象征意义。这是有关一只被囚的黑猩猩的故事。这只黑猩猩姑且取名为"老翁"，他大约八岁时，便从实验室或者马戏团被救出来，和另三只雌黑猩猩一起安置到美国佛罗里达州动物园内的一个人造岛上。他在那里待了若干年。有一位年轻人马克·库萨诺（Marc Cusano）受雇照料这群黑猩猩。有人告诉马克："不要到那个岛上面去，那些野兽非常凶猛，他们会把你杀了。"

马克遵守这道指示好一阵子，每次都只敢从船上丢食物给黑猩猩们吃。但是他很快就发现，除非他与这些黑猩猩建立某种关系，否则他没有办法好好照顾他们。于是他开始在送食物给他们时，一次比一次更接近他们。有一天，老翁跑出来，直接从马克的手中拿走香蕉。这点让我清楚记得，在冈比时灰胡子大卫如何从我手中取走香蕉。如同我与大卫的关系，马克和老翁也就此发展了友谊。几个星期后，马克踏上那个岛，终于能与老翁一起梳理毛发，甚至一起玩耍，尽管那几只雌黑猩猩都在一旁冷漠地观看，其中一只雌黑猩猩已经生了一只小黑猩猩。

有一天，马克在岛上打扫时滑了一跤。小黑猩猩吓得尖叫，并立刻引起他的母亲保护幼子的本能，这只母黑猩猩马上攻击马克。当马克趴倒在地上时，她咬他的脖子，马克感觉血一直从脖子流到胸前。另两只雌黑猩猩也冲过去支援同伴，其中一只雌黑猩猩咬他的手腕，另一只咬他的腿。马克以前也曾遭到这些黑猩猩的攻击，但是都没这次那么严重。他以为，这下子他要完蛋了。

这时，老翁冲过来拯救马克，他多年来结交的第一位人类朋友。他把极度亢奋的雌黑猩猩一一拉开，推到旁边去，然后紧紧地站在马克身边，防范雌黑猩猩再度攻击。马克慢慢爬到船上，得到安全。马克出院以后告诉我："你知道，老翁救了我一命。"

假如一只黑猩猩——尤其是曾经受过人类虐待的黑猩猩——都能够跨越物种障碍，伸手援救遇难的人类朋友，那么更具有同情心和理解能力的人类难道不能伸出援手，协助目前正迫切需要我们帮助的黑猩猩吗？

第二十章　结语

　　菲菲从树上爬下来，饱足地挨近我躺下，闭目休息。在这里，至少人与动物之间充满了绝对的信任，动物和他们所寄居的原野有着和谐的关系。想到人类违反大自然，殃及其他生灵的罪，我不禁感伤。我——或者其他人——怎么能够在面对这样浩大、愚蠢的毁灭劫数时，无动于衷？

我研究黑猩猩已经三十年。这三十年来世界改变了许多，包括人们对动物和环境的看法也有所改变。在这三十年当中，我个人走过了冈比安详的森林，走过了它多荆棘的矮灌木林。这一切都源于关怀动物福利和保育问题的初心。正是这种初心，使我历经了漫长的历程，使我这个少不更事的英国年轻女子，在母亲的陪伴下漂洋过海，最终抵达了冈比的湖滨。然而，每当我在冈比，有时也在被囚的黑猩猩身上观察到黑猩猩有一些新的或令人着迷的行为模式时，仍感觉母亲就在我身边，她总是我日渐成熟的生命的一部分，就在我身边激动地低泣。直到今天，每当我挨近着看刚出生的小黑猩猩、看到母黑猩猩跑过来显露关切之情抱起她的小黑猩猩，看到雄黑猩猩毛发竖直，双唇紧闭，满有威严地招摇而过时，我仍然非常兴奋，一如我刚开始做研究那几个月。

由于我所拥有的经历比任何我们所能想象的都更令人兴奋，更值得，因此我在黑猩猩群中的旅程，打从一开始就显得丰富。这些透过长期与黑猩猩相处而得来的收获，已经为三十年前不为人知的世界开启了许多扇窗户。我多么幸运，命运的安排使我能结识人类学大师利基，接着他又将我引导到坦桑尼亚——多年来，我在那里能有更多的探索，获得了更多的知识以及坦桑尼亚政府的协助与支持。要知道，坦桑尼亚可是非洲最安定、最和平、最有动物保育观念的国家之一。

　　从冈比搜集到的黑猩猩资料，加上从非洲其他地方所收集的，以及对被囚黑猩猩的研究，促使我们为人类的这个近亲描绘出令人赞叹的画像，更加详细地刻画这个极其复杂的生灵的肖像。当然，这幅画尚未完成——我们尚不明了黑猩猩攻击行为的深层原因，也未测度出黑猩猩关心照顾能力和怜悯心的上限。我们对黑猩猩的研究时间还不够久——毕竟三十年只不过是黑猩猩生命期的三分之二而已。最重要的是，我们在冈比的研究经验已经凸显，假如我们想要了解黑猩猩复杂的社会，长期研究是有必要的。当我们研究得够长够久，明了黑猩猩之间的血缘关系和人际关系，便能看出黑猩猩有许多社会行为都是有意义的。唯有待在原野年复一年，我们才能记录到黑猩猩家族成员之间彼此亲近、相互扶持的持续关系。更重要的是，假如这类研究十年就结束的话，我们便永远无法观察到黑猩猩不同族群之间残忍的厮杀。假如只研究二十年，那我们也不可能记录到孤儿黑猩猩小梅尔由青少年孤儿黑猩猩斯宾德收养的感人故事。又有谁知道未来十年还会观察到什么事情呢？我毫不怀疑，人们未来必定还会观察到黑猩猩社会令人惊讶的事，因为自一九六〇年起，每一年我们都对黑猩猩的本性有更新的发现，对他们内心世界也有更新的洞察。他们是多么复杂的生命体啊，他们的行为多么灵活，每个个体也都是那么的莫测高深。

这些年来，我们越来越熟悉冈比一直增加的黑猩猩，且深识他们各自鲜明而独特的个性。黑猩猩各自不同的个性，受基因遗传、后天经验、家庭生活，以及他所生长的世代等因素交织影响。和人类一样，黑猩猩也拥有自己的历史。黑猩猩也因小儿麻痹症和肺炎等流行性传染病，以及像人类一样的种族冲突影响，而使其社会饱受蹂躏。在派逊和波母女猎食同族小黑猩猩那段黑暗时代，母黑猩猩和她们刚分娩的幼小黑猩猩很难再安然游荡、穿越看似平静的森林。黑猩猩也有追逐权力的斗争，一如人类的国王和独裁者在改朝换代时发生夺权斗争一样。而我非常荣幸自一九六〇年代早期，便亲自记录这些事实——为没有书面语言的黑猩猩立史。

在人类社会中，总有一些人扮演了决定其社会命运的重要角色。同样，有些成年黑猩猩显示出了果断、勇气或聪明等显著的领袖气质，因而成了黑猩猩历史书上的杰出英雄：像是勇士戈利亚特、大能者迈克、狠将汉弗莱、伟者菲甘、暴风戈布林。他们在一生中的夺权奋斗中，写下许多史诗般的胜利扉页。另外一些黑猩猩也扮演了很重要的角色。若不是休和查理，卡萨克拉族黑猩猩可能永远不会分裂。若没有吉吉和那些骚动、兴奋的雄黑猩猩，她的社群也许不会那么具有侵略性，不会对邻邦那么穷兵黩武。

但是卡萨克拉族的雄黑猩猩都非常强壮，他们所获得的胜利令人印象深刻。试想，假如黑猩猩会说话的话，卡萨克拉族与卡哈马族四年抗战中那些纷纷攘攘的故事，岂不代代传颂下去，让后代黑猩猩知道他们的祖先是如何歼灭背叛本族、另起炉灶的卡哈马族。而卡萨克拉族驱逐卡兰德族和米屯巴族侵略者的故事，也同样会被传扬下去——听说汉弗莱和薛里在抵御这些入侵者时阵亡。而雌黑猩猩将多么乐于称颂吉吉是活生生的传奇，是族群中力拔山河气盖世的贵妇。

至于恶名昭彰的派逊和她的女儿波诡异的猎婴行为，应在所有刑事犯的书籍中被探讨。所有做母亲的也必哄她们顽皮的孩子："再不乖，派逊会来抓你！"

黑猩猩也有他们自己的神话传说。他们非常尊崇第一个教导他们如何撬开土堆，使用工具抓蚂蚁和白蚁，以及如何以大石头和棍棒威胁敌人的年长智者。青少年黑猩猩也将学习如何以令人印象深刻的瀑布仪式、深林里的雨中舞蹈，来讨森林万物之神的喜悦。

至于我们这群突然闯入他们中间的"白人猿"，对他们而言也会是个神话。刚开始他们莫不以害怕和愤怒之情对待我们，但是最后我们的闯入带来香蕉——像变魔术一样，仿佛圣经所述从天上掉下灵粮一样。灰胡子大卫也是这件传奇故事的主角之一，他是不怕"白人猿"的黑猩猩之一，不怕这个将她自己介绍到他们森林世界里去的"白人猿"。

事实上，假如利基不派我于一九六〇年代到冈比做研究，冈比的黑猩猩恐怕今天已经丧失了他们可生存的处所，因为当地土著极力想推翻野生动物保育区的计划，以便能进入森林中开垦。但是因为我在冈比进行研究，使得周围的野生动物在原居住地继续生存的权利得到保护。这些黑猩猩若是灵性有知，必尊我为他们的守护神！

然而，实际上他们如何看待我呢？如何看待我和其他闯入森林观察他们、共同撰写他们历史的人呢？我想，今天黑猩猩们已对我们习以为常了。在黑猩猩的眼中，其他黑猩猩是最重要的，尤其是亲近的家族成员和朋友——以及当时的雄黑猩猩首领。其他动物诸如猴子、山猪等，则是重要的肉食来源；至于经常不被黑猩猩看在眼里的狒狒，除了幼小的黑猩猩会把小狒狒当成很好的玩伴之外，多半被黑猩猩视为宝贵资源的潜在竞争对手。至于冈比的人类，则被当成另一种动物，是黑猩猩世界中的自然成员，没有威胁，偶尔还会提供香蕉。这群人有时令他们感到厌烦，因为他们喜欢在丛林里吵闹，不过大部分时候，这些人还蛮好的，没有伤害力。

当然，黑猩猩认得我们每一个人。许多黑猩猩在我面前，比在其他观察者面前更自在。这是因为我一直都是单枪匹马，安安静静地跟在他们后面，尽量不干扰他们。抢先一步去采集额外的资料，或者跑到前面去拍下某些特殊行为的照片，或许便是干扰或触怒黑猩猩之举。冈比的黑猩猩大部分时候也都非常包容加入田野工作的坦桑尼亚土著，这些土著日出而作日落而息，月复一月，年复一年。但是假如他们在国家公园内遇到其他陌生的非洲人，他们通常会感到非常不安。有一次，我跟着一群黑猩猩，正好有一群渔夫从坦噶尼喀湖岸要到村落去，当他们经过时，所有黑猩猩都鸦雀无声地蹲在灌木林或草丛里，一动也不动，直到渔夫们走过去之后。许多黑猩猩也会躲避观光客——事实上，比较害羞怕生的雌黑猩猩后来都不再造访研究中心，除非是跟着一大群黑猩猩——显然，她们觉得跟着一大群黑猩猩比较安全。但是有些黑猩猩，特别是在前来协助的工读生多的时候长大的黑猩猩，似乎对观光客和他们的东西——包括看来不合适的衣服——感到非常好奇。至少菲菲、吉吉、普洛夫就是这样，他们跑去贴近着看自动相机、做日光浴的观光客和附近的游客休息室，然后互相梳理毛发或只是坐着。

　　我自己与黑猩猩的关系，某种程度上受冈比研究方法影响而有些局限。我们刻意与黑猩猩保持距离，因为他们比人长得强壮多了，他们一旦丧失对人的敬意发起飙来非常危险，同时也因为这样可以尽量避免对他们的自然行为造成干扰。假如有黑猩猩生病或受伤，我们的确会试着为他用药，但是通常我们只是观察、做记录。这样，黑猩猩在任何方面都不致依赖我们，即使是香蕉，我们也只是非常不定期地供应。这或许便是为什么我不像许多人所猜想的那样，把黑猩猩收纳成为我家的成员。我非常关切、尊重黑猩猩。我对他们的行为好奇极了，我可以花好几个小时，甚至好几天与他们在一起。我也经常自问，为什么我会爱黑猩猩甚于爱人？答案很简单，我喜欢某几只黑猩猩甚于某几个人，同时我也喜欢某几个人甚于某几只黑猩猩。当然，这是因为他们全都各不相同。例如我所认识的黑猩猩当中，我最讨厌汉弗莱和派逊。其他像灰胡子大卫、菲洛、季儿卡、菲菲和葛瑞琳，都令我打心底喜欢，我对他们的感情近乎爱。但这是对充满野性而又自由自在（wild and free）的生灵之爱。因为我并不与他们互相梳理毛发或玩耍，也不介入他们的冲突，所以这是一种单方面的爱——他们并不会像个孩子或小狗一样，用爱来回报我。但这一点也泯灭不了我对黑猩猩的爱。

　　我永远也忘不了菲洛死后的遗体；大约十年后玛莉莎在自己搭的窝巢中，吸完最后一口气。每当我回想起她们的一生，便觉怅然若失，哀伤之情不下于痛失亲近的人类朋友。当我发现小杰帝的尸身被肢解时，我恐惧战兢地愣在那边，再度感到哀伤至极。我再也看不到他活力充沛的玩耍，再也无法记录到他饶富创意的新奇游戏，以及他毫无所惧的冒险精神。

所有冈比的黑猩猩当中，我最爱灰胡子大卫。他的尸体从未被找到。他只是再也不到研究中心的营房来了，周复一周、月复一月，我们才明白再也看不到他了。那时我感到我的悲恸甚过对其他黑猩猩死亡的哀悼，以前或以后，都没有任何黑猩猩的死亡令我如此伤痛。我很欣慰没有看到灰胡子大卫的尸体，否则必令我更加哀痛逾恒。灰胡子大卫是那样的果敢、定静、无所畏惧，他打开了我观察黑猩猩世界的第一扇窗户。

对我而言，黑猩猩的世界真是神奇和不可思议的世界，它远离现代社会的喧嚣，让我在当中找到平安与活力。这个世界带着医治心灵创伤的能力。因为山中岁月无甲子，山中生活对黑猩猩和人类都一样，促使你不得不面对最基本的现实生存问题。他们日复一日地过活，尽管有时过得艰难困苦，但是大多数时间他们都非常享受山林中的生活。

在我的丈夫德里克不敌癌症过世之后，冈比成了我寻求安慰的地方。德里克病逝德国，有一阵子我们企盼奇迹出现——就像成千上万癌症患者及其家属极度地渴望抓住每一丝希望一样。我知道当我们失去所爱的人时，痛苦和失望会袭上每个亲友的心头，所以我特地花一些时间，陪伴住在英国的家人。然后回到非洲达累斯萨拉姆，那里全是令我触景伤情的事物：每天瞪着印度洋，就忆起德里克虽然瘸腿，但终于发现可以在他喜爱的珊瑚礁海中自由自在地游泳。离开达累斯萨拉姆的房子，到冈比避居一阵子，使我得到真正的解放。在冈比，我可以将心里的忧伤埋藏在树林中，在森林里找到活下去的新力量。当然，这座森林自从基督行过耶路撒冷山谷以来，数千年鲜少改变。

那段时间，我每天花数小时走在林野间，一点也不去想搜集研究资料的事，我比以前更亲近黑猩猩。因为我这时与他们在一起，目的不是在观察、学习，而仅只是需要他们与我做伴，他们对我一无所求，也没有怜悯。当我的心神逐渐康复，我开始越来越明白自己与人类这些体质上的近亲，有新的直觉上的同理心。从那时起，我也感觉自己越来越与大自然合一，和谐地融入大自然的世界、自然界生生不息的循环，以及森林中所有生物的独立共存。

在有生之年，我永远忘不了，我与菲菲及其家庭成员，还有艾弗雷德共度的那个下午。我安详、和谐地跟着他们三小时之久，走遍各地，看着他们一会儿进食，一会儿停歇、互相梳理毛发，而小黑猩猩则在一旁玩耍。傍晚他们直下凯科姆贝山谷，沿凯科姆贝河向东走，往长有无花果树的地方去——当地人称它为宿苞榕（Mtobogolo）树——这些果树就长在凯科姆贝瀑布旁。当我们挨近时，瀑布声在清新的空气中越来越大声。艾弗雷德和菲鲁德毛发竖直，快步直往前奔跑。这时从树林隙缝中依稀可见瀑布，在距离我们大约五十多英尺的地方，瀑水宣泄而下。经过瀑布数千亿年的冲刷溶蚀，瀑布下的大岩石已形成一个凹槽。瀑布两边的藤树悬垂在岩石上。瀑布之水顺着岩石而下，使嫩绿的蕨类在风中不停地摇曳。

突然，艾弗雷德往前扑，纵身一蹿抓住了一根悬在瀑布半空的葡萄藤，尖叫着在湿漉漉的风中荡秋千。不久之后，菲鲁德也参与进来。他们抓住一条又一条的藤蔓，从这一端荡到那一端，直到那些细长的藤蔓被折腾得快断掉了，或者从藤蔓根处都磨损了为止。菲罗多则沿着溪边耀武扬威，高举一块又一块的石头往上抛，往侧身丢，他的身上溅满了闪烁着珠光的溪水。

　　十分钟后，这三只黑猩猩狂野地示威，菲菲则与其年幼子女坐在溪边高高的无花果树上观看。这些黑猩猩是否正在表达类似人类兴起原始宗教以前的那种敬畏之情？原始人类对大自然敬拜后来衍化成原始宗教。这些黑猩猩敬畏看似有生命的水之神秘性，这些水不停湍流，却永不流走；永远如一，却又不同于往昔。

　　祭典结束，这些黑猩猩从溪边走来，爬到菲菲坐的无花果树上。他们开始一边轻快地低吟，一边享受果子。微风吹动着树枝，小星星在看似舞动着的穹苍眨眼。到处都是醉人的无花果香，夹杂着昆虫的低鸣和觅食之鸟鼓翼飞舞的声音。缠绕在无花果树大枝桠上的葡萄藤，一路纠结蔓延到天际。丛林中的花是蝴蝶和珠光色太阳鸟的玉液琼浆。黑猩猩们嚼着无花果，并将籽吐到地上，这样就可长出新的无花果树来。终有一天，无花果树会寿尽枯萎，再也无法供养动物，而它化做粪土后又变成肥沃的肥料，供新的果树成长发芽。山中的生物尽皆环环相扣，连死亡都有助于促使黑猩猩居住的森林继续生生不息下去。这样永不止息的循环，打从林中长出第一批树木时便已开始。这些古老的生命循环方式如今再重复时，总带着新意。

　　就是在这样富饶的环境下住着人类的始祖，像黑猩猩的生物。他们缓慢地进化。有些比较具有冒险性格的，离开森林远游到热带大草原觅食，或寻找新的地盘。结束这样危险的探险之旅，回到森林之后，他们必定感到如释重负。但是渐渐的，早期的生活方式越来越不需要依赖海洋、湖泊和溪流，因此，早期的原始人便试着远离森林到别处过活。他们发现洞穴和火，并且学会搭建住宅、用武器打猎，以及说话。于是他们变得勇敢、自信满满，开始到森林外围觅食，致力开发供养他们数千年之久的森林。如今，人类已横跨到全世界各地，除掉森林，不再种植任何作物，到处改建一望无际的水泥屋。人类驯服了原野，却也破坏了原野的富庶。我们相信自己是万能的，但事实并非如此。

如今沙漠得寸进尺地延伸，不毛之地和无可弥补的贫瘠之地逐渐取代了供养万物的森林。许多动植物在人们还来不及探知其价值和它们在宇宙间的地位之前，便已绝种。全球气温正不断上升，臭氧层破洞越来越大。在我们周遭到处可以看见毁灭和污染、战争和惨剧、残缺的肢体和被扭曲的心灵，人类和动物同样遭殃。假如我们容忍这种情形继续发展下去，我们本身终将面临毁灭。我们不可能那么浩大地干扰造物主的计划，却又希望能继续存活下去。

一想到这整个令人毛骨悚然的景象，想到人类逆天而行、殃及其他生灵的罪过，我不胜悲哀。我——或者其他人——怎么能够在面对这样浩大、愚蠢的毁灭劫数时，无动于衷？

忽然，我被什么东西吓了一跳，原来是一颗无花果掉落我身旁。菲菲从树上爬下来，饱足地挨近我躺下，闭目休息。在这里，至少人与动物之间充满了绝对的信任，动物和他们所寄居的原野充满和谐的关系。菲斯蒂诺蹒跚着向我走过来，瞪着大眼睛伸手摸我的手，然后走回他妈妈菲菲的身边。这就是信赖，还有自由。我想起无数黑猩猩已丧失他们的森林地盘，也想起被送到全世界各动物园和实验室的黑猩猩。我忆及"老翁"的故事，忆起他怎么样回应人类朋友的需求。

我心中油然生起为结束黑猩猩的痛苦而战的斗志。黑猩猩此刻需要帮助甚于过去任何时刻。假如我们每个人无论责任多么小，都能善尽个人责任的话，都能对他们有所助益。假如我不负这责任，就不只辜负了黑猩猩，也违背了我们自己的人道精神。我们必须永志不忘，尽管全世界所面临的问题看来不可能克服，但是假如我们同心协力，便有机会促进改革。我们必能做得到。就是这么简单！

艾弗雷德、菲鲁德和菲罗多从树上爬下来，与菲菲、菲斯蒂诺会合后，一同起身迈入静谧的森林中。我看着他们离去，然后再回头望。阳光穿越茂密的树林散洒过来，有一道彩虹横跨在水花四溅奔流的瀑布中间。

附录 I　我对以非人类动物做实验的几点看法

　　当我们对非人类动物，尤其是脑部结构和社会行为复杂的动物了解得越深，就越容易挑起人类利用这些动物的伦理道德问题——无论人们是拿他们当娱乐、宠物，食物、实验室的研究对象，或其他任何用途。特别是当这类利用涉及动物肉体或心灵上的痛苦时——活体解剖就常是如此，有关道德的问题就益加尖锐。

　　早先，一般人认为，动物的痛感（及其他情绪反应）大部分与其肉体上的痛苦无关。生物医学研究运用活体动物就是开始于这样的年代。结果，科学家深受心理学的行为学派影响，也认为动物只不过像机器一样，没有痛觉，无法像人类一样有感觉和情绪。因此他们认为，满足实验动物的需求不重要，甚至没有必要。那时科学界尚不了解压力对内分泌和神经系统的影响，一点也不知道用饱受压力困扰的动物会影响实验的结果。因此，实验动物的生活环境——笼子的大小和装置、单独关实验动物，而非集体关在一处，全都只为了照顾动物者和实验者的方便。笼子越小，成本越便宜，越容易清理，越容易掌握被囚动物。因此，研究动物被关在又小又无聊的笼子内，一只动物挤一个笼子，每个笼子又叠成一堆，这并不足为奇。关于运用实验动物的道德问题全被抛在大门深锁的户外。

随着时间的推移，以非人类动物做实验的例子越来越多，因为基于伦理的理由，一些人体临床医学研究和测试愈来愈难合法化。科学家和一般大众也越来越觉得利用动物研究做实验，对所有的医药发展都很关键。如今，大家都想当然地认为，人类得靠动物实验来获取有关疾病的新知识，及其治疗与预防之道。而且，注定要为人类所用的任何产品，在上市之前，均须经过动物实验证明可靠。

在同时，由于越来越多的研究探讨动物的感觉和智力，使得现在大部分人都相信，除了最原始的非人动物之外，所有的动物均有痛觉，且越高等动物的情绪与人类的情绪越像，他们都会经历人类所谓的喜乐或哀伤、害怕或失望。既是如此，科学家怎么能够继续在穿上白袍，关起实验室的门之后，仍对待实验动物像对待"东西"一样？我们这些人，又怎能忍受那从被囚动物观点来看，与人类集中营无异的实验室呢？我认为，之所以会发生上述这类事情，主要原因在于，人们大都不知道这些实验室和地下室里面到底在干什么。即使有些人知道一点，或者困扰于保护动物组织时而发布的有关虐待实验动物的报道，他们仍然相信，所有动物实验都是追求人类健康和医药发展的基本关键，而实验动物因此而遭受的苦楚，都是医药研究发展过程中必要的一部分。

事实并非如此。很不幸，固然有些研究清楚解释，其研究结果可能导致医药上的重大突破，但是有更多研究计划对人类健康根本一点价值也没有。其中有些研究还会造成实验动物极端的痛苦，何况有些研究只不过是为了求取某项知识。固然求知是人类较高等的智力之一，然而我们非得牺牲其他倒霉的动物，才能获得这个求知目标，以便主宰控制这个世界吗？这难道不是自负的假设，以为我们有权利将所有的动物切割、翻查、注射、用药、通电极，只为了要更了解所有动物为什么这样那样，或者哪些化学物质可能对动物产生影响，等等。

我们可能同意，一般大众都不知道实验室到底在干什么，也不知道进行这些实验研究的理由何在，这就像大部分的德国人当初并不知道纳粹集中营在干什么一样。但是那些实际参与实验室工作，深知实验室在做什么的管理实验动物的技师、兽医和科学家，他们的感受又如何呢？难道所有利用活体动物做实验器材之一的科学家们，都是无血无泪的怪物吗？

当然不是。各行各业都可能有几个虐待狂。但他们毕竟是少数。就我看来，问题在于我们怎么训练、教导社会上的年轻人。他们经常是从学校教育开始接受洗脑，且在一些比较前锋的高等院校、较高级的科学课程中被灌输知识。学生大都被教导，在科学研究的名义之下，残害动物不受道德良心之罪疚。从动物的观点而言，这简直就是虐待。学生们被训练成不对动物抱持仁爱之心，且被说服，相信动物就算有感觉，他们所遭受的痛苦也与人类不一样。当这些年轻学子到了实验室之后，他们早已对周遭动物所受的苦习以为常。他们太容易合理化地认为，这些动物受苦所完成的任务对人类有益。至于实验动物已进化出来的同理心、怜悯和理解力，却被人类骄傲地标榜为人性所独有的标记。

我一直被认为是个"激烈的反动物解剖主义者"。其实，我的母亲之所以能活到今天，就是因为她的大动脉瓣膜梗塞，经手术移植了猪的动脉瓣膜。医院告诉我们，移植的瓣膜——显然是原生体——来自为谋利而宰杀的猪。换句话说，这只猪先前就已经死了。但是这仍无法让我停止对这只特别的猪的关切——我一直非常喜欢猪。实验猪和其他被密集养在农庄里的猪，一直是我特别感到关切的。我正在撰写《猪的文选》一书，盼望能引发大众关注这些聪明的动物所遭受的苦痛。

　　当然，我会很高兴看到实验室的笼子都是空的。每个有爱心的人，包括那些在生物医学研究上，与实验动物在一起的大部分人员也有同感。但是，假如实验室突然全面停止用动物做实验，则可能引起一阵子的大混乱，许多正在进行的研究将因此停摆。这最后将使人类所遭受的痛苦益加增多。这意味着，在研究实验室找到可取代活体动物的实验对象，并广泛使用，且在研究者和药商被迫合法使用这些取代对象之前，人类社会仍需要——且接受——为科学研究继续虐待动物。

　　人们越来越关切动物受苦的声浪，已促使许多研究领域有重大的技术发展，诸如培养细胞组织、电脑模拟等。终有一天，人类将完全不再需要使用动物做实验。这个理想绝对会实现。但是我们有必要施加更多的压力，促使这类技术更快速地发展。我们应该拨更多的钱用于研究，并且给予那些获得新突破的人以应有的承认，为他们喝彩——至少为一连串的诺贝尔奖得主喝彩。我们有必要吸引各个科学领域的顶尖人才，并且有必要采取步骤，让研究者坚持运用已经发展出来且证实有效的技术。同样迫切的是，要大幅减少实验动物的数量；没有必要的重复实验应予避免。订定更严格的规范，明确哪些动物可以用做实验，哪些动物不可以。动物实验应只限于用在最急迫的研究计划上面，也就是明显对大部分人健康有益，且对缓解人类痛苦有显著效果的研究计划。其他类动物实验应该立即停止，包括化妆品和家常用品的测试实验。最后，只要动物被用来实验，无论基于什么理由，他们都应该受到最人道的待遇，并且尽可能给予他们最好的生活环境。

为什么只有相对较少的科学家愿意支持那些坚持为实验动物提供更好、更人道环境的人？通常答案都是，这类改革会花很多钱，以致所有相关的医学知识为之停摆。然而这并非事实。基础研究将持续下去——虽然与添购精密的科学实验设备比起来，建盖新牢笼和提供较好生活环境的计划可能所费不赀，但是我敢说，这类开销不容轻忽。不幸的是，有许多研究计划并没有很好的规划，且经常完全不必要进行。假如维系实验动物的成本增加，这类研究所遭受的损失才大呢！靠这些实验研究讨生活的人可就要丢工作了。

当有人抱怨为实验动物营造人性化生活环境成本太昂贵时，我的回答是："看看你自己的生活模式，房子、汽车和服饰。想想你工作的办公大楼、你的薪水、开销和休假。想想这些事情，再告诉我，我们是不是应该吝于花额外的钱，让那些为降低人类苦楚而接受实验的动物不必过得那么凄惨？"

当然，确保医学的进展不再建立在非人类动物的失望和痛苦上，这是关乎人类道德责任的问题——人类与其他动物有所不同，最主要的原因便是人类具有更高度发展的智力，且借此智力能了解、同情他人。尤其是当事情牵涉到人类体质上最相似的近亲时，更涉及道德责任问题。

　　在美国，法律规定每批次的乙型肝炎疫苗在尚未上市供民众使用之前，必须经过黑猩猩测试其疗效。而且黑猩猩还被用在其他极不恰当的研究上，诸如研究若干成瘾性药物对黑猩猩的影响等。在英国，就没有任何实验室用黑猩猩做实验——英国科学家只有到美国，或欧洲联盟经济共同体①资助的荷兰TNO灵长类动物研究中心，才可以用黑猩猩做实验；而欧盟最近才为TNO灵长类动物研究中心添了一批新来的黑猩猩。（英国科学家当然也大量使用其他非人类灵长类动物，和成千上万的猫、狗、老鼠等动物做实验。）

　　黑猩猩的体质结构比任何动物都近似人类。多年来，科学家一直热切地描述黑猩猩和人类在心理上的相似处，这使得黑猩猩被用来充当某些人类传染病研究的"模特儿"，这些研究是其他大部分非人类动物无法胜任的。当然，黑猩猩的脑部结构和神经系统，也与人类极为相似，尽管有许多人不愿意承认这一点；黑猩猩的社会行为、认知能力和情绪反应等，也都与人类相似。过去人们一直以为只有人类才独具高等智力，但是黑猩猩也显露出类似的智力，因此一度被视为泾渭分明的人类和其他动物的界限，如今已变得模糊。而黑猩猩便是使这两个世界的界限趋于模糊的桥梁。

　　但愿对黑猩猩在宇宙中地位的新了解，能促使数百只正过着囚笼生活、受人束缚的黑猩猩获得释放。但愿我们对黑猩猩的喜爱、欢愉、享乐、害怕、难过、痛苦等情绪能力的了解，能促使人类用对待人的同情心去对待黑猩猩。但愿当医学研究仍继续使用黑猩猩进行令他们痛苦或悲伤的实验时，我们能老实地标明这类研究的目的何在。从黑猩猩的立场来看，这些实验简直就是虐待无辜。

————————————————
①　译者注：今已改制为欧洲联盟。

但愿我们对黑猩猩的了解，同时能增进我们对其他非人类动物本性的了解，并以新的态度善待与我们共享这个地球的其他动物。诚如阿尔伯特·史怀哲所说："我们需要无界限的道德，将动物也包括在内。"目前我们有关非人类动物的道德观仍然是狭隘的、混淆不清的。

西方国家的人若看到一只憔悴的老驴子，被迫拉载货量过重的马车，结果力不能胜，遭农夫殴打，他们一定感到震惊、愤怒。因为那是残忍的。但是从一只母黑猩猩身边带走小黑猩猩，把他锁进阴森森的实验室里，将病毒注射到他们体内——若是以科学的名义这样做，就不算残忍。但是经过最后的分析，上述的老驴子和小黑猩猩同样都是被人剥削和虐待，以遂人类的利益。为什么其中一个会被视为比另一个残忍呢？只因为科学受人尊敬，且因一般人认为，科学家是为了谋全人类的利益，而农夫却是为一己之私。事实上，许多动物研究之目的也都是自私的——许多实验都只是设计来博取更多的研究经费罢了。

不要忘了，西方国家中的人，为了将植物性蛋白质转化为动物性蛋白质，再端上人类餐桌，幽禁了成千上万的家养动物在密集农庄内。固然这通常都基于很正常的经济需求和畜牧理由，但是其残忍度与殴打老驴子、拘禁黑猩猩无异。皮革皮草服饰业、抛弃宠物、非法小狗农庄、猎狐狸，以及暗中进行的许多勾当，训练动物进行马戏表演，等等，也一样残忍。这类事情简直罄竹难书。

我经常被问到，当那么多人饱受疾病痛苦时，我还投注那么多心力鼓吹保护动物，不是对人类很不道德吗？致力于协助饥饿的儿童、受虐的妻子、无家可归的流浪汉，不是更恰当吗？谢天谢地，已经有许多人将他们的可观才能、人道主义和筹款能力，投注在这方面了。我自己的特殊精力在这些方面派不上用场。残忍确实是人类所有罪恶中最大的。对抗任何形式的残忍——无论是对其他人，或对动物残忍——都将使我们与潜藏在人性中的不人道本性直接冲突。假如我们能用怜悯心克服人的残忍本性，我们就可以好好地朝创造新的无界限道德之路迈进——即尊重所有的生物。该是我们站在人类进化新纪元之门槛的时候了——我们终究要了解人类最独特的本质：人道。

附录 II　黑猩猩保育区和庇护所

　　整个西方世界以及许多第三世界国家对待动物和环境的态度正在改变。人们已比多年前更警觉到黑猩猩所遭遇到的痛苦，因此有越来越多的人表示关切和渴望协助。为了回应特殊的需求，有许多人在黑猩猩最需要帮助的时候，伸出了援手。

　　投注最多心力鼓吹并协助非洲建立野生动物保育政策的是"黑猩猩保育与照顾委员会"。该组织是由一群关切黑猩猩保育和福利的科学家所组成的。主席是葛札·塔勒基博士，他与日籍博士西田等人共同拟就行动计划，协助非洲大陆受困的黑猩猩。下页所附的地图标示了全非洲仍发现有黑猩猩居住，以及有研究计划正在进行的地方，在这些地方中，诸如坦桑尼亚的冈比和马哈尔山脉、象牙海岸的泰伊森林、加蓬的洛普，多年来在黑猩猩保育方面已有长足的进步。所有这些计划对附近黑猩猩的保育有极大的帮助。

　　有许多国家非常需要进行一些研究调查，以便发现更多仍有黑猩猩居住的地方。更重要的是，应尽快在若干主要地区成立黑猩猩

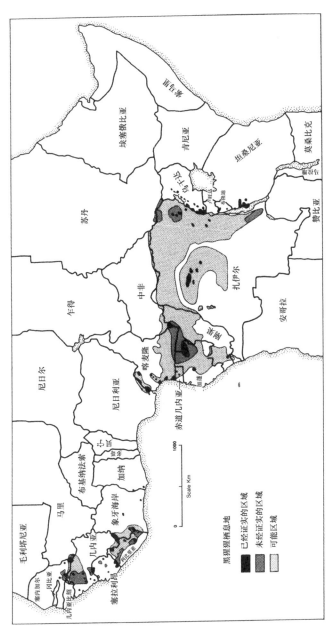

非洲黑猩猩分布图。非洲尚存的黑猩猩主要集中在扎伊尔、加蓬、喀麦隆等国家。这些国家拥有最大的未开发森林地带。(地图由楼礼·塔勒塔博士及黑猩猩保育与看护委员会精心绘制)

黑猩猩栖息地
已经证实的区域
未经证实的区域
可能区域

研究计划。没有这类研究计划配合动物保育教育、观光业和农林业
等的开发，其他一些国家境内的黑猩猩将很快消失。当然，这些研
究本身也有其重要性。这些研究将促使我们更加了解其他国家境内
的黑猩猩最令人惊叹的某种行为模式——我们先前对这些所知极其
有限——了解这些黑猩猩的行为模式与非洲其他地区的黑猩猩有何
不同。若是任凭情况自然发展下去，则不只数以千计的黑猩猩将不
断灭殁，且在人类来不及研究之前，整个黑猩猩社会的文化就已经
灰飞烟灭了。

　　一九八九年，我开始参与布隆迪的黑猩猩保育和保护工作，布
隆迪的黑猩猩保育区位于坦噶尼喀湖岸的冈比北部地区大约一百英
里的地方。这是大使詹姆士·菲立普斯和他太太露西奔走鼓吹保育
观念直接衍生出来的结果。我应他们之邀第一次造访布隆迪，会晤
了布隆迪总统布尤亚和他的几位内阁部长、政府首长，包括总书记
维南特·庞彭何友。布隆迪致力于保留其境内尚存森林地的努力令
我印象深刻；布隆迪在保育黑猩猩方面所采取的步骤同样令我难
忘。我会晤了布隆迪"各种生物计划"主管彼得·全查德，他花了
几个月的时间观察基比拉国家公园内的黑猩猩。基比拉国家公园是
位于布隆迪北部景色秀丽的山地雨林。保罗·考尔斯和温迪·布隆
莱带领我参观布隆迪南部的小群黑猩猩聚落。当地人被雇用为"黑
猩猩的警卫"，密切监视这群黑猩猩在森林间的行动，或穿越垦植
区和土著村落的行踪。黑猩猩和村民紧挨着共存一地的情形屡见不
鲜，但是布隆迪南部村落这种保护黑猩猩的措施非常独特——这是
由动物保育的伟大先知罗勃特·克劳森最先发起的。因为一旦牵涉
附近农民极需要土地的因素时，问题就会变得非常迫切激烈。曾为

和平义工团①工作，后来担任布隆迪国立环境和大自然保护研究所天主教救灾服务技术顾问的保罗，解说他所参与的农林业计划。该计划先培育快速成长的树种，再将这些树木的种子种植在村落四周。这类树栽培两年之内即可用来做建材、木炭、木柴，供做树荫，并且供应土壤丰富的氮气。每个树种都有它独特的功用。这项计划实施之后，对布隆迪本土森林的保育功效非常显著。与保罗一同工作的温迪则负责向村民解释这项计划。布隆迪这项计划可喜可贺，若没有这项计划，这个人口稠密的小国内的野生黑猩猩就不可能被保存下来。

为了提供给当地居民额外的收入，绝对有必要发展受控制的观光业。查洛特·乌伦布洛克在英国珍·古道尔研究会的赞助下，迈开第一步，开始在布隆迪南部的人类聚落中移入黑猩猩。在该计划的整合研究下（当然，该计划意在尽可能搜集有关黑猩猩行为模式的资料），有一群黑猩猩警卫造访冈比，接受坦桑尼亚田野工作队的观察方法训练。

布隆迪全国对黑猩猩保育的觉醒和兴趣，使首都布琼布拉市及布隆迪全国其他地区有人饲养黑猩猩为宠物的事曝光。大部分被饲养的小黑猩猩几乎都是从邻近的扎伊尔非法走私进来的。通过布隆迪政府和许多私人的协助，以及布隆迪国立环境与大自然保护研究所的密切合作，珍·古道尔研究会（英国）现在终能在布松布拉市近郊建立一处黑猩猩的庇护所，让被弃养的黑猩猩和任何被囚禁过的黑猩猩得以放生到该处。这个计划中的庇护所已择定地点，在史

---

① 译者注：和平义工团（Peace Corps）：1961年3月由美国总统肯尼迪下令成立，任务是前往发展中国家执行美国的"援助计划"。

迪夫·马修的协助下，自一九九〇年开始建造。头两只孤儿黑猩猩波柯和苏格拉底则暂时被安置在梅琳达（咪咪）布莱莲花园的兽笼中。可以供当地民众和游客了解黑猩猩及其行为模式的教育中心，将是这个黑猩猩庇护所的重要而核心的建筑物。

同年，卡伦·帕克奉派到刚果首都布拉柴维尔市的诺伊尔角去，设立同类庇护所，收留被弃养的黑猩猩以及刚果政府从猎人手中没收的黑猩猩。卡伦是英国珍·古道尔研究会的员工，目前正在诺伊尔角动物园为园内的黑猩猩改善生活环境。该园也将模仿布隆迪黑猩猩庇护所，建造一个教育中心。刚果政府将全力支持这项计划。同时在非常关心环境问题的康菲石油公司的慷慨赞助下，史迪夫·马修将指挥这项建筑工程。我们要特别感谢罗杰·辛普森。另外，在黑猩猩庇护所建造好以前，珍玛特女士一直照料政府没收过来的小黑猩猩。她和她的先生都很不平凡。

这些当然不是第一个收留被弃养黑猩猩的庇护所。非洲早在二十世纪六十年代晚期，即由艾迪·布鲁尔建立了第一个黑猩猩庇护所。担任负责管理野生动物官员的艾迪没收了从冈比亚走私来的小黑猩猩（那时冈比亚的黑猩猩已经绝种）。他的女儿史姐拉最后将黑猩猩移到塞内加尔，并且尽一切努力使他们适应大自然的生活。很不幸，野生黑猩猩拒绝让这群被弃养的黑猩猩侵入他们的地盘，所以史姐拉只好将这批黑猩猩再度移往冈比亚河的狒狒岛。多年来这项计划一直由特别殷勤奉献心力照顾黑猩猩的珍妮丝·卡特负责。

在赞比亚的一对英国夫妇夏拉和大卫·席多真的令人注目，他们挪出自己的住家当作那些被充公的黑猩猩的避难所。黑猩猩并非赞比亚本土的动物，被没收的孤儿黑猩猩大都是从扎伊尔偷运过来的。席多夫妇建了一个面积八公顷的大围场，并且雄心勃勃地计划将一大片原始林区围起来，好让这群被放生的黑猩猩能比较自由地在其中游荡。新的利比里亚动物孤儿和重建中心也为黑猩猩辟了一块地方，并且计划在扎伊尔和肯尼亚建立额外的黑猩猩庇护所。在乌干达，被收留在安特贝动物园里的充公小黑猩猩，非常需要大范围的活动空间。几乎每个尚有黑猩猩存在的非洲国家，都有孤儿黑猩猩的问题。例外的只有坦桑尼亚，我可以很骄傲地说，坦桑尼亚只有两只（来自扎伊尔的）被弃养的黑猩猩。我们预期，在席多夫妇的协助下，他们很快就会找到最终的安身处所。

我在第十九章介绍过受虐黑猩猩的救星，诸如西蒙和佩姬·坦柏勒。他们收容的若干充公小黑猩猩最后被放生到冈比亚，但是最近来自西班牙海滩娱乐场所的黑猩猩则被送到英格兰多塞特郡的"猴子世界"（Monkey World）。这个庇护所是吉姆·克洛宁、史迪夫·马修和兽医肯尼斯·帕克共同创立的。有些小黑猩猩刚到园中时，景况十分凄惨，但是他们在"猴子世界"中受到非常好的调养，有耶利米·基林陪他们玩耍，教导他们，爱他们。耶利米真是个非常有爱心的人，他与黑猩猩建立的特殊关系，帮助小黑猩猩心灵的创伤得到很大的医治。

瓦勒斯·史威特在美国德州建立了最引人注意的原始灵长类家园。园中大约有二十多只黑猩猩，其中一只黑猩猩佛吉尔（其真名为威利）就是电影《X计划》的动物演员，还有一只黑猩猩他的女朋友琴嘉（真名为哈莉）。与他们同住的都是来自全美国，曾遭各式各样虐待的黑猩猩。

有两个生物医学实验室开创了替实验黑猩猩进行"退休计划"之举。纽约血液研究中心的傅芮德·普林斯将一些退休的实验黑猩猩放生到利比里亚若干小岛上。西南生物医学基金会的乔格·艾希柏格则为退休实验黑猩猩建立了有外院的更大拘留所。假如我是黑猩猩的话，这两种地方我都不愿意去颐养天年，但是聊胜于无，总比实验室的小笼子好多了。观念是人类迈向正确方向的一大重要步伐。

总而言之，全世界黑猩猩所遭遇的苦难非常凄惨。在非洲，非常需要资金供调查、研究、建立维持黑猩猩庇护所之用，也非常需要合格、肯热心奉献的人进行这类调查和研究，或照顾被没收的或被弃养的孤儿黑猩猩。非洲以外地区也越来越需要建立黑猩猩的庇护所，因为有越来越多的黑猩猩从娱乐圈和宠物交易圈被救出来，且有越来越多的黑猩猩从实验研究中退休。我确信，像那些已经付出非常多爱心和力量，提供处所庇护黑猩猩的好人，将会一再出现。人类因无知、贪婪而造成数千只黑猩猩饱受流离失所的痛苦，人类也当透过关怀和怜悯，尽力矫正这项错误。

注：有关以上所提这些人的消息及其地址，可向珍·古道尔研究会索取，来信请寄到Jane Goodall Institute for Research, Education and Conservation, P.O.Box 26846, Tucson Arizona 85726。或者是Jane Goodall Institute（UK），10 Durley Chine Road South, Bournemouth BM2 5HZ；或者Jane Goodall Institute（Canada），P.O.Box 3125, Station 'C', Ottawa, Ontario KIY 4J4.

后记

在研究黑猩猩几乎三十年之后的今天，回顾这一切，我很难分辨谁对实际的研究作出贡献，谁对我个人的福祉贡献良多。毕竟在冈比那些年观察、记录黑猩猩的生活，已与我个人的生活交织在一起，很难将两者分清楚。也许我根本不应该尝试将它们分清楚。但是这意味着，我应该写出两本完全不同的书，来感谢鼎力协助过我的那些人。有时我对世界各地朋友的恩惠、慷慨和渴望相助之意，感激不尽。这些情谊时时令我感到窝心，一再激励我，给我力量克服困难。

我相信，也希望我在第一本拙作《在人类的庇护下》当中，已经对所有协助我在冈比进行头十年研究的人表达了谢意。在这里我也要感谢接下来那二十年中，帮助我继续在冈比完成研究的许多人和机构团体。

首先，我必须感谢坦桑尼亚政府：包括坦桑尼亚前总统、现任执政党主席、森林动物保育家暨植物学家尼亚若，以及继任总统姆文义，还有许多来自坦桑尼亚政府各部门的人，他们多年来一直给予我很多的帮助与支持。特别要感谢各区域专员和基戈马行政区的诸位发展部门主管随时提供协助，也谢谢该区野生动物主管柯斯塔·姆雷。非常感谢坦桑尼亚国家公园主任大卫·巴布和瓦登斯区的多位人士；感谢坦桑尼亚野生动物研究所所长卡里姆·希尔吉，以及坦桑尼亚科学研究委员会的主席和全体成员（特别是艾迪·里亚鲁）。

许多基金会、学会和个人在过去二十年当中，为冈比研究提供经费。尤其要感谢美国国家地理学会。该学会不但多年独资赞助整个研究计划，且继续不断在各方面支持这项研究工作。多年来，通过《国家地理》杂志等书刊的专文报道、电视节目采访，冈比黑猩猩才广为人知，最近更通过杂志广告，使得我和所有帮助我的人，能为各样的黑猩猩保育计划筹募到款项。我特别想提到梅文·派恩、吉尔·葛罗斯凡诺、玛丽·史密斯和内瓦·佛克，最近这些年来他们一直给我很多的帮助。

LSB利基基金会也付出了许多慷慨的捐助与帮助，特别要感谢提塔·卡德威尔、戈登·盖帝、乔治·贾杰斯、柯曼·莫顿和狄比·史拜斯等人的支持与友谊。

在一九七五年四十名武装土著绑架四名学生的事件（详见本书第七章）发生之后，葛兰特基金会便停止资助我们，这时有许多个人捐款赞助，使冈比的研究得以继续下去。这些捐款者人数太多，无法一一备载，但是我衷心感谢每一位捐助人——不只感谢那些捐赠大笔金钱的人，也感谢那些馈赠较小金额的人，他们同样显露慷慨之心。其中最令我珍惜的是一名非洲男孩寄来的二十五美元捐款，信中还附了一张短笺说，等他长大自己会赚钱之后，他会寄更多的钱来。

非常感谢我的好朋友吉姆·凯劳艾特，长久以来他一直提供医疗服务给坦桑尼亚研究人员。

还有一些公司提供捐款，我要特别感谢杰夫·瓦特斯公司和新力牌电器公司提供一些放映机和录影带，使我们能录下黑猩猩在原野中的行为模式。

靠近冈比的基戈马行政区也有许多人给予我们很多的协助。特别感谢布兰琪和汤尼·贝希亚，苏芭德拉和拉姆吉·德哈希，拉玛和克里斯多福·里文迪，艾斯加·芮姆图拉，以及基里特和贾扬特·怀塔。

我要继续感谢罗伯特·欣德，在我早期求学期间当他的学生时，他耐心教导我并接连不断地给予我帮助与支持。同时感谢大卫·汉柏格，他在一九七五年曾在冈比当局和斯坦福大学之间穿梭：游说建立合作关系，这不但确保研究经费源源不绝，且使一些有才干的学生不断前往冈比担任研究助理，为我的研究计划增添生力军。

所有协助观察黑猩猩行为并记录资料的学生和助理，我无法一一列出他们的姓名。但是我特别要感谢几位仍继续待在冈比多年，大大俾助后续研究的哈洛德·包尔、大卫·毕戈特、派屈克·麦克吉尼斯、赖瑞·高德曼、赫蒂和福兰斯·普各伊吉、安普塞、爱丽斯·索兰姆·福特、葛札·塔勒基、米特济·松恩达、卡洛琳·图汀和李查·万汉，以及跟踪、记录雄黑猩猩菲甘四十五天之久的克特·布塞和大卫·里斯。

接着我要感谢坦桑尼亚田野调查队的助理们，他们精湛的工作技巧和奉献精神令我敬佩。这些人在冈比工作了很多年——这份工作等于他们的生活。一九七五年发生绑架事件后，要不是这些人的帮助，我们的研究工作就要停摆。特别要感谢希拉里·玛塔玛，他于一九六八年开始加入冈比的研究工作，直到现在他仍继续每天记录、搜集黑猩猩的资料，也感谢哈米什·克诺和艾斯罗·姆彭戈，他们与我一同工作超过十年。同时要感谢亚哈亚·艾拉马希、拉马德汉尼·费德希里、布伦诺·赫尔曼尼、哈米希·玛塔玛、贾波·保洛。我要向一九八八年去世的姆泽·拉希迪·基克瓦尔表达最高的敬意，我刚到冈比那些年都是他陪着我走遍冈比山脉。在他的帮助之下，我观察到了第一只黑猩猩的行为。接下来那些年，拉希迪仍旧是个非常忠心的同僚和真心的朋友。直到他生命的末了，他一直是冈比研究的重要人物，他扮演了研究营区所有助理的领队角色。在他死后，希拉里哀悼说："我们这群工作人员就像是少了头的躯体一样。"他的逝世真是我们的一大损失。

另两位对冈比研究非常有贡献的是克里斯多福·波姆和安东尼·柯林斯。克里斯多福首开利用V8录影机拍摄黑猩猩的先例，他教导坦桑尼亚田野工作人员使用录影机。录影机捕捉到黑猩猩许多独特的情境，我因此能看见许多我不在场的事情。冈比的狒狒田野研究由汤尼主持。他在每年前往冈比三个月期间，同时管理冈比大部分的行政事务——包括研究人员的薪资、福利、保险等，我永远感谢他花那么多时间帮我们处理上述问题，并负责狒狒的研究。最近英国兽医肯尼斯·帕克也加入冈比的行列。他就像及时雨一样，适时出现，救了非常特别的黑猩猩戈布林一命，我真是太感谢他了。更要感谢他妙手医治了冈比许多狒狒的疾病，那时冈比的狒狒正在流行一种传染病。还有一群人在坦桑尼亚首都达累斯萨拉姆协助进行资料分析和行政工作。八年来，翠鲁莎·潘荻特一直是我得力的助手——她没有一件事情不帮忙的。最近她跟随她先生到印度去，我实在找不到任何人可以代替得了她。其他花费许多时间协助资料分析、管理冈比研究所有庶务（甚至我的生活起居）的，包括琴妮·狄恩、珍妮·高德、珍妮佛·哈奈、安辛克丝、乌塔·绍特和茱蒂·泰勒。我衷心感谢他们每个人。同样感谢在我先生德里克过世之后，在许多方面协助我、振作我心情的可贵朋友们：首先，当然最要感谢我自己的家人，他们总是给我温暖和支持，尤其是我的母亲范（她在德里克过世后几个月，住院做心脏手术），以及欧莉、安德鲁和朱迪。还有我可怜的儿子格鲁布，他的母亲成天与黑猩猩泡在一起，整天只谈黑猩猩的话题。在达累斯萨拉姆还有德里克的儿子宜安。其余亲友克拉丽莎和昆纳·巴尼斯夫妇、珍妮和麦克·高德夫妇、芙劳克和班诺·海夫纳夫妇、席姬和泰德·麦克马洪夫妇、兰希和罗勃特·努特夫妇、翠鲁莎和她的丈夫普拉详特、茱蒂和阿德瑞安·泰勒夫妇。在丧夫后那段凄迷的日子里，我再度回到坦桑尼亚时，常陪在我身边的特殊朋友：狄克·越兹和他可贵的妻子玛莉安。玛莉安最近也刚不幸过世，令人备觉怀念，有许多人都怀着爱她的心情思念她生前种种行谊。接下来那段日子给我很大帮助的人士包括：莉兹和容恩·范纳尔夫妇、卡萨琳和汤尼·马希夫妇、潘妮洛普·布里兹和史迪芬·麦克伊尔凡尼、莫莉亚和大卫夫妇、茱丽和唐恩·派特森夫妇，以及狄米特利·曼席基斯和他的儿子们。

接着我要感谢一些人促使珍·古道尔野生动物研究保育基金会

成立，并成为免税机构，得以收受各方捐款。这个研究机构是已故的普林斯·芮尼尔·菲斯蒂诺和他太太琴妮薇芙创建的。菲斯提诺逝世以后，琴妮薇芙在其他可贵的友人乔安·卡瑟卡特、巴特·丁莫、玛格莉特·葛鲁特、道格拉斯·史瓦兹、狄克·史洛托和布鲁斯·渥夫的协助下，致力实现她先夫的遗志。这些朋友出钱出力，给予许多适时的帮助。其他陆续忠心支持珍·古道尔保育基金会的人，包括赖瑞·贝克、艾德·巴斯、休卡德威尔、已故的薛尔登·坎坎尔、巴伯·傅瑞、华伦·伊利夫、杰瑞·休特、玛莉·史密斯和贝琪·史特洛德。我在这里要特别感谢促使珍·古道尔保育基金会得以步入正轨的高登和安杰堤，他们在一九八四年捐赠了一大笔资金，这是我们第一次收到那么数额庞大的赞助金。我也要衷心感谢威廉·克莱曼特给予极大的贡献，使本基金会得从加州旧金山迁移到亚利桑那州喀孙市。我必须表达对研究中心所有同僚的感谢，他们非常认真工作，使我的梦想在过去几年内得以完成一部分。谢谢苏·安吉儿协助羽翼未丰的基金会起飞。也感谢珍妮佛·肯妮恩和黑猩猩动物园主管薇姬妮雅·兰道。有许多人慷慨奉献时间和心力，我特别要感谢勒斯利·葛洛夫、贾尔·保林和韩福瑞、潘尼泰勒。我不知道要如何感激罗伯特·艾德森和茱蒂·强森才恰当，他们在过去几年当中致力于建立珍·古道尔基金会。特别是罗伯特，他对动物福利的理念与我不谋而合。接着我要感谢葛札·塔勒基在塞拉利昂单枪匹马奋力争取黑猩猩保育和福利之后，回到美国，加入本研究会的工作行列。事实上，葛札是我们的"驻华盛顿的特使"，他在那里领导黑猩猩保育与看护委员会。每次我去华盛顿，葛札与希特·麦吉分都非常殷勤地接待我——我每年都会多次到华盛顿几天。在华盛顿，也有一些人极热心地协助我们致力于为黑猩猩寻求更好的生活环境，这些人包括麦克·比恩、邦尼·布朗、罗杰·柯拉斯、卡丝琳·莫佐柯、参议员约翰·梅尔契、容恩·诺瓦克、兰希·雷诺德斯、克莉丝汀·史帝芬丝和伊丽莎白·瓦森。

其他许多人也以他（或她）们独特的方式使我们受益良多，我衷心感谢这些人——尤其是麦可·艾斯纳，他极力替我们募款，且衷心献身于黑猩猩保育的理想；马可·马格里欧为我们完成美轮美奂的艺术工作；佩琪·德特莫、特伦特·梅尔和巴特·瓦尔特也捐赠了他们美妙的铜器作品。

英国珍·古道尔研究会最近诞生。它已经是一个非常茁壮的机构，因为有那么多令人注目的人士愿意加入本研究中心的信托董事会：罗宾·布朗、马克·柯林斯、吉妮薇芙·菲斯蒂诺、罗勃特·辛德、柏提尔·乔恩柏格、盖帕森斯、维多利亚·布雷多——包维里、劳伦斯·波斯特爵士、苏珊·普芮兹莉克、卡斯坦·施密特、约翰·坦迪、史迪夫·马修、已故的彼得·史考特爵士和我的母亲范。该研究会日常庶务由卡斯坦·施密特、盖帕森斯、罗勃特和狄里斯·瓦斯、史迪夫·马修、苏珊·普芮兹莉克及范负责：卡斯坦·施密特并且通过慈善信托委员会的资助，领导英国的珍·古道尔研究会顺利运作。英国珍·古道尔研究会得以成立，同时也要归功于康多保全信托公司在罗宾与珍·柯尔夫妇安排下的慷慨赞助，以及克里夫·何兰斯及其员工的辛勤付出，还有麦克·诺格包尔捐赠的书籍和海报。由于有这么多慷慨的捐助，英国珍·古道尔研究会方能起步，并且盼望能在英国唤醒更多人对黑猩猩，尤其是幼小黑猩猩凄惨遭遇的关注。有许多人，像约翰·伊斯特伍德、帕特·葛洛夫斯、纳尔·马格利森和毕皮特·瓦特斯，都对我们有很多的帮助。

亡夫德里克的襄助、支持和忠告，是我难以报答的。要是没有他，我恐怕在一九七五年绑架事件之后便无法再继续进行冈比的研究了。德里克对坦桑尼亚的丰富知识和了解，协助我训练当地土著担任田野调查工作的助理，重整资料搜集工作。我和他讨论过许许多多有关黑猩猩令人困惑的行为问题，他以农夫的观点所提出的评论经常具有洞察力，也给了我新的洞见。他的贡献真的很大；即使现在，身为遗孀的我也受到尊敬，因为坦桑尼亚人是那么爱戴和尊崇他，要不是他，我永远得不到这样尊贵的地位。

此刻我必须感激我的母亲范陆陆续续给我的帮助。我不只感谢她鼓励我完成儿时的梦想，研究野生动物，且感谢她甚至在一九六〇年陪我到冈比。在我时而经历艰辛困苦的那些岁月中，她的智慧和忠告一直是无价之宝。她协助我筹募研究经费、校阅并评论我草拟的论文。她一直是力量之塔。

最后要致谢的是那群个性独特、鲜明的黑猩猩们：菲洛和菲菲、季儿卡和吉吉、玛莉莎和葛瑞琳、戈利亚特和迈克、菲甘和戈布林、乔米欧和艾弗雷德。尤其是灰胡子大卫，尽管他在二十年前就已经进天堂了，但我内心深处始终惦念着他。

珍·古道尔研究会在中国

为了更好地支持野生动物研究和向更多人宣传推广环境友好的理念，珍·古道尔博士在1977年创立了珍·古道尔研究会（JGI）——一个国际性非营利性机构。珍·古道尔研究会旨在鼓励每个人理解和保护我们的环境，尊重和同情所有生命，为改善环境做出自己的努力。2000年珍·古道尔研究会根与芽环境教育项目北京办公室成立，标志着该研究会在中国正式成立分支机构。珍·古道尔研究会的工作主要围绕着黑猩猩、环境保护和社区、青少年环境教育三方面展开。在中国，目前主要从事青少年环境教育方面的工作。

珍·古道尔博士发起的根与芽环境教育项目是珍·古道尔研究会在中国的旗舰项目，旨在教育青少年理解人与自然的关系，鼓励他们为环境、动物和社区行动起来。项目对象主要为小学至大学的学生群体。1994年第一个根与芽活动小组在北京成立，目前，根与芽在北京、上海和成都拥有三个办公室，在25个省市区超过1000所学校实施了环境教育项目。从第一个北京的根与芽学校开始，该项目培训的教师已经累计超过一万人次。在中国，根与芽影响了成千上万的青少年，改变了他们对待环境和动物的态度和行为，鼓励他们以自己的行动给环境带来改变。根与芽的毕业生现在科学和环境领域工作，在学校里传播可持续发展观念，在企业、政府和非营利机构等部门实践他们的绿色承诺。

了解根与芽的更多信息，请访问我们的网站：www.genyuya.org.cn。

珍·古道尔研究会根与芽北京办公室
电话：+86-10-67783115
地址：北京市朝阳区百子湾南二路77号北京乐成国际学校1309室　100022

根与芽微信二维码